新疆农牧区畜牧产业扶贫与区域发展研究

苏尤力其米克　冯东河　主编

中国农业出版社
北　京

编者名单

主　　编：苏尤力其米克　冯东河

副 主 编：王　娇　马永仁　王锡波

参编人员（按姓氏笔画排序）：

王　洁　王　惠　王田田　巴音郭楞　古丽夏提·安尼瓦尔

叶克拉　朱　琴　合斯来提·司马义　刘娜娜　闫　凯

许承云　杜保军　李　亮　李　捷　李天斗　李江涛

杨　志　杨奎花　肖海龙　沙拉买提·买买提明

沙旦提·阿布都外力　张　玲　阿　仁　阿依夏木

阿孜古力·乔吉汗　阿玛古丽·朱玛汗　阿不都外力·艾热提

阿曼开迪·莫哈麦提汗　阿娜尔古丽·吾卜力艾孜

陈俊科　努尔坚·阿合麦特汗　房新梅　莎丽塔娜·居努司

鲁云峰　温习军　黎　霞　薛晓波　穆合塔尔·买买提

本书包括新疆维吾尔自治区公益性科研院所基本科研业务经费资助项目："新疆农牧区畜牧业扶贫增收措施研究""伊犁河谷畜牧业区域产业发展研究"；新疆维吾尔自治区畜牧厅草原生态保护补助奖励专项资金项目："新疆实施草原生态保护补助奖励机制政策对牧民家庭生产生活及生态环境保护的影响研究""基于畜群结构模型的新疆肉羊生产经济效益分析研究"等研究成果。

前言

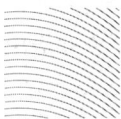

畜牧产业是新疆农牧区经济发展的支柱产业，畜牧产品也是新疆人民食品消费的主要来源之一。随着新疆畜牧业的转型发展，畜牧产业在区域经济发展中的地位和作用更为突出；为了进一步论证畜牧产业在新疆的重要地位，本书从畜牧产业扶贫、草原生态保护、牧民生产生活提升以及肉羊产业发展等方面进行阐述，提出了新疆畜牧产业发展的对策建议，并以伊犁河谷为典型区，有针对性地研究了区域畜牧产业的发展，为新疆畜牧产业的转型发展提供理论指导和实践借鉴。

《新疆农牧区畜牧产业扶贫与区域发展研究》一书对新疆畜牧产业的生态效果、经济效果和社会效果进行客观评价，为新疆畜牧产业发展提供对策建议，为政府制定相关政策提供依据。本书共分四部分：

第一部分：新疆农牧区畜牧产业扶贫增收措施研究。通过对新疆农牧区贫困县的成因进行分析，将其划分为南疆环塔里木盆地贫困区、南疆西北部山区贫困区、北疆传统牧区贫困区、吐哈盆地贫困区和乌昌贫困区等五个贫困区域；然后通过典型贫困县畜牧产业扶贫分析，总结并设计畜牧产业扶贫的模式，最后提出畜牧产业扶贫的保障措施。

第二部分：新疆实施草原补助奖励机制政策的影响研究。通过对新疆草畜资源和第一轮补奖机制政策的内容及措施的分析，从政策实施的生态效果、经济效果和社会效果三个方面进行分析，并从生态-经济-社会三方面的耦合性对政策实施的综合效益进行评价；然后从微观角度分析政策对牧民家庭的影响，最后总结政策实施过程中发现的问题，提出对策建议。

第三部分：基于畜群结构模型的新疆肉羊生产经济效益研究。通过对新疆和典型区域肉羊产业发展的基本情况进行概述，总结肉羊生产的主要生产方式；基于以上分析，通过畜群结构模型对肉羊不同生产方式和不同规模的经济效益进行测算，并提出典型区域肉羊经济效益差异化的影响因素，最后是肉羊生产经济效益的结论，并提出对策建议。

第四部分：伊犁河谷畜牧业发展研究。首先对伊犁河谷研究的范围进行界定，然后通过伊犁河谷畜牧产业发展进行SWOT分析，提出畜牧产业布局思路和目标以及产业结构规划与区域布局方案，并从养殖、加工、疫病防控、服务体系建设等方面进行布局；最后提出伊犁河谷畜牧产业发展的保障措施。

本书第一部分是苏尤力其米克主持课题的成果，报告撰写人员主要是苏尤力其米克、王娇、马永仁、陈俊科，冯东河、王锡波为报告撰写提供思路并协调调研工作，其他人员主要参加课题调研工作；第二部分是王锡波主持课题的成果，报告撰写人员主要是王锡波、苏尤力其米克、马永仁、陈俊科、王娇、许承云、李江涛、闫凯、杜保军为报告撰写提供思路并协调调研工作，其他人员主要参加课题调研工作；第三部分是杨奎花主持课题的成果，主要编写人员是杨奎花、苏尤力其米克、马永仁、陈俊科、王娇，其他人员主要参加调研工作；第四部分是王锡波主持课题的成果，王锡波为报告撰写提供思路并协调调研工作，主要编写人员是苏尤力其米克、杨奎花、王娇、陈俊科、马永仁，其他人员主要参加调研工作。冯东河为本书的撰写提供思路及调研支持，王娇承担了本书资料收集和整理工作。

本书是新疆维吾尔自治区公益性科研院所项目、新疆维吾尔自治区畜牧厅委托项目资助课题的研究成果。课题研究时间为2014—2017年，2018年对课题报告进行了完善修改，后形成书稿。由于时间短，学识水平有限，书中存在的不足和不妥之处，敬请批评指正。

编者

2018 年 12 月

目录

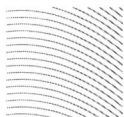

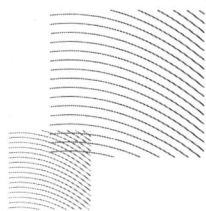

第一部分

新疆农牧区畜牧产业扶贫增收措施研究

一、研究概述

（一）研究背景和意义

1．研究背景

精准扶贫工作是当前及"十三五"期间重要的政治任务和民生工作之一，是产业扶贫的重要内容。2013年11月3日，习近平总书记在对湖南湘西土家族苗族自治州扶贫攻坚进行调研时指出，扶贫要实事求是，因地制宜。要分类指导，把工作做细，精准扶贫。同年，中共中央办公厅、国务院办公厅出台了《关于创新机制扎实推进农村扶贫开发工作的意见》（中办发〔2013〕25号），为进一步推进精准扶贫工作，加快建立精准扶贫工作机制提出了明确的目标。国务院总理李克强在《2014年政府工作报告》中也提出，要创新扶贫模式，实施精准扶贫，确保扶贫到村到户的要求，扶贫工作已大力向精准化方向推进。

随着我国推进扶贫开发力度的加大，反贫困工作和扶贫需求发生了很大变化，并随之产生了一系列扶贫模式；然而，现行的扶贫措施实施中存在着明显的问题。一是扶"假贫"。有的地方已富仍叫穷哭穷，目的是为了争取、挤占国家扶贫资源；有的地方人情扶贫、关系扶贫泛滥，扶富不扶贫。二是粗放扶贫。扶贫对象靠推测估算，扶贫资金"大水漫灌""天女散花"，扶贫措施缺乏针对性和有效性。这些现象的存在，不仅让扶贫效果大打折扣，甚至滋生腐败，损害了党群关系。因此，精准扶贫作为一种精准到户到人的新扶贫模式，既是对过去扶贫工作的反省，又表明了党和政府执政为民、铲除贫困、全面建成小康社会的坚强决心，同时也标志着我国将从原来的粗放式扶贫阶段进入精准扶贫阶段，其中产业扶贫模式已成为精准扶贫工作的重要手段之一。从产业扶贫项目在不同省区的实践效果来看，在提升居民收入、集聚产业带动、提高居民生活质量、消除区域居民贫困及保护和谐生产生活环境等方面具有显著成效。

2015年，新疆维吾尔自治区出台了《关于进一步支持新疆加强扶贫开发工作的意见》，提出扶贫开发瞄准贫困村、瞄准贫困人口，全面落实"七到村、七到户、七到人"的精准扶贫要求。为新疆脱贫发展指明了方向，提供了遵循的方法，注入了强大的动力。由此，精准扶贫也成为贫困地区研究的重大热点课题，同时也成为新疆各族人民最大的期盼。新疆是全国六大牧区之一，也是少数民族聚居区，畜牧业产值所占比重较大。新疆的35个国家和自治区级扶贫开发重点县中，牧业县11个、半农半牧县2个、农业县22个，其畜牧业产值所占农林牧渔业产值比重平均值依次为59.47%、44.28%、27.02%，畜牧产业扶贫也是精准扶贫的一个重要内容。

基于此，响应国家精准扶贫的新政策，做到"加大扶贫资金投入力度，重点向农牧区、边境地区、特困人群倾斜，建立精准扶贫工作机制，扶到点上、扶到根上、扶贫扶到家"，本研究以国家精准扶贫政策为基本依据，以牧户为基本研究单元，深入探索新疆牧区贫困牧民发展畜牧业的制约因素，开展新疆牧区畜牧业精准扶贫的全面研究，使新疆牧区畜牧业发展带动贫困牧民尽早脱贫，提高新疆贫困地区人民生活水平，实现新疆区域协调发展，为新疆全面实现小康社会奠定坚实的基础。

2．研究意义

理论意义：近年来，国内外对贫困问题、反贫困和扶贫开发的研究颇多，但是针对产业扶贫的并不多见，尤其是畜牧产业精准扶贫问题的研究甚少，因此对于新疆牧区畜牧产业扶贫对象识别体系的构建、扶贫开发体系的构建和扶贫精准帮扶模式的设计不仅有助于丰富产业扶贫的理论体系，并对新疆牧区畜牧业精准扶贫工作的开展具有前瞻性的理论指导意义。

实践意义：本研究以产业精准扶贫为切入点，结合牧区贫困牧民畜牧业发展的制约因素，构建基于牧民脱贫的畜牧业产业化扶贫开发体系，为调整精准扶贫开发战略框架提供可供参考的理论范式，为政府开展畜牧产业精准扶贫提供参考，为牧区畜牧产业的快速发展提供支撑。

（二）研究目标与内容

1．研究目标

在精准扶贫思想指导下，本着以问题为导向，创新扶贫工作机制，探讨新疆牧区畜牧业发展与解决贫困问题相结合的"精准畜牧产业扶贫"产业化科技扶贫开发，"精准畜牧产业扶贫"模式和实现途径，提出畜牧产业扶贫实施的可行建议，为有效推进牧区畜牧产业扶贫工作提供决策参考。

2．研究内容

主要从七个方面展开研究：

（1）新疆农牧区牧民贫困现状及成因分析。一是根据新疆农牧区贫困牧民的人口、分布区域和收入等情况，了解农牧区牧民的贫困程度；二是依据贫困县及贫困户的贫困特征，将贫困县和贫困人口分为不同的类型，并针对不同的贫困类型分析其贫困的成因。

（2）新疆农牧区畜牧业助力脱贫区域分布及条件分析。根据区位将贫困区划分为五类，分别为南疆环塔里木盆地区、南疆西北部山区、北疆传统牧区、吐哈盆地区和乌昌贫困区；并对农牧区畜牧业助力脱贫的有利条件和不利条件进行分析。

（3）新疆农牧区畜牧业扶贫精准帮扶模式设计。一是探讨新型帮扶模式。为了克服传统的简单"给钱给物"方式的局限性，重点提出直接帮扶、委托帮扶和股份合作三种帮扶模式，并论证新型帮扶模式适应的扶贫对象与可行性；二是构建新型帮扶模式实现机制。重点探讨新型帮扶模式实现的途径、模式实施的组织方式和可操作方法。

（4）新疆农牧区畜牧业扶贫个案设计研究。一是研究区基本情况分析。从研究区自然资源状况、基础设施状况、畜牧业生产状况等方面分析，反映研究区的贫困状况。二是研究区贫困牧户状况调查分析。重点了解贫困牧户生产条件、收入与支出状况、畜牧业经营状况、贫困原因及扶贫状况，通过上文构建的精准扶贫对象分类识别体系，识别出扶贫对象所属的类型与特征。三是精准扶贫实施方案设计。针对扶贫对象家庭经营畜牧业的关键问题，设计出适合扶贫对象发展畜牧业的精准扶贫实施方案，通过实例体现畜牧业扶贫产业开发体系与模式的应用价值。

（5）新疆农牧区畜牧业扶贫的保障措施。从财政保障、项目保障、管理方式保障等方面探讨制度建设。

（三）研究方法和拟解决的关键问题

1．研究方法

（1）实证分析与规范分析相结合。实证分析方法是对客观事物及其相互关系的观察、度量和描述，主要解决问题的原因，研究结果具有客观性、可检验性。规范分析方法是以一定的价值判断作为出发点和基础，提出行为标准，并以此作为处理经济问题和制定经济政策的依据，探讨如何才能符合这些标准的分析和研究方法。本研究针对新疆牧区畜牧业扶贫的基础条件、牧区畜牧业发展扶贫的效益、牧区畜牧业传统扶贫方式等问题，通过实证分析与规范分析相结合的方法，在对实际描述分析和求证的同时，也注重运用规范分析对实证结果予以理性评价。

（2）案例分析方法。案例分析方法是指对研究问题进行深入分析，通过精选案例、对案例分类取舍等过程对已收集和编制的案例进行认真分析与比较，选取最典型的案例对所研究的问题进行分析的方法。本研究对新疆牧区贫困现状与贫困户脱贫状况进行典型案例分析，论证牧区发展畜牧业扶贫的效果和经验。

（3）调查分析法。调查分析法是指研究者对某些问题通过实地面谈和提问调查等方式了解收集问题涉及的详细资料数据，然后进行分析的方法。本研究采用实地调查方法对新疆牧区畜牧业扶贫中的问题进行了个案调查和面谈调查。采用个案调查法对畜牧兽医局、扶贫办公室和畜牧合作组织进行个案调查，选取研究所涉及的案例进行重点调查，为描述和解释清楚新疆畜牧业发展扶贫的效益和传统扶贫方式的局限性提供有力的案例支撑。采用面谈调查方式对贫困牧户参与畜牧业扶贫的情况进行问卷调查，为扶贫对象发展畜牧业的制约因素的统计和计量分析提供翔实的数据资料。

2．拟解决的关键问题

（1）构建畜牧业扶贫的模式及其路径。

（2）提出新疆农牧区畜牧业扶贫的保障措施。

（四）技术路线

根据本研究的主体框架和研究思路，技术路线见图1-1。

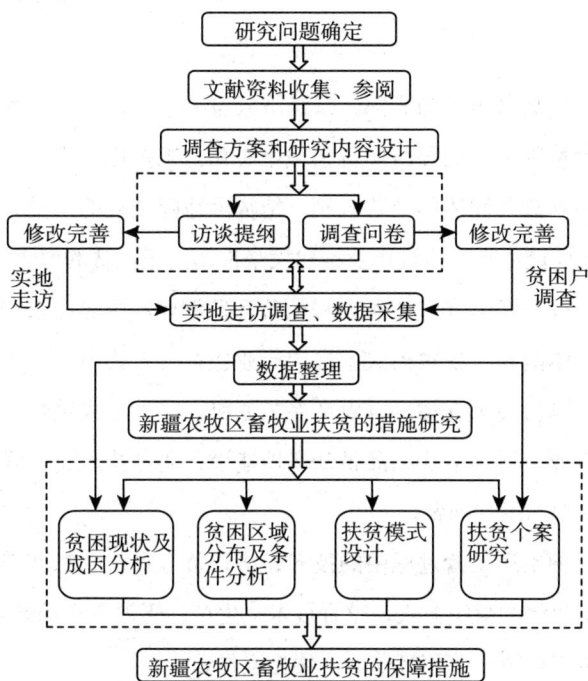

图1-1 研究技术路线

二、理论依据与研究综述

（一）概念界定

1. 产业扶贫

定义：产业扶贫是以市场为导向，以经济效益为中心，以产业集聚为依托，以资源开发为基础，对贫困地区的经济实行区域化布局、工业化生产、一体化经营、专门化服务，形成一种利益共同体的经营机制，把贫困地区产业的产前、产中、产后各个环节结成统一的产业链体系，通过产业链建设来推动区域扶贫的方式。

内涵：产业扶贫是2001年《中国农村扶贫开发纲要》中提出来的，国务院扶贫开发领导小组在"一体两翼"扶贫模式中也把产业扶贫纳入其中。产业扶贫就是发展以市场经济为导向，以科技为支撑，以农产品为原料，以加工或销售企业为龙头，具有地方特色的支柱产业，通过拳头产品带动基地建设，通过基地建设联系千家万户，从整体上解决贫困农户的温饱问题。

产业扶贫是一种生产经营过程中的技术经济扶贫方式，它强调产业运作的内在机制，通过相似于工业化的组织方式，整合技术、生产、管理、市场等各个环节的优势，实现技术环节-生产环节-营销环节的一体化运作。

产业扶贫的实质是用市场机制来组织贫困地区资源的生产、加工和销售，使三者之间由原来各自分离的单纯买卖关系变为以供应链为纽带、以价值链为核心的利益关系，形成贫困地区脱贫致富的新机制。

产业化扶贫的基本特点：

（1）市场化。产业化扶贫必须以社会主义市场经济为导向，凡是脱离市场需求轨道、违背市场供求规律的产业化扶贫都是没有生命力的。

（2）专业化。专业化是产业化扶贫最基本的特点，产业化必须是某专业化系列产业的聚集，或者是相关联的几个专业化产业的优化组合。例如，产业化扶贫中的养殖产业，就是一个专业很强的产业，具体布局到一个村，有可能只是养殖这个专业环节，也有可能是养殖和繁殖两相近专业产业的结合，具备条件的村也可能是养殖、繁殖、屠宰、加工和销售等产业的结合。但是都属于相关联的产业聚集，也就由"一户一业或多业"，全村聚集后形成的"一村一品"。

（3）规模化。产业化扶贫追求的是整体经济的发展和进步，所以规模化就成为其生产经营的首要特点。小打小闹不是产业化，家庭小作坊不是产业化。规模化经营是产业化扶贫的唯一方式，将通过土地流转集中、组建农民专业合作社、转移劳动力、合伙经营等实现规模化经营，常见的实现模式就是"公司＋基地＋农户"或者是"公司＋农户"，从而提高产业化扶贫的效率。

（4）特色化。产业化扶贫是针对不同的村所采取的不同扶贫方式和产业安排，根据自己特点的差异化，形成了具有特色化的产业扶贫方式。这是由贫困村的自然资源、交通条件、风土人情、文化程度和产业基础等多重因素决定的，往往取决于一个村的产业特色，必须具备"人无我有"的特殊优势，也就是资源优势。

（5）体系化。产业化扶贫是一个系统工程，是一套完整的产业体系经过科学的优化组合，切合贫困村实际的产业布局。

（6）现代化。现代化是产业化扶贫的发展趋势和努力方向，农业产业化的现代化方向就是建设现代农业体系。新形势下的农村产业化扶贫就应该向现代农业产业体系努力，要在努力实现农业生产物质条件的现代化、农业科学技术的现代化、管理方式的现代化、农民素质的现代化、生产的规模化、建立与现代农业相适应的政府宏观调控机制等方面下真功夫，务求实效，全面提高产业化扶贫效率和水平。

2. 精准扶贫

定义：精准扶贫是粗放扶贫的对称，是指针对不同贫困区域环境、不同贫困农户状况，运用科学有效程序对扶贫对象实施精确识别、精确帮扶、精确管理的治贫方式。一般来说，精准扶贫主要是针对贫困居民而言的，根据贫困户的致贫原因，采取有针对性的扶贫方式进行扶贫。

内涵：精准扶贫的核心是在准确识别贫困对象的基础上，通过扶贫体制机制创新，将扶贫资源配置到户，扶贫贫困户发展符合其自身条件的产业项目。

精准扶贫，"精"在精密部署，统筹安排，在精准施策上出实招。坚持分类施策，在政策层面和制度层面打出一套扶贫攻坚组合拳，旨在以精准扶贫实现精准脱贫。

精准扶贫，"准"在准确判断，以数据目标定位，在精准推进上下实功。用准确的数据、扎实的工作表达出对中国扶贫事业的高度重视，推动精准脱贫工作的进程。

精准扶贫，"扶"在"扶贫先扶志""扶贫必扶智"，提升"造血"功能，在精准落地上见实效。必须要立足帮扶地、帮扶户的具体情况，重视产业扶贫和金融扶贫等手段，使帮扶对象掌握脱贫致富的门路和技术，实现从"输血"到"造血"的有机转变，进而科学规划，建立长效机制，才能推动精准扶贫更加有效、可持续，实现精准脱贫的历史性任务。

特征：一是对贫困区域与贫困群体进行精确识别。就贫困对象而言，既包括连片特困区、贫困县，还包括贫困村、贫困户。在精确识别贫困对象上，2011年识别出连片特困区（全国14个连片特困区）以及所包含的县级行政区域（共计680个），2012年精确识别出592个扶贫工作重点县，两者既有交叉也有不同，合计有832个贫困县，2014年精确识别出贫困村12.8万个、贫困人口8 962.5万，建立起连片特困区、贫困县、贫困村乃至贫困人口的基本信息数据库（图1-2）。

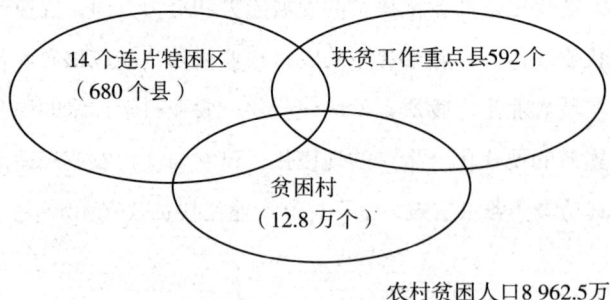

图1-2　农村扶贫对象示意图

二是精确帮扶。所谓精确帮扶，就是要让扶贫做雪中送炭之事，把扶贫资源用到贫困区、贫困县、贫困村和贫困户，杜绝"年年扶贫年年贫、扶贫资金天女散花"，提高扶贫资源的利用率，增强贫困对象的内在发展动力和发展活力。这就要求专项扶贫与社会扶贫等资源到村到户、因户施策、资金到户、干部帮扶到户，实现真扶贫、扶真贫。

三是精确管理。所谓精确管理，就是对农户信息进行及时管理，建立贫困村、贫困户信息资源库，将扶贫项目与扶贫资源置于阳光下操作，提高扶贫资源的透明度，对扶贫事权进行精确管理，实现农村最低生活保障制度与贫困政策的有效衔接。

（二）相关理论依据

1. 系统理论

"系统"一词最早出现在古希腊语中，其原意指事物中共性的部分和每一事物应占有的位置，即部分构成整体的意思。系统论最初为一般系统论，是由美籍奥地利生物学家L.Von.Bertalanffy在第二次世界大战前后酝酿诞生。系统论认为，系统是由相互制约、相互关联的各部分共同构成的、具有一定结构和功能的统一体。通常，一切系统都具有以下共同点：①两个及两个以上的要素（环节、部分、元素）构成，要素是系统构成的基本单位，要素按一定的结构组成系统时，不同要素在系统中的作用和地位不尽相同。②要素与要素、要素与系统、系统与环境之间存在一定的联系，以形成一定的内部与外部结构。③系统具备特定的功能，系统功能由内部结构及其相互联系所决定，区别于内部要素功能。④系统与要素的概念是相对的，构成系统的要素本身也可以是一个系统。⑤系统具有动态性，处于不断发展的过程中。

系统无处不在，系统理论为畜牧业精准扶贫提供了强有力的理论支撑。首先，畜牧业精准扶贫作为一个有机的系统，是由畜牧业精准扶贫识别、畜牧业精准扶贫帮扶、畜牧业精准扶贫管理三个部分构成，畜牧业精准扶贫目标的实现（功能的发挥）依赖于上述三个子系统之间的相互作用和相互联系。因此，在畜牧业精准扶贫实施过程中，要运用系统的观念来看待不同过程、不同环节在整个畜牧业精准扶贫系统运行中的作用，要充分意识到畜牧业精准扶贫目标的实现离不开各组成部分相应的结构与相互联系，要从整体与部分之间相互制约、相互依赖的关系中去把握畜牧业精准扶贫的特征与规律，要从畜牧业精准扶贫整体最优化的角度去实现各部分的有效运转。其次，任何系统都处于一定的环境之中，环境是比系统本身更为复杂、更为高级的系统，环境的变化会对系统产生很大的影响。畜牧业精准扶贫与地区乃至国家社会经济环境相互依存，环境的变化必然会对畜牧业精准扶贫产生影响，比如畜牧业市场环境发生变化将会给畜牧业精准扶贫带来机遇或挑战、畜牧产业或扶贫政策调整也会对畜牧业精准扶贫产生影响、国家或地区贫困标准的调整会直接影响到畜牧业精准扶贫目标人群的识别等。所以，畜牧业精准扶贫的实施，要注意与外部环境的协调，使其与环境保持最佳的适应状态。第三，系统内部各组成要素的相互作用与相互联系，以及系统与其所处环境的关联性都会随时间不断发生变化。畜牧业精准扶贫是一项庞大的系统性工程，涉及复杂的内部构成和环境，使得畜牧业精准扶贫呈现出动态发展的特征，因此要以动态发展的眼光来看待畜牧业精准扶贫的实施，动态监控实施过程的内外部变化，并采取相应的措施，及时调整和改进工作方法，以实现畜牧业精准扶贫的目标。

2. 循环积累因果关系理论

循环积累因果关系理论是由纲纳·缪达尔（Karl Gunnar Myrdal）提出。该理论强调用系统的方法研究经济发展，认为在一个动态的经济发展过程中，各种因素相互联系，相互影响，互为因果，呈现出一种"循环积累"的发展态势。贫困是社会、经济、政治、制度、文化、习俗等方面综合作用的结果。因此，要解决贫困问题必然要求综合考虑各种影响因素，系统运用各种措施，包括权利关系、土地关系、教育等方面的改革。

循环积累因果关系理论不是从某一生产要素的变化或某一贫困现象来研究贫困国家（地区）的发展问题，而是从社会、经济、政治、制度等更广泛的层面全面系统地来研究反贫困问题。新疆农牧区牧民家庭经营主要以畜牧业为主，畜牧业经营收入所占比重突出，贫困牧民收入较低的根源在于畜群畜种结构调整、生产经营方式转变、科学技术及设备应用、产品品牌打造等方面，文中结合该理论和畜牧产业扶贫特征，在新疆牧区畜牧业产业化科技扶贫开发体系构建研究中，将围绕转变农牧区畜牧业生产方式，构建整体协调的现代畜牧业生产体系；调整畜牧业生产结构、选择发展特色养殖业，发展畜产品深加工、创建推广畜产品品牌，拓展产业链条、培育增收项目，以增加贫困牧民收入。

3．科学发展观理论

科学发展观是党的十六届三中全会提出的指导我国现代化建设的重要思想。党的十七大报告中明确指出：科学发展观以"发展"为第一要义，以"以人为本"为核心，以"全面协调和可持续"为基本要求，以"统筹兼顾"为根本方法。科学发展观的"以人为本"就是要将人民群众的利益作为工作的出发点和落脚点，要不断满足人们多方面的需求，促进人的全面发展。

同时，畜牧业精准扶贫还致力于将"畜牧业发展对当地社会文化及生态环境的影响降至最小化"，只有这样才能使得畜牧业实现可持续发展，畜牧业精准扶贫不仅仅追求经济上的脱贫，更要强调畜牧业精准扶贫工作的全面开展是以科学发展观的理论依据和动力支撑为指导，系统地分析贫困地区所具备的畜牧业扶贫开发条件、所处的畜牧业市场发展环境以及贫困人口所拥有的畜牧业扶贫参与条件等，寻求适合该地区的畜牧业扶贫项目，来确保畜牧产业发展的可持续性，并确保贫困人口持续受益，充分带动经济、社会、文化、生态等各方面的整体发展。

4．社会资本理论

"社会资本"作为现代经济社会学的核心概念之一，最早是由法国著名社会学家皮埃尔·布迪厄（Pierre Bourdieu）完整表述并引入到社会学研究领域。"社会资本是指社会组织的特征，诸如信任、规范以及网络，它们能够通过促进合作行为来提高社会效率。"社会资本是一种重要的资本，它对个体、组织、地区乃至民族、国家的发展具有重要的影响作用。社会资本具有决定社会地位和获取社会资源，并进行社会分配的功能，它可以转化为贫困人口所需要的帮助，减少其获取资源所需的成本。因此，贫困人口拥有社会资本，也就意味着其得到了某种程度的保障，便可提高生活质量。格伦·劳里（Glen Loury，1977）在对新古典主义理论不平等、对待种族间收入不平等进行批评时就曾指出，只重视人力资本的作用，种族间的收入不平等永远不会消失，原因之一是黑人缺乏社会资本，缺少受教育和工作机会。可见，在某种程度上社会资本比物质资本、人力资本更为重要，因此，在扶贫过程中要把增加贫困地区和贫困人口的社会资本作为扶贫工作的重要内容。

畜牧业精准扶贫的内容和帮扶措施是紧密围绕增加贫困地区和贫困人口的社会资本展开的，并通过政策和制度设计为贫困地区畜牧业发展提供优惠条件，赋予贫困人口参与畜牧业发展的权利，提高其社会地位，增加其资源获取量，减少其资源获取的成本。

（三）国内外研究综述

1. 国外研究综述

（1）关于贫困定义的研究。贫困是一个涉及政治、经济、社会、文化等方方面面的综合性问题。既是经济学问题，又是社会学问题，同时也涉及政治学、民族学、人类学等相关领域。因此，人们关于贫困的科学定义不是一成不变的，而是动态的、发展变化的。

关于贫困的定义，西方古典经济学家代表亚当·斯密、大卫·李嘉图早就有过研究，两人分别从交换价值论、使用价值贫乏论对贫困进行了解释。英国的朗特里是贫困定义的最早提出者，他提出："如果一个家庭的总收入不足以维持家庭人口最基本的生存活动要求，那么，这个家庭就基本陷入了贫困之中"。

从此之后，不少专家学者在此定义的基础上从不同的视野对贫困下了不同的定义。其中以世界银行关于贫困的定义最具代表性和权威性。世界银行《1981年世界发展报告》中提出，"当某些人、某些家庭或者某些群体没有足够的资源去获取他们那个社会公认的、一般都能享受到的饮食、生活条件、舒适和某些参加活动的机会，就是处于贫困状态"。世界银行《1990年世界发展报告》中提出，"贫困就是缺少达到最低生活水准的能力"。世界银行《2000年世界发展报告》中提出，"贫困不只是指物质匮乏，同时还包括低水平的教育与卫生、面对困难时的脆弱性及需求表达困难和缺乏影响力"。

联合国开发计划署认为：21世纪贫困的实质远不是单指过去的"收入不足"，而是指人类发展必备的机会和选择权的被排斥。此定义直接影响全球反贫困战略的核心：

提高人们知识资产和提高人的发展能力。

（2）关于贫困根源的研究。研究的主要观点有罗格纳·纳克斯（Ragnar Nurkse）恶性循环理论，初始状态下的贫困使得对生产的投入持续减少，投入的减少直接导致产量的降低，而产量的降低又进一步使收入减少，导致新一轮投入的减少，从而陷入恶性循环。纳尔逊（Nelson R.R）低水平收入均衡陷阱理论，发展中国家人口的迅速增长使这些地区人均收入迅速提高受到了制约。西奥多·舒尔茨（Theodore William Schultz）人力资本理论，认为人力资本是世界各国经济快速发展的关键性因素，人力资本优势明显的国家往往在经济发展水平和质量上处于世界领先水平。奥斯卡·刘易斯（Oscar Lewis）贫困文化理论，认为在社会中，贫困使穷人在居住、生活习惯、思想观念等方面具有独特性，并因此产生了贫困群体特有的行为方式。阿马蒂亚·森（Amartya Sen）权利假说理论，认为贫困不仅是指贫困人口本身所处的困难生活状态，同时还应该包括贫困个体所处生活环境和一些社会基本权利的丧失。正是因为追求正常生活能力的欠缺，才导致了贫困，"权利丧失"被认为是贫困的根源。普雷维什（Prebish）依附理论，认为广大发展中国家处于世界的边缘，真正掌控世界的是那些发达国家。发达国家凭借先进的技术，进一步剥削发展中国家的原材料、廉价劳动力，使发展中国家对发达国家形成依赖，发展中国家因为这种从属地位而始终处于贫困境地。纲纳·缪达尔（Karl Gunnar Myrdal）从亚洲出发分析致贫原因，从发展的初始差别、人口和资源开发、国民经济结构、对外贸易和资本流动、政府腐败、劳动力的使用以及人口的质量等方面总结了贫困原因。国外学者还从个人缺陷、地区差异、社会混乱及歧视等维度分析致贫原因，个人缺陷意味着懒惰、坏的选择和无能，而这些又导致了其贫困。此外，自然资源、洪灾、地震等因素也在一定程度上造成新的贫困。

（3）关于贫困测量的研究。贫困测量方面比较典型的有：市场菜篮法、恩格尔系数法和生活形态法。其中，市场菜篮法是先确定受益人每月的必需品和服务，然后计算出这些必需品和服务的市场价格。恩格尔系数法是食品消费占所有消费的比例，一般比值超过60%即为贫困。生活形态法是汤森于20世纪60年代在关于英国贫困问题的著作中提出的，以社会大众的认识来认定某种生活状态是否贫困，然后找出具体哪些人属于这种生活状态，最后明确这类人或家庭的收入界限，最终以此确定贫困线。

（4）关于扶贫策略的研究。在扶贫策略上，国外经济学家也进行了很多科学的探索，特别在如何提高贫困人口的自我脱贫能力上，强调政府干预和增加公共投资。其中最具代表性的观点有：舒尔茨（1968）认为，实行最低工资和农产品价格支撑，并加大对贫困人口的公共投资；世界银行（1990）提出，由机会和能力组成的政府干预战略，在为贫困人口提供谋生机会的同时，增加了人力资本的投入，提高了贫困人口的谋生能力；Ra·Gaiha（2000）提出，反贫困有四种干预形式：一是推行最低工资，二是加强农村公共工程，三是信贷干预，四是政府保险计划干预。

2．国内研究综述

（1）关于贫困成因的研究。国内对贫困成因的研究起步较晚，但是发展迅速，现已涉及地理、环境、生态、经济、制度等多个方面的内容。从研究对象上来看，有以全国为研究对象的，有以西部、中部、山区等重点贫困区域为研究对象的，也有以陕西、甘肃、云南等省市地方为研究对象的，而研究群体多以少数民族贫困人口或者特殊类型贫困人口为主。

第一，对全国贫困成因的研究。我国的贫困成因应从结构性和文化性两个理论方向分析，要重视社会转型所带来的结构性贫困，但更应该立足长远，防止"贫困文化"的产生（贺巧知，慈勤英，2003）；金融压抑也是导致我国农村贫困的重要原因，而产权制度缺陷是造成金融压抑的深层次原因（牛建高，李义超，林万龙，2005）；产业结构调整造成的失业、发展机会不均等及扶贫政策缺失、收入分配状况恶化和社会保障制度滞后、贫困者自身素质偏低等是城市贫困的主要成因（姚雪萍，2007）；我国城市贫困包括城市失业职工和农民工两大主体，从制度角度分析，前者陷入贫困是由于收入分配恶化和社会保障滞后，后者陷入贫困是由于缺乏最基本的制度保障其生存权和发展权（高云虹，2009）。

第二，对扶贫重点区域贫困成因的研究。①我国西部民族地区农村贫困的成因是地缘环境因素、人口素质偏低、扶贫政策内在缺陷、扶贫资金利用率低（黄颂文，2004）；制度因素、生态环境、自我封闭、心理因素（王平，2006）；②我国中部地区陷入贫困的主要原因在于权力贫困，它是贫困的深层次原因，包括与社会权力相关的政治、文化、经济权力的贫困（喻昊，2006）；③中国少数民族贫困的成因为自然因素、主体因素、机制因素、政治因素四个方面（邓成明，蒋业宏，1999）。

第三，对贫困重灾省份或者扶贫重点县（市）贫困成因的研究。①云南少数民族地区贫困成因为地域空间上的封闭，最终导致了经济、技术、思想的封闭；②吉林省农户贫困的直接原因是有效耕地不足、产业结构调整、社保体系不健全、因病返贫等（程厚思，邱文达，崔莹，1999）；③四川藏区贫困成因是恶劣的地理自然环境、社会历史起点低、地方病频发、扶贫投入不足等（杨建吾，2005）；④资源富集的山西贫困成因是地方过于依仗资源优势，形成了资源产业"一枝独秀"的畸形产业结构，而地方政府又缺乏主动创新的动力（王润平，陈凯，2006）；⑤青海特殊贫困成因是自然环境差、自然灾害频发、经济结构单一、基础设施滞后、农牧民综合素质低、社会发育滞后等（李凤荣，2011）。

（2）关于贫困村分类的研究。针对中国农村贫困分类的研究比较多。根据村民生活质量的决定因素将贫困分为"制度性贫困、区域性贫困、阶层性贫困"三类；康晓光依据发展基础、发展能力和发展权利三个方面的情况将贫困分为"环境约束型、能力约束型、权利约束型"三类。

第一类，资源可用型村：社区有足够的自然资源并可以直接利用实现扶贫发展，但缺乏基础设施、发展资金、技术和市场的支持。

第二类，资源不可用型村：有足够的自然资源但因各种原因不可以直接利用（包括乡村旅游开发），这类村必须依靠生态补偿、社保、低保、养老保险等政策性减贫支持。

第三类，无资源型村：没有有效的自然资源，必须异地发展，包括实现城镇化纳入城镇再就业范围、有组织的劳动力转移、自然资源（如土地、林地等）入股，甚至生态移民等。

（3）关于扶贫工作中存在的问题研究。扶贫工作取得了较大的成绩，但是扶贫的现状依然严峻。扶贫现状集中表现为：一是部分地区贫困程度在不断加深。有些民族地区还处于"原始贫困"状态，部分农牧民至今仍过着"靠天吃饭、靠天养畜"的原始农耕游牧生活；山区一些地方处于"土豆酸菜型"的温饱状态，人畜混居现象普遍。二是返贫问题严重。因灾因病、就医就学、市场波动、金融危机等，都导致相当部分人口返贫。三是代际传递性凸显。进入21世纪以来，贫困问题出现了一个新特点：持续性的、终身的、代际性的贫困，具有很强的传递性，解决起来难度很大。四是贫困隐性化较强。虽然许多地方看上去解决了温饱，但事实上贫困隐性化问题十分突出。五是区域性突出。贫困问题重点分布在革命老区、民族地区、地震灾区和偏远山区，这些地区"集中连片和特殊类型贫困"的特点十分突出（张云龙，杨三军，2010）。

当前扶贫模式存在的问题主要有：①扶贫政策被市场经济弱化或瓦解。随着市场化进程加快，过去对贫困地区实行的一些行之有效的特殊政策和优惠措施已失去作用，由此而日益弱化甚至不复存在。②扶贫对象范围的划定缺乏动态管理，使扶贫效果大打折扣。③小额信贷扶贫模式没有与西部贫困地区的实际情况相结合。扶贫项目的设计、管理、实施过程中的博弈行为降低了扶贫工作的效率（张建军，李国平，2004）。同时，西部扶贫开发中面临和存在的突出问题是生存环境恶劣与知识贫困相叠加，严重影响西部民族人群的全面发展；教育滞后严重影响西部的脱贫致富步伐（祁苑玲，2007）。

（4）关于扶贫开发机制的研究。国内关于扶贫开发机制的研究始于1994年，而研究的高峰期则出现在2000年之后，研究的内容大体包括三个方面：一是对我国扶贫开发机制整体进行研究，多是分析我国扶贫开发机制的现状、存在的问题及成因，从而在此基础上对扶贫开发机制有所创新；二是研究我国扶贫开发机制某一方面的内容或者某种扶贫模式的内部运行机制，如扶贫资金投入机制、整村推进扶贫开发机制等；三是以某省市地方为研究对象，或整体或部分地对扶贫开发机制展开研究。

具体的研究有以下几个方面：

第一，从贫困人口的识别机制、确定重点县的选择机制、政府主导型的投入机制、扶贫监督机制等方面分析了目前扶贫开发机制的不足，包括贫困人口的动态识别机制没有形成、有效的项目选择机制没有建立、多元且目标一致的扶贫资金投入机制没有形成、部门间有效的分工协作机制没有建立、信息对称且及时有效的监督评价机制没有形成，并围绕这些不足对原有扶贫机制进行了完善（吕书奇，2004）。

第二，为了调高扶贫成效，创新了八项扶贫机制，分别是"五方挂钩"帮扶机制、村村结对帮扶机制、村企挂钩帮扶机制、科技扶贫机制、贫困农户脱贫长效机制、经济薄弱村内生发展机制、社会力量参与机制、扶贫资金科学使用机制（吴洪彪，2007）。

第三，努力创新扶贫开发机制，将重点放在整村推进、产业扶贫、劳动力转移培训机制等五个方面（冯孔茂，2007）。以"机制引领发展，以产业带动脱贫"为指引，提出了睢宁县创新"六项机制"，包括农民自建机制、服务外包机制、技能培训机制、资产管理机制、合作载体机制、组织带动机制（仝泽章，2011）。从识别、瞄准、投入、发展、参与、考核六个方面构建了江苏农村扶贫开发长效机制（雨松，2011）。以陕西省"府谷现象"为例，探讨了企业参与扶贫开发的新途径，深入分析了府谷县村企合作途径和方式，建立了企业与农民之间良性互动的正反馈关系，并创新了扶贫投入机制（张琦，2011）。在"建设幸福广东"视角下完善扶贫开发责任机制，以"规划到人、责任到人"为核心建立明确的扶贫工作目标责任制，不断创新和完善扶贫开发工作机制，形成贫困农户脱贫长效机制（刘国军，2011）。

（5）关于产业扶贫模式的研究。对实践工作进行归纳，学者大多将其进行模式分类，主要分为两类：①救济式扶贫。中华人民共和国成立至1986年间，在西部地区一直沿用救济式扶贫模式，虽然在一定程度上缓解了西部贫困地区和贫困人口的贫困状况，保证了贫困人口的基本生活需求，但这种模式随着社会经济形势的变化，尤其是改革开放的日益深入，越来越不适应经济发展和社会发展规律，具有很大的局限性（朱坚真，匡小平，2000）。②开发式扶贫。从1986年开始实施，坚持以经济建设为中心，制定了开发式扶贫方针和一系列有利于西部地区脱贫致富的优惠政策，实现了从救济式扶贫向开发式扶贫、由输血型扶贫向造血型扶贫的历史性转变。在开发式扶贫模式上，根据西部农村贫困地区自然、经济、社会发展的基本状况和贫困人口的主要特征，实施西部农村扶贫开发战略模式，其重点主要包括创新扶贫制度、强化社会服务、控制人口增长、重视教育培训、发展特色产业、探索移民搬迁、推广小额信贷等方面（赵曦，严红，刘慧玲，2007）。

新型产业化扶贫模式。就是以市场为导向，以龙头企业为依托，利用西部贫困地区特有资源优势，逐步形成"贸工农一体化，产加销一条龙"的产业化经营体系，持续稳定地带动贫困农民快速致富的扶贫模式（傅国军，夏树让，2007）。

在开辟扶贫的新模式上，张姝认为西部民族地区绝对贫困扶贫模式主要有三种：一是维权式扶贫。西部地区的森林和矿产资源的产权收入，全部留给贫困地区的居民，以老林换新林，以矿产收益换生态恢复。二是异地移民式扶贫。要使贫困地区解决贫困问题，最有效的办法就是逐步减少贫困生态区的人口数量，有计划、有步骤、分期分批地实施移民式扶贫，将贫困人口安置到自然资源比较富裕和生态环境好的地区，即通过迁移的方式扶贫。三是参与式扶贫。参与式扶贫是与市场经济接轨的扶贫方式，其目的在于，使被扶持对象的主观意愿和自觉参与充分体现在扶贫项目的选择、规划的制定、项目的实施中，使他们真正拥有知情权、参与权、实施权和管理权。

在新时期新形势下，研究者又提出了新的扶贫模式。部门与干部"双包双促"的商洛市贫困治理模式，即在扶贫攻坚中采取"部门包村、干部包户"的工作机制，实现"促进村域经济发展、贫困户脱贫、促干部作风转变、能力提升"的目标（韩丹，2015）。

西部地区农村扶贫开发模式可以分为 8 种扶贫开发模式（徐孝勇，赖景生，寸家菊，2010）。①大规模区域性扶贫开发模式；②参与式整村推进扶贫开发模式；③山区综合开发扶贫模式；④生态建设扶贫模式；⑤特色产业开发扶贫模式；⑥乡村旅游开发扶贫模式；⑦移民搬迁扶贫模式；⑧对口援助扶贫模式。

（6）关于产业扶贫机制的研究 针对目前存在的资金量不足、产业项目雷同、产业知识培训不足、经济发展方式以粗放型为主等问题，应该从建立健全金融机构对产业辅助机制、对扶贫资金加强监管、根据当地自身条件发展特色产业、突破传统方式发展资源节约型经济、建立产业扶贫长效机制等措施来做好农业产业扶贫工作（李周清，2006）。

应大力引导和激励贫困地区干部群众发扬自力更生、艰苦奋斗的精神，合理开发利用当地资源，积极培育特色优势产业，着力增强贫困地区自我积累、自我发展能力（李隆琪，2013）。面对产业化扶贫过程中产生的人才、资金、管理、市场化等许多困境日益凸显，但不同的主体对待已经暴露出的困境或问题，呈现不同的心态，有不同的权宜之策（张入化，2013）。农村产业扶贫的根本途径是农业的特色化和产业化，工业的新型化，服务业的现代化，文化产业的多元化（谢谦，2013）。通过针对性地开展贫困农民产业技能培训、产业金融扶持、产业扶贫绩效考核，来提高产业扶贫精准化程度（全承相，贺丽君，全永海，2015）。

（7）关于产业扶贫策略的研究。从系统理论的视角，对中国农村开发式扶贫模式进行系统分析，重点研究了以产业带动为核心的开发式扶贫模式，划分为决策、传递、接受、控制等四个子系统的主体结构和运行机制（曹洪民，2003）。

从生态文明视角的扶贫开发，是通过发展生态产业达到扶贫目的的一种策略，既指发展生态农业、生态工业、生态材料、生态畜牧业等，也在用可持续发展的理念，通过生态功能的提升为扶贫开发工作提供服务，从而提高扶贫效果和全社会的福利（倪国良，2010）。

基于供应链管理的产业化扶贫模式的主要形式：以大型农产品批发市场运营商为主导的产业化扶贫模式；以大型农产品加工企业为主导的产业化扶贫模式（程阳，刘尔思，2011）。

通过地方善治来完善产业化扶贫的途径：坚持产业招商扶持龙头企业发展，确保企业与贫困农户有效对接；推进扶贫中介组织发展，搭好沟通服务桥梁；创新地方政府管理，切实优化产业发展环境；着力改善扶贫产业发展相关配套条件（颜有晶，2012）。

以提高农村贫困地区居民的自我发展能力为导向的扶贫策略，对于提高贫困地区的人力资本存量，促进农村贫困人口的自立自强，增加收入，摆脱"贫穷－人力资本存量不足－贫穷"的恶性循环，最终消除贫困（朱治菊，2012）。

从进化博弈视角，通过龙头企业和政府部门的博弈分析，探索政府监管、扶贫的力度与产业化龙头是否消极扶贫的内在联系，并提出相关政策建议（闫东东，付华，2015）。

3．国内外研究评述

国外对贫困问题的研究相对成熟，形成了较为系统的理论体系，但是这些理论和研究也都存在着各自的不足和缺陷。对贫困成因的研究可以归结为要素短缺论、环境成因论、贫困文化论等，它们都从不同的角度研究了贫困产生的原因，基本上奠定了贫困成因的理论基础。然而，要素短缺论（贫困恶性循环理论、低水平均衡陷阱理论、循环积累因果关系理论、临界最小努力理论）都过分夸大了资本形成的重要性，忽视了其他一些重要因素的作用；环境成因论和人口素质论也过于偏颇，这都不能成为解释地区贫困的充分理由，很多地区都存在这些问题却并不贫困；"贫困文化"确实在很多贫困地区广泛存在，但是贫困文化仅是贫困的结果而不是贫困的原因，它只是反过来加重了贫困程度而已。扶贫开发机制作为一个"中国制造"，在国外的研究中鲜有出现，并没有形成独立完整的理论体系，在所能搜获的文献中仅是涉及某一点或某一方面的研究。总之，国外的理论众说纷纭、各擅胜场，除上述理论外，在完善社会保障制度、促进非正规就业、加强人力资本投资等方面都有相关的研究。

国内学者的研究基本都是在国外已有理论的基础上结合我国实际情况的分析和探讨，尤其近几年对特殊贫困地区和特殊贫困人口的研究成为热点。由于我国地域广阔，贫困地区差异性大，因而贫困成因非常复杂，不能一言概之。对纷繁复杂的贫困成因分析后发现，我国贫困地区又具有一些共性的特点，比如自然环境恶劣、人力资本水平低、少数民族人口相对集中等。共性问题为相互借鉴治理措施提供了可能，而个性问题则需要单独分析。目前我国以项目为主的扶贫开发方式，很多受益者并不是贫困者，他们由于自身文化水平低、思想保守、参与意识差等原因被排挤在扶贫项目之外，反而拉大了与贫困者之间的差距，恶化了贫困地区的收入分配状况。对新疆扶贫开发的研究同样存在上述共性问题，但是新疆情况更加特殊，"边境性、贫困性、民族性"共存的局面势必要求更加全面和可行的扶贫政策与措施。与此同时，针对畜牧产业扶贫方面的相关研究仍显不足，特别是国内外关于对民族贫困地区畜牧产业精准扶贫模式创新的相关研究还是存在许多盲区，为本文研究留下了许多突破口。

三、新疆农牧区贫困现状及成因分析

(一) 新疆贫困县域分布状况

新疆贫困县主要分布在南疆地区和北疆地区，南疆地区包括阿克苏地区、克孜勒苏柯尔克孜自治州、喀什地区和和田地区四个地区，北疆地区为除南疆地区以外的其他地（州、市）；新疆共有贫困县35个，其中国家级贫困县为27个，自治区扶贫开发工作重点县为8个，详见表1-1。

表1-1　新疆贫困县分布[①]

区域	地（州、市）	国家级贫困县	新疆地方级贫困县
北疆地区	哈密市	巴里坤哈萨克自治县	伊吾县
	伊犁哈萨克自治州直属县（市）	察布查尔锡伯自治县、尼勒克县	—
	塔城地区	托里县	裕民县、和布克赛尔蒙古自治县
	阿勒泰地区	吉木乃县、青河县	—
南疆地区	阿克苏地区	乌什、柯坪县	—
	克孜勒苏柯尔克孜自治州	阿图什市、乌恰县、阿合奇县、阿克陶县	—

[①] 注释：地州名称"伊犁哈萨克自治州直属县（市）、克孜勒苏柯尔克孜自治州"下文分别简称为"伊犁州直、克州"；县名称"巴里坤哈萨克自治县、察布查尔锡伯自治县、塔什库尔干塔吉克自治县、和布克赛尔蒙古自治县"下文分别简称为"巴里坤县、察布查尔县、塔什库尔干县、和布克赛尔县"。

（续）

区域	地（州、市）	国家级贫困县	新疆地方级贫困县
南疆地区	喀什地区	疏附县、疏勒县、英吉沙县、莎车县、叶城县、岳普湖县、伽师县、塔什库尔干塔吉克自治县	巴楚县、泽普县、麦盖提县、喀什市
	和田地区	和田县、墨玉县、皮山县、洛浦县、策勒县、于田县、民丰县	和田市

资料来源：国务院扶贫开发领导小组办公室《国家扶贫开发工作重点县名单》（2012年3月19日）和新疆扶贫开发工作办公室。

新疆牧区主要由以草原牧业为主的哈萨克、柯尔克孜、蒙古、塔吉克等民族居住的22个牧业县和15个半农半牧县（市）组成，主要分布在帕米尔高原、天山、阿尔泰山、昆仑山等边远地区。22个牧业县占新疆县市总数的25%。国家及自治区确定的扶贫开发重点县中牧区贫困县有13个，分别为：克孜勒苏柯尔克孜自治州（简称克州）三县一市，即阿图什市、阿克陶县、阿合奇县、乌恰县等（其中阿图什市属于半农半牧地区），目前克州有37个乡镇和223个村；喀什地区牧业贫困县有塔什库尔干塔吉克自治县，目前有11个乡镇和49个村；哈密地区牧业贫困县有巴里坤哈萨克自治县，该县有10个乡镇和43个村；伊犁直属牧业贫困县有察布查尔锡伯自治县和尼勒克县，两县有25个乡镇和137个村；塔城地区牧业贫困县有三个，分别为托里县、裕民县、和布克赛尔县，三县有16个乡镇和165个村；阿勒泰地区的牧业贫困县有青河县和吉木乃县，共有13个乡镇和95个村。

由于历史、生活方式的原因，南疆、东疆、北疆的边远地区和牧区是少数民族聚居区。其中，南疆地区的和田地区、喀什地区、克州、阿克苏地区是以农业经济和畜牧业经济为主的维吾尔族、柯尔克孜族、塔吉克族等少数民族聚居区，而这些地州是自治区扶贫开发工作的重点和难点。南疆地区的克州是以畜牧经济为主的柯尔克孜、哈萨克、蒙古等游牧少数民族聚居区。目前，从贫困人口的构成来看，少数民族贫困人口比重大。新疆35个扶贫开发重点县中少数民族贫困人口占91.06%，北疆地区重点县中的少数民族贫困人口占63.83%，南疆地区重点县中少数民族贫困人口占96.85%（其中，克州为94.50%）。从牧区贫困来看，新疆的牧区贫困主要以哈萨克族、柯尔克孜族、蒙古族、塔吉克族等游牧民族为主，居住区多处高寒山区、自然条件保障率较低、贫困强度较大的地区，贫困人口的分布具有明显的民族性特征。同时，按照南疆四地州自然条件、生态环境、经济社会发展水平、贫困人口的分布状况等实际情况，整个新疆以及南疆地区的贫困问题具有明显的区域性特点。新疆的牧区贫困人口主要分布在南疆地区的克州、塔什库尔干县以及北疆的伊犁州直、阿勒泰地区、塔城地区、哈密市等地（州、市）和其他一些乡、村。这些牧业贫困地区地处于帕米尔高原、天山、阿尔泰山脉的高寒山区，海拔高、冬季寒冷期长、自然灾害频繁。畜牧地区贫困牧民大多居住在基本上没有具备生存条件的封闭性强、市场化和信息化滞后、地形复杂、交通不畅、路线长等边远地区，具有更为突出的区域性特征。

（二）新疆农牧区人口贫困成因分析

1. 自然环境恶劣

由于自然状况、历史条件和社会经济发展等多方面因素的影响，新疆经济发展整体上呈现出明显的地区不平衡特点。改革开放以来，新疆经济社会发展的脚步不断加快，经济社会发展取得了显著成就，人民生活水平有了显著提高，但仍然有绝对量较多的贫困人口。针对新疆农村地区的贫困状况和贫困人口，我国政府从建国初期便采取了一系列的措施进行扶贫帮贫工作，这些政策的实施有效降低了农村贫困人口数量和贫困发生率。但从贫困人口分布和总量来看，主要集中在农村地区，尤其是南疆四地州、北疆高寒牧区和边境地区的农村，该区域自然条件严酷，地域偏远且交通不便，基础设施建设滞后，信息闭塞，人才缺乏，生产单一，生产力水平低下、收入低而不稳，可利用的耕种土地较少，土壤贫瘠，可利用的水资源短缺，自然灾害频繁。脆弱的生态系统给当地的经济发展带来极为不利的影响，极大地阻碍了当地农业生产的发展，使得农民的基本生活需要难以得到保障。恶劣的自然条件极大地限制了土地的产出水平，降低了农业生产效率，不利于农业生产的发展。同时，该区域贫困人口的收入渠道狭窄，过度依赖原有生态资源，贫困农民常常为了追求短期的经济效益，对当地的农、林、牧等资源进行过度利用，森林植被被破坏，水土流失严重，土壤、草场沙化或盐碱化，从而使得贫困地区陷入了自然条件恶劣－贫困－生态环境破坏－贫困加剧的恶性循环中。

2．基础设施建设薄弱

贫困地区包括交通、通信、能源、人畜饮水、农田水利等在内的基础设施薄弱是造成贫困的又一个重要原因。尽管国家在加大对贫困地区的基础设施建设投入力度，贫困区域的通信、电力、公路等基础设施建设水平有了很大的提高，但贫困区域的基础设施投入仍然与非贫困地区有所差距。

从数据中看出，2006年贫困农户和低收入户的通电村比重，通电话村比重和接收电视村比重均略低于全国平均水平。实际上与全国农户基础设施平均水平差距最大的是医疗的便利程度，交通的便利程度以及安全饮用水的获得程度。例如，就离卫生机构距离在5千米以内村的比重，全国平均水平是86.9%，而贫困农户是70.6%，低收入户则为76.6%。至2003年年底，贫困地区尚有29.5%的村没有卫生室，有27.7%的村没有乡村医生或卫生员，其中，西部贫困地区有34.4%的村没有卫生室，有31.9%的村没有乡村医生或卫生员。同样，少数民族贫困地区缺少医疗点的程度更严重，有38.2%的村没有卫生室，有36.4%的村没有乡村医生或卫生员。贫困地区的医疗覆盖率和便宜程度较差，贫困户有病不能及时就医。饮用水困难问题也尚未得到彻底解决，贫困地区有18%的农户饮用水取得困难，特别在干旱缺水的西部贫困地区，饮用水取得困难的农户比例是20.5%，医疗和饮水的困难极大影响贫困农户的健康状况，使贫困地区劳动生产率难以提高。

3．人口规模增长迅速

由于人口的快速增长，耕地、林地、水资源、矿产等人均占有量在今后相当长一段时间内还将不断减少，人们为了生存而向自然的索取还将更为过度，这必将造成生态环境的进一步恶化，使得人与自然的矛盾变得更为突出。在这种情况下，一方面，当地居民正常的营养供给都无法保障，导致居民身体素质下降。营养、医疗、卫生条件的缺乏，也使中国农村贫困地区劳动者的身体素质不高，劳动效率受到很大影响。

除以上原因外，与满足现状的社会文化、个人的价值观等也有一定关系。牧民祖祖辈辈生活在相对封闭的环境中，与外界接触较少，觉察不到自己生存的艰难，满足于现有的生活状况，并且离开或改变现有生活方式会不习惯。调查发现，中老年牧民往往习惯生活在牧区，而年青一代的牧民已经不习惯于牧区生活，纷纷进城发展。

4．劳动力受教育程度不高

贫困地区人口教育水平和文化素质整体不高。农村劳动力资源特点是一般劳动力边际产出低效率，而且过剩；而高素质、高边际生产率的劳动力却极度缺乏。导致了本地农户科技水平的落后，自身发展能力薄弱，也极大地限制了农村劳动力的转移。我国是典型的二元经济结构，根据发展经济学理论，二元经济最终实现现代化的渠道是通过农业部门向工业部门的劳动力转移，从而提高农业的边际生产率来实现。但是，对于贫困地区来说，劳动力转移面临的一个重要的阻力就是人力素质水平低。

5．抗灾害能力较差

新疆自然环境严酷，冬季寒冷漫长。在牧区生活的农牧民更要面对严寒和暴风雪等灾害的侵袭，牧民生活陷入严峻的困境。加之畜牧业生产方式是传统游牧业，牧民赶着畜群逐水草而居，择地势而过冬，没有完备的抗寒设施，抗旱、抗灾能力极其低下。遇上暴风雪天气，牲畜成群地冻死，造成牧民一夜间变为贫困户。同时，新疆作为内陆区域，没有发达的交通设施，尤其是在地广人稀的牧区·（如阿勒泰地区），交通不便，信息不畅。这不仅制约了牧区经济社会发展，也给畜产品流通、劳动力流动和牧民创收等方面带来了一定的影响，从而加剧了贫困化程度。

6．畜牧业发展资金需求量大，牧民融资困难

畜牧业发展所需资金量较大，常需要进行借贷。目前针对牲畜草场为抵押物的对应金融产品并不完善，进行贷款的农牧民从事畜牧业养殖时，常面临融资难的困境。调查发现，一般农牧民贷款的利率较高，不仅影响了牧民生产生活的改善，更增加了农牧民的债务负担。同时，在农牧民之间进行的"民间借贷"，一旦出现资金链断裂，一些农牧民因无力偿还借款而只能将牲畜作为抵押物来顶账，致使牧户生产资料被剥

离，使牧民贫上加贫。

7. 依赖政策扶持，牧民惰性显现

新疆现在各种农牧民生产生活补贴政策丰富，且覆盖面较大，然而，政策制度是一把双刃剑：一方面能如其制定的初衷，解决一些经济社会问题，另一方面也带来一定负面影响。久而久之，造成了牧民对政策的严重依赖，甚至形成一批只靠政府各种补贴与补助生存的牧民，给政府财政带来沉重压力，使国家政策与其制定初衷产生截然相反的效果。

四、新疆农牧区畜牧业助力脱贫的区域分布及条件分析

根据国务院扶贫办建档立卡数据，2013 年年底新疆贫困重点县 35 个、贫困村 3 029 个、贫困人口 260.5 万。除社会保障兜底脱贫 86.24 万人、发展教育脱贫 1.92 万户之外，其余人口需通过发展生产和转移就业、易地搬迁、生态补偿等途径脱贫。综合考虑各地畜牧产业发展支撑条件及经济社会发展内外部环境，按照统筹布局、分类施策原则，可将畜牧业助力脱贫攻坚区域划分为南疆环塔里木盆地贫困区、南疆西北部山区贫困区、北疆传统牧区贫困区、吐哈盆地贫困区、乌昌贫困区等 5 大片区。

（一）畜牧业脱贫区域分布

1. 南疆环塔里木盆地贫困区

该区域包括除塔什库尔干县外的喀什地区 11 个县（市）、除乌什县外的阿克苏地区 8 个县（市）、和田地区、巴音郭楞蒙古自治州①，区域贫困人口 198.37 万，占全区贫困人口的 76.15%。其中，重点贫困县 20 个，重点贫困村 2 445 个，85% 以上的贫困户为农民，贫困边民占全区贫困边民总数的 22.80%，未定居牧户占全区未定居牧户总数的 36.48%（表 1-2）。主要致贫原因是生产资料缺乏，就业能力偏弱，农牧业产业化发展滞后。据摸底调查，其中 41% 的贫困户希望主要通过发展畜牧业实现增收脱贫。该区域畜牧生产以养殖牛、羊、禽为主，牲畜养殖散户比例高，农户养畜除满足自食外

---

① "巴音郭楞蒙古自治州"下文简称"巴州"。

主要用于调剂家庭收支平衡；现有牲畜配种站898座、药浴池809个、种畜禽场68个、饲草料加工厂94个，畜禽规模养殖场（小区）1 354个，畜产品加工企业43家。

该区域发展畜牧业的主要制约因素：一是农牧业生产基础差，生产资料缺乏，8.35%的贫困户无耕地，70%以上的贫困户占有耕地不足10亩，25%以上的贫困户无牲畜，50%以上的贫困户饲养牲畜不到10头（只），畜禽优良品种种源不足，饲草料短缺矛盾较为突出。二是畜牧业生产投入高、周转慢、商品率低、组织化程度不高。牛羊以庭院养殖为主、养殖规模小、品种杂、效益低，现有畜禽规模养殖场（小区）仅占全区畜禽规模养殖场（小区）总数的18%，畜产品加工企业布局少，畜产品销售渠道不畅。三是技术推广难度大、科技入户率低。养殖户观念传统，技术人员缺乏，技术普及工作难度大。

表1-2 南疆环塔里木盆地贫困区贫困户分布、生产资料占有及扶贫需求情况统计

县（市）		农牧业贫困户分布情况（户）					耕地占有情况（户）		草场占有情况（户）		牲畜占有情况（户）		以发展畜牧业为主的户数
		农业户数	牧业户数	未定居牧户数	边民户数	隶属国有农场的户数	无耕地的户数	占有10亩*以下耕地的户数	无草场的户数	占有500亩*以下草场的户数	无畜户数	存栏羊10只以下的户数	
重点贫困县（市）	皮山县	12 541	2 697	1 028	268	0	1 938	12 408	14 225	163	4 379	14 460	8 274
	墨玉县	28 859	9 731	2 433	0	0	1 939	36 080	38 299	205	6 670	25 535	18 041
	和田市	12 361	182	0	0	205	182	12 361	12 501	0	9 056	2 961	5 473
	和田县	15 529	5 497	3 907	917	0	3 490	15 041	18 575	873	14 286	12 710	12 727
	洛浦县	13 404	4 800	0	0	0	1 138	15 854	17 710	410	4 156	12 411	10 362
	策勒县	6 914	6 641	1 286	0	0	1 799	11 255	9 715	1 909	340	3 036	3 729
	于田县	16 549	1 809	1 019	0	257	1 216	17 142	16 733	1 625	17 859	2 265	1 552
	民丰县	532	1 651	180	0	0	1 234	279	1 439	26	409	2 071	1 814
	喀什市	19 556	0	0	0	0	387	9 922	0	0	3 319	5 386	1 698
	疏附县	13 305	5 250	0	0	4	570	14 298	15 277	173	1 449	7 339	5 926

（续）

县（市）		农牧业贫困户分布情况（户）					耕地占有情况（户）		草场占有情况（户）		牲畜占有情况（户）		以发展畜牧业为主的户数
		农业户数	牧业户数	未定居牧户数	边民户数	隶属国有农场的户数	无耕地的户数	占有10亩*以下耕地的户数	无草场的户数	占有500亩*以下草场的户数	无畜户数	存栏羊10只以下的户数	
重点贫困县（市）	疏勒县	22 731	0	0	0	0	302	15 925	15 447	7 284	6 607	7 727	9 092
	英吉沙县	26 703	554	180	0	0	2 431	17 307	23 250	3 481	8 111	10 935	6 676
	莎车县	54 490	3 833	423	0	0	4 499	42 545	55 294	2 120	15 151	37 370	30 235
	泽普县	9 758	1 048	447	0	0	546	5 680	638	405	519	1 395	1 503
	叶城县	26 468	1 969	1 616	1 285	128	1 863	26 574	0	18 986	793	22 571	13 343
	麦盖提县	7 994	0	0	0	0	1 663	2 228	0	7 994	2 855	2 964	4 989
	巴楚县	22 182	0	0	0	17	3 417	5 904	22 182		5 950	10 361	4 631
	伽师县	28 951	745	0	0	0	1 485	22 569	15 542	5 939	4 454	22 718	10 792
	岳普湖县	8 448	3 851	0	0	0	1 067	8 388	11 766	533	3 562	5 222	8 951
	柯坪县	2 201	70	70	0	0	65	1 042	2 201		150	747	2 030
非重点贫困县		22 703	3 742	838	624	7	4 365	12 833	23 041	302	6 326	11 977	12 600
合计		372 179	54 070	13 427	3 094	618	35 596	305 635	313 835	52 428	116 401.2	222 161	174 438

数据来源：新疆维吾尔自治区畜牧兽医局。

* 亩为非法定计量单位，1 亩＝1/15 公顷。

2. 南疆西北部山区贫困区

该区域包括克州、喀什地区的塔什库尔干县、阿克苏地区的乌什县共6个县（市），均为重点贫困县，为柯尔克孜族、塔吉克族居民集中分布区域，区域贫困人口28.20万，占全区贫困人口的10.82%。其中，重点贫困村198个，贫困边民占全区贫困边民总数的56.73%，国有牧场贫困户占全区国有牧场贫困户总数的28.02%（表1-3）。

该区域主要致贫原因是草畜矛盾突出，尤其饲草料严重缺乏，贫困边民比例大，增收渠道单一，特色产业发展滞后。据摸底调查，其中38%的贫困户希望主要通过发展畜牧业实现增收脱贫。该区域畜牧生产以养殖牛、羊为主，现有牲畜配种站219座、药浴池296个、种畜禽场11个、饲草料加工厂6个，畜禽规模养殖场（小区）330个。畜牧收入是该区域各少数民族的主要生活来源，他们在从事畜牧业发展的同时还担负着守土固边的任务。

表1-3　南疆西北部山区贫困区贫困户分布、生产资料占有及扶贫需求情况统计

县（市）		农牧业贫困户分布情况（户）					耕地占有情况（户）		草场占有情况（户）		牲畜占有情况（户）		以发展畜牧业为主的户数
		农业户数	牧业户数	未定居牧户数	边民户数	隶属国有农场的户数	无耕地的户数	占有10亩以下耕地的户数	无草场的户数	占有500亩以下草场的户数	无畜户数	存栏羊10只以下的户数	
重点贫困县（市）	乌什县	14 244	337	4	3 274	0	1 431	8 157	14 294	0	3 903	10 728	10 728
	塔什库尔干县	0	2 871	2 607	2 140	40	17	2 351	0	2 831	0	320	2 831
	阿图什市	15 920	4 896	1 301	246	206	637	19 406	16 857	811	2 008	11 608	5 444
	阿克陶县	18 641	7 280	5 412	1 840	625	5 859	18 515	18 826	3 761	1 010	20 873	4 754
	乌恰县	402	1 146	490	132	831	282	701	337	556	196	775	1 084
	阿合奇县	1 223	2 359	975	68	154	902	2 118	1 506	470	559	1 015	1 534
合计		50 430	18 889	10 789	7 700	1 856	9 128	51 248	51 820	8 429	7 676	45 319	26 375

资料来源：新疆维吾尔自治区畜牧兽医局。

该区域发展畜牧业的制约因素：一是"三牧"问题突出，自我发展能力弱。70%以上的贫困户无草场，70%以上的贫困户占有耕地不足10亩，10%以上的贫困户无牲畜，65%以上的贫困户饲养牲畜不足10头（只），牧民生产资料缺乏，受教育程度最低，劳动技能缺乏，经济收入为全区最低，生活十分贫困。二是草原生态环境约束加

剧，传统畜牧业发展受限。牧民定居水平总体不高，未定居牧户占全区未定居牧户的29.31%，特别是饲草料地配套困难，大部分牲畜仍然沿袭四季游牧的传统生产方式，草原承载压力未能得到根本缓解。三是畜牧养殖饲草料供给问题难以破解。由于自然条件恶劣，耕地面积少，农副秸秆资源十分有限，人工饲草料地建设成本高、产量低，依靠进口牧草和外部力量保障该区域饲草料供应难度较大。

3．北疆传统牧区贫困区

该区域包括伊犁州直（含巩乃斯种羊场）、博尔塔拉蒙古自治州[①]、塔城地区、阿勒泰地区，贫困人口28.24万，占全区贫困人口的10.84%。其中，牧业县16个，边境县13个，重点贫困县7个，重点贫困村327个，贫困边民占全区贫困边民总数的20.14%，国有牧场贫困户占全区国有牧场贫困户总数的53.12%，40%以上的贫困户为牧民。未定居的牧民达60%以上，占全区未定居牧民总数的32.35%（表1-4）。该区域主要致贫原因是自然灾害频发，牲畜良种率低，就业能力弱，旅游资源开发和特色产业发展缓慢。据摸底调查，其中50%的贫困户希望主要通过发展畜牧业实现增收脱贫。

表1-4　北疆传统牧区贫困区贫困户分布、生产资料占有及扶贫需求情况统计

县（市）		农牧业贫困户分布情况（户）					耕地占有情况（户）		草场占有情况（户）		牲畜占有情况（户）		以发展畜牧业为主的户数
		农业户数	牧业户数	未定居牧户数	边民户数	隶属国有农场的户数	无耕地的户数	占有10亩以下耕地的户数	无草场的户数	占有500亩以下草场的户数	无畜户数	存栏羊10只以下的户数	
重点贫困县（市）	察布查尔县	2 071	288	63	23	0	110	117	2 133	2	761	1 376	1 559
	尼勒克县	3 054	1 680	1 185	0	465	2 454	1 359	3 682	661	1 235	1 850	2 850
	青河县	731	1 227	1 095	151	0	1 376	142	1 505	223	1 252	1 300	809

---

① "博尔塔拉蒙古自治州"下文简称"博州"。

（续）

县（市）		农牧业贫困户分布情况（户）					耕地占有情况（户）		草场占有情况（户）		牲畜占有情况（户）		以发展畜牧业为主的户数
		农业户数	牧业户数	未定居牧户数	边民户数	隶属国有农场的户数	无耕地的户数	占有10亩以下耕地的户数	无草场的户数	占有500亩以下草场的户数	无畜户数	存栏羊10只以下的户数	
重点贫困县（市）	托里县	147	2 972	2 166	941	0	2 751	297	1 466	661	640	672	2 729
	裕民县	1 823	405	198	31	330	324	170	920	205	1 032	223	1 411
	和布克赛尔县	110	36	19	0		48	76			15	94	129
	吉木乃县	1 049	852	475	317	632	874	194	1 405	0	683	121	1 247
非重点贫困县		16 468	11 219	6 706	1 271	2 091	7 800	6 824	7 992	5 716	4 452	6 957	11 996
合计		25 453	18 679	11 907	2 734	3 518	15 737	9 179	19 103	7 468	10 070	12 593	22 730

资料来源：新疆维吾尔自治区畜牧兽医局。

　　该区域畜牧生产以养殖牛、羊为主，资源优势突出，是我区传统草原畜牧业的主产区，畜牧业是当地的支柱产业，也是实现农牧民增收的重要支点。现有牲畜配种站309 座、药浴池207 个、种畜禽场54 个、饲草料加工厂20 个，畜禽规模养殖场（小区）405 个，畜产品加工企业36 家。

　　该区域发展畜牧业的制约因素：一是草地生态系统相对脆弱，自然灾害频发，为自治区雪灾、洪灾、泥石流等自然灾害易发、多发的重点区域。牧民定居整体水平不高，牧民持续增收和人畜转移压力较大，目前需通过定居安置和实施危房改造的贫困牧户达1.1 万户。二是畜牧业畜种结构单一，特色产业发展滞后，生产组织化程度低，现有畜禽规模养殖场（小区）为全区畜禽规模养殖场（小区）总数的5%，龙头企业带动乏力，养殖效益不高。三是牧民受教育程度低，劳动技能缺乏，生产资料不足，自我发展能力较弱，收入水平偏低。40%以上的贫困户无草场，20%以上的贫困户无牲畜，25%以上的贫困户饲养牲畜不足10 头（只）。

4．吐哈盆地贫困区

该区域包括吐鲁番市、哈密市，区域内贫困人口4.16万，75%以上贫困户为农民。其中，重点贫困县2个，重点贫困村46个。该区域为新疆东大门，牛羊育肥业较为发达。现有牲畜配种站31座、药浴池76个、种畜禽场8个、饲草料加工厂7个、畜禽规模养殖场（小区）224个，畜产品加工企业11家。主要致贫原因是生产基础薄弱，农牧业产业化发展滞后等。据摸底调查，其中65%的贫困户希望主要通过发展畜牧业实现增收脱贫（表1-5）。

表1-5　吐哈盆地贫困区贫困户分布、生产资料占有及扶贫需求情况统计

县（市）		农牧业贫困户分布情况（户）					耕地占有情况（户）		草场占有情况（户）		牲畜占有情况（户）		以发展畜牧业为主的户数
		农业户数	牧业户数	未定居牧户数	边民户数	隶属国有农场的户数	无耕地的户数	占有10亩以下耕地的户数	无草场的户数	占有500亩以下草场的户数	无畜户数	存栏羊10只以下的户数	
重点贫困县	巴里坤县	573	973	417	39	239	609	816	171	523	195	706	1 057
	伊吾县	146	328	89	0	0	0	194	51	75	44	42	389
	伊吾县	146	328	89	0	0	0	194	51	75	44	42	389
非重点贫困县		4 944	509	0	0	6	146	5 038	4 915	80	867	3 588	3 479
合计		5 663	1 810	506	39	245	755	6 048	5 137	678	1 106	4 336	4 925

资料来源：新疆维吾尔自治区畜牧兽医局。

5．乌昌贫困区

该区域包括昌吉回族自治州、乌鲁木齐市（含乌鲁木齐南山种羊场、呼图壁种牛场），无重点贫困县，有13个重点贫困村，区域贫困户4 000余户，贫困人口1.59万，包括国有牧场贫困户386户，其中乌鲁木齐南山种羊场254户、呼图壁种牛场50户，90%以上的贫困户为牧民。据摸底调查，其中68%的贫困户希望主要通过发展畜牧业实现增收脱贫（表1-6）。

综合分析，南疆环塔里木盆地、南疆西北部山区、北疆传统牧区共有22.35万户贫困户希望主要通过发展畜牧业实现增收脱贫，占全区贫困户该类脱贫需求的97%；南疆的贫困人口比例大、贫困程度深，牧区贫困户的脱贫增收渠道较少。由此判断，南疆环塔里木盆地、南疆西北部山区、北疆传统牧区是今后畜牧业助力脱贫攻坚的主战场；畜牧业助力脱贫攻坚，重点在南疆，难点在牧区。

表1-6　乌昌贫困区贫困户分布、生产资料占有及扶贫需求情况统计

县（市）		农牧业贫困户分布情况（户）					耕地占有情况（户）		草场占有情况（户）		牲畜占有情况（户）		以发展畜牧业为主的户数
		农业户数	牧业户数	未定居牧户数	边民户数	隶属国有农场的户数	无耕地的户数	占有10亩以下耕地的户数	无草场的户数	占有500亩以下草场的户数	无畜户数	存栏羊10只以下的户数	
非重点贫困县（场）	木垒县	31	1 005	181	6	65	471	363	236	733	139	90	665
	乌鲁木齐南山种羊场	19	235	0	0	254	235	15	12	133	19	119	235
	呼图壁种牛场	26	24	0	0	67	40	1	50	0	64	0	24
合计		76	1 264	181	6	386	746	379	298	866	222	209	924

资料来源：新疆维吾尔自治区畜牧兽医局。

（二）新疆农牧区畜牧业助力脱贫的有利条件和不利因素

新疆农牧区脱贫攻坚进入冲刺阶段，形势紧迫，任务艰巨，依托畜牧业发展助力脱贫既面临诸多有利条件，又必须加快破解各种难题。

1. 有利条件

（1）畜牧业面临良好发展机遇。国家"一带一路"倡议把新疆建设成为丝绸之路经济带核心区的定位和目标，为新疆畜牧业充分利用国内、国外两种资源，积极发展

外向型畜牧业提供了有利条件。同时，第二次中央新疆工作座谈会围绕新疆社会稳定和长治久安总目标，开启了依法治疆、团结稳疆、长期建疆的历史新征程，国家从政策、项目和资金等方面进一步加大了对新疆农业农村经济发展的支持力度，各对口援疆省市也从多个层面进一步加大了援助支持力度，为促进新疆现代畜牧业持续、快速、健康发展注入了强劲动力。

（2）畜牧业发展政策框架体系完整全面。目前，自治区畜牧业发展政策和各类项目资金已全面覆盖畜牧养殖、草原生态保护、动物疫病防疫、饲料工业发展等畜牧业各生产环节，为畜牧行业支持脱贫攻坚提供了强有力的政策保障。

（3）畜禽良种繁育体系逐步形成。目前，已建成自治区级种畜禽场90余个，形成了年生产种公畜6万余头（只）、牛冻精350多万剂的供种能力；全区牛、羊、猪的良种率分别达到68%、76%和92%。特别是南疆肉羊良种繁育体系建成后，可形成年新增4万只以上优质种羊的生产能力，能够满足南疆地区2 000万只以上肉羊改良需要，为脱贫攻坚区域提供了充足的种源供应基础。

（4）饲草料资源多元化发展取得新进展。2015年全区粮食总产1 560万吨，实现"八连增"，工业饲料年产量达到175万吨，饲料生产供应充足；在饲草利用方面，全区通过种植业结构调整、饲草料地改造恢复、退耕还草、人工草场建设等措施，实现了人工种草面积1 186万亩；农作物秸秆利用率达到60%，在全区建成1 000万亩优质饲草料基地，全区饲草料地保有面积达到1 500万亩以上。积极开展疆内"北草南调"工程、边境区域饲草进口实践探索，为提升畜牧业产业化发展促进贫困人口收入大幅增长奠定了重要的物质基础。

（5）动物疫病防控体系日臻完善。通过深化动物防疫体系建设和兽医管理体制改革，全区动物防疫工作的基础设施建设条件、装备水平和动物疫病防控能力进一步提高。重大动物疫病联防联控协作机制进一步完善，重大动物疫病防控水平和突发重大动物疫情应急处置能力稳步提升，有效降低了农牧民养殖风险。

（6）畜牧科技人才队伍支撑作用不断突出。全区已建成横向由"科研机构+大中专院校+企业+农户"组成的"产学研"科技服务体系，纵向由自治区、地（州、市）、县（市）、乡（镇）、村五级畜牧兽医科技服务人才体系。每年发布畜牧业主推技术30多项，一大批先进实用技术和管理模式在农牧区得到推广应用，为畜牧脱贫攻坚提供了充足的技术队伍和优质的市场化服务。

（7）畜牧业产业化经营水平不断提高。畜牧业产业化示范带动作用日益凸显，有利于实现贫困人口转移就业，有利于增加农牧民畜牧养殖收入，为进一步挖掘贫困区域畜牧业发展潜力，提升畜产品竞争力与附加值，巩固脱贫攻坚成果，防止返贫奠定了良好基础。

2．不利因素

（1）贫困群体的自我发展能力薄弱。贫困户收入低、积累少、筹资难，难以扩大再生产，突出表现为贫困户生产资料缺乏，牧区草地、牲畜短缺户比例较高，且绝大部分未实现定居，发展畜牧业的生产资料和生产条件支撑不足；南疆农户耕地资源有限，无畜户占据相当大的比重，建立种草养畜模式难度大。同时，贫困户文化素质普遍不高，自主经营致富意识和能力不强，很大程度上需借助外力帮扶。加之，长期以来贫困县、贫困村畜牧业建设投入不足，畜牧业技术服务设施配套率低，畜牧业技术推广支撑作用不突出。

（2）畜牧业促农增收空间受限。贫困区域发展畜牧业主导畜种以羊、牛为主，受国际、国内畜产品市场价格影响，牛羊养殖增产不增收问题逐步显现，市场开拓不足难题亟待破解。南疆地区饲草料短缺瓶颈突出，草料价格居高不下，牛羊养殖盈利空间十分有限，加快饲草料业发展形势紧迫。随着草原牧区新一轮草原生态保护补助奖励机制政策的实施，草原牧区畜牧业发展空间进一步压缩，依靠牧区牲畜规模扩张带动牧民增收潜力有限，实现草原畜牧业转型任务艰巨。

（3）产业化经营带动能力不足。贫困区域农牧业经济发展整体水平偏低，畜牧业产业化经营体系建设滞后。在经营方式上仍以简单生产、短链经营为主，种养加、产供销、贸工农一体化经营联系不紧密，畜牧业综合效益水平不高；在组织方式上农牧民合作化生产水平低，自我管理和发展能力薄弱。特别是畜牧龙头加工销售企业布局少，产业带动引领作用不强，难以通过完整的产业链提高生产组织化程度，农牧民参与市场竞争和抵御市场风险的能力十分有限，也难以得到产业上游提供的技术支持和金融信贷服务。

（4）牧区边民脱贫攻坚难度大。北疆牧区和南疆西北部山区地处边境地区、特困山区，是国家边防安全、生态安全的重要屏障。牧区以哈萨克族、蒙古族、维吾尔族为主的各民族，他们游牧于广阔疆域，生产生活条件艰苦，在从事畜牧业生产的同时，还担负着守土固边任务，草原畜牧业是山区牧民赖以生存和发展的基础，受各方面因素制约，传统畜牧业改造提升缓慢，畜牧业发展后劲不足。今后通过畜牧业发展带动脱贫致富，确保边民不流失、守边不弱化、边民安心守土固边难度较大。

五、新疆南疆地区畜牧业扶贫研究
——以阿克陶县为例

新疆南疆地区畜牧业扶贫以阿克陶县为典型案例进行分析，阿克陶县为国家级贫困县，也是半农半牧业县，通过本章分析，以期为新疆南疆地区县市提供畜牧业扶贫的范式。

（一）阿克陶县基本情况

1．自然资源状况

阿克陶县地处帕米尔高原东麓，塔里木盆地西缘，西南部分别与塔吉克斯坦、吉尔吉斯斯坦接壤。全县地势东北低而西南高，分为平原农区和高山牧区两部分，属典型半农半牧县，县境内河流交错、山峰耸立，叶尔羌河、盖孜河、库山河穿境而过，慕士塔格峰、公格尔峰及公格尔九别峰如同擎天玉柱屹立在帕米尔高原上。

阿克陶县有着丰富的矿藏物产和浑然天成的自然美景，境内具有开采价值的矿种30余种，主要有金、银、铜、铁、水晶、煤炭、花岗石、铅锌等多种矿藏，且储量大、品质好、易开发、投资回报率高，是矿产资源开发的热点地区和重要的矿产基地，素有"金玉之邦"的称号。农区耕地土层深厚、土壤肥沃，且纬度适中、有机质含量高，非常适合发展现代农业及林果业，是巴仁杏、长绒棉、皮拉勒大米等重要产地，尤以巴仁杏最具特色，有"中国巴仁杏之乡"的美誉。同时，洁白雪山、绮丽冰川、广袤草原、肥沃农田组成的画卷成就了阿克陶壮美的帕米尔高原自然风光和独特的民族风俗，"世界冰山之父"慕士塔格峰、高原平湖喀拉库勒湖和奥依塔克冰川公园等景区令世人神往而陶醉。

2．地理位置

阿克陶县还有着悠久的历史与文化，距国际名城喀什仅38千米，地处大喀什半小时经济圈，314国道纵贯县境直通巴基斯坦，214国道紧邻喀和铁路、喀和高速，是古丝绸之路南、中两条路线交汇的重要节点，是"一带一路"布局建设重要枢纽位置，是"中巴经济走廊"必经之地，可经卡拉苏、红其拉甫、伊尔克什坦、吐尔尕特等四个口岸和喀什国际机场进行外贸发展，它像一条黄金丝带一样把中国与印度、巴基斯坦、阿富汗、塔吉克斯坦、吉尔吉斯斯坦、乌兹别克斯坦、哈萨克斯坦、土库曼斯坦等八国连在一起，形成一个拥有"五口通八国，一路连欧亚"的特殊经济发展优势，是连接亚欧的黄金通道和桥头堡。

（二）畜牧业发展状况

1．天然草原资源状况

阿克陶县天然草原总面积为70.87万公顷，可利用面积64.49万公顷，休牧草原面积2万公顷，其中优质草场6.71万公顷，打草地0.78万公顷，改良草地4.02万公顷，退化草原面积重度为26.32万公顷，中度为31.53万公顷，草原主要分布在布伦口乡、木吉乡、克孜勒陶乡、阿克塔拉牧场，可载畜量约36万标准羊单位。阿克陶县天然草地划分为12个类、46个组、78个草地型。近年来，受自然环境的影响和草原超载过牧，导致草原流失严重，通过人工种草、围栏养畜等方式可开发利用或提高承畜能力，每年平均人工种草400公顷，近几年来种植的草场达2 000公顷。

2．牲畜存出栏状况

截至2015年年末，阿克陶县牲畜存栏54.56万头（只）；适龄母畜存栏38.9万头（只），与2010年同期相比分别增长了5.5%、8.5%；各类仔畜37.4万头（只），繁育成活36.69万头（只），比2010年同期增长了4.16万头（只），繁育成活率达98.1%。出栏牲畜40.82万头（只），比2010年增长了21.7%，出售商品畜32.84万头（只），与2010年同期相比增长了10.5%。

3．牲畜繁育状况

随着良种的普及、技术的创新与集成推广，牲畜生产水平稳步提升。至2015年年底，改良奶牛数量达4.35万头，良种率77.4%，改良绵羊数量达14.82万只，良种率达

42.2%，2010—2015年每年黄牛冷配1.5万头，共发放扩增母畜补贴700万元。

4．牲畜疫病防治工作状况

阿克陶县严格按照"五统一"（统一疫苗、统一免疫程序、统一操作规程、统一免疫标识、统一评价免疫质量）和"五不漏"（县不漏乡、乡不漏村、村不漏户、户不漏畜、畜不漏针）的原则，坚持"防疫先行、预防为主、依法防疫"的方针，做好牲畜疫病防治工作。为确保防疫工作落到实处，按照防疫工作任务，每年将防疫工作任务进行分解，与各乡镇（场）防疫人员签订了目标责任书，并采取畜牧兽医部门技术人员保防疫质量，乡镇场保防疫密度的办法，做到应免尽免、查漏补免；为确保免疫档案、免疫证、免疫耳标工作的开展，每年组织畜牧技术人员对全县各乡镇进行免疫密度、耳标密度、免疫档案以及免疫证进行检查。截至2015年年末，全县共建立畜禽免疫档案5.3万份，建档率100%；发放免疫证5.3万本，发放率100%；佩戴免疫耳标182万头（只），佩戴率98%以上。

5．畜产品质量安全状况

2015年完成产地检疫63万头（只、羽），完成屠宰检疫32万头（只、羽）；查处违法违规案件61起，结案61起，立案、结案率均达到100%，有力地打击了违反《动物防疫法》等法律法规的行为；生鲜乳第三方检测小组累计进行三聚氰胺快速检测480批次，乳成分检测284批次，生鲜乳检测情况良好；共进行瘦肉精检测1 200批次，其中屠宰环节1 058批次，养殖环节296批次，未发现非法添加情况，保障全县畜产品质量安全。

6．牧民定居状况

阿克陶县定居兴牧工程从2011启动，截至2015年年末，该项目总投资5.7亿元，其中：中央总投资11 511万元，自治区配套2 750万元，江西援助资金配套3 887万元，农民自筹7 774万元，其他投资31 216万元。阿克陶县已建成定居点40个，分布于26个村，已建成3 887户，目前全部完成入住。未通水的定居点17个，已通水到户的定居点9个，其中：已通水到点（村）但全部未到户的定居点2个，已通水到点（村）但部分未到户的定居点6个，已通水到点（村）且全部到户的定居点1个；未通电定居点15个，已通电定居点11个，其中：已通电到点（村）但全部未到户的定居点1个，已通电到点（村）且全部到户的定居点10个；定居区外已通公路38个，未通公路定居点2个；定居区内道路已硬化的定居点9个，公路未硬化定居点31个；定居兴牧工程实施以来，有效改善了农牧民生产生活条件。

7．畜牧业产值和人均收入状况

2015年阿克陶县畜牧业生产总值达34 210.4万元，比2010年增长84.26%，肉类总产量达14 809吨，比2010年增长25.3%；奶类产量达6 314吨，比2010年增长6.4%。2015年农牧民人均收入5 015元，比2010年增长17.5%，牧业人均收入878元，畜牧业收入对农牧民收入贡献较大。

8．新型经营主体发展状况

随着社会的发展和资金投入，畜牧业呈现多种经营主体、多种经营方式共同发展的格局。2015年年底，全县规模养殖场128家，畜禽专业合作社400余家，畜牧类产业化龙头企业2家。各类经营主体根据各自功能特征和比较优势，形成了特色鲜明的经营模式，涌现了一批种养结合型养殖大户、标准化规模养殖场、实行"公司＋农户"合作经营模式。畜牧业生产经营正逐步向工业化理念、企业化管理、合作化机制和产加销一体化方向发展，市场竞争力不断增强。

（三）阿克陶县贫困状况及原因分析

1．贫困状况

阿克陶县总面积2.52万平方千米，辖15个乡（镇、场）、120个村，总人口22.3万，其中：贫困村53个、贫困人口19 746户、63 893人。"十三五"期间，阿克陶县按照"五年规划、三年实施、一年冲刺、一年巩固"的工作思路：2016年确保17个贫困村、21 298名贫困人口脱贫；2017年确保19个贫困村、22 515名贫困人口脱贫；2018年确保17个贫困村、10 080名贫困人口脱贫；2019年将最难脱贫的10 000名贫困人口予以冲刺攻关完成，并利用2020年的缓冲期巩固原有脱贫攻坚成果，防止返贫现象发生。

2．贫困原因分析

（1）地理、环境因素。阿克陶县牧区基本位于边远地区，海拔较高，环境恶劣、交通条件差，牧民收入低，牧民定居工程建设难度大，建设定居房材料需要从农区运输，人工工资高，因此牧区定居房建设成本过高，而地方财政困难，配套资金落实难度较大。阿克陶县自然条件恶劣，贫困分布面广，贫困人口规模大，贫困程度深，产业结构单一，人均占有生产资料少，基础设施落后，公共服务水平低等制约贫困村、贫困户的发展，并且贫困农牧民自我发展能力弱，想要从根本上破除这些因素需要众多项目的落地和大量资金的投入。

（2）人工草场建设难度大。阿克陶县海拔高、气候差、环境劣，草场退化严重，人工种植草场成活率极低，难以建成饲草料基地，不能有效缓解禁牧、减牧带来的更为突出的饲草短缺问题。加之阿克陶县属国家级特别贫困县，县财政收入较低，无力投入充足大量资金用于退化草原恢复、基础设施建设、换土种植草场、改良现有草场等问题，而且解决以上问题周期过长。

（3）增收渠道窄。农牧民思想观念不够解放，对畜牧业发展没有创新，习惯于传统的游牧养殖。大部分农牧民文化素质不高，受传统观念影响，与外界的新事物、新思想脱轨，缺乏劳动技能，无法从事劳务输出。耕地匮乏，草场有限，畜牧业生产发展单一，市场行情波动较大，农牧民经济收入不稳定。

（4）守边任务较重。如阿克陶县的吐古买提乡边境线长73.3千米，23个通外山口（其中：11个常年通外山口），大部分农牧民每年5—10月在边境线放牧，担负守边任务。因地域特殊性，经济发展与守边矛盾十分突出，仅凭自身力量和扶贫很难彻底解决脱贫与发展问题。

（5）畜牧产业发展滞后。畜牧产业规模化、市场化程度低，产业带动能力不足，产业发展空间狭窄，社会化服务体系不完善，农牧民增收困难，经济结构调整和产业优化升级的任务仍然艰巨。

（四）畜牧业扶贫思路及措施

1. 争取项目资金，促进农牧民脱贫

近年来，通过各种渠道进行项目申报，积极争取国家资金财政补贴和地方自筹对

全县规模肉羊肉牛养殖场（小区）进行改扩建和标准化改造、公共租赁住房建设、家禽标准化养殖实训基地建设和生产母畜补助等项目资金。通过上级资金的扶持和奖励，降低养殖场（户）的投资额，带动养殖场（户）的积极性，有力促进全县畜牧业规模化和标准化发展进程。落实草原生态保护补助奖励机制。草原生态保护补助奖励机制政策从2011年开始实施，阿克陶县禁牧草原面积33.33万公顷，补贴资金2 750万元；草畜平衡草场28.8万公顷，补贴资金648万元；0.61万公顷人工草地、天然割草地，补助资金90.7万元；现已对8 086户牧民进行补贴，每年每户500元，共补贴404.3万元。每年发放各项补贴资金共计3 893万元。

2. 利用"十户联牧"畜牧业集群，促进农牧民脱贫

阿克陶县委、县政府围绕"十户联牧"建立现代畜牧业集群，充分发挥政府的组织、引导、服务功能，使一大批柯尔克孜族牧民跳下马背、走出大山、融入市场，从传统畜牧业解放出来，实现就近就地务工致富，生产生活条件得到了根本的改善。截至2015年年底，分别在克孜勒陶乡、阿克塔拉牧场、布伦口乡、喀尔克其克乡试点建设7个十户联牧养殖场（合作社），增加农牧民收入，促进农牧民脱贫。

3. 发展农牧民专业合作组织，促进农牧民脱贫

农牧民专业合作组织作为实现农业产业化和农产品市场化的产物，近年来得到较快发展。畜牧专业合作组织在提高农民组织化程度，推进畜牧产业化经营，提高畜产品竞争力，促进农民增收，建设现代畜牧业等方面发挥了积极作用。一是能够提高农民抵御市场风险的能力，农牧民通过加入合作社克服个人力量弱小而受到不公正待遇。二是可以通过合作社统一购买饲料等投入品，降低饲养成本。三是通过合作社对人员进行培训，能够提高养殖技术水平。

4. 加强农牧民当地就业，促进农牧民增收

阿克陶县具有较强带动力和影响力的养殖专业合作社和企业有3家，已形成生产、销售等一体化经营，并吸纳当地农牧民群众在企业务工，有力地增加农牧民增收。一是阿克陶县宏耕农业开发有限公司。该公司立足阿克陶县的地缘优势和资源优势，逐步打造成为牛、羊集约化养殖、销售、饲草料种植加工等为一体的龙头企业。解决塔尔塔吉克民族乡富余劳动力14人，解决玉麦乡恰格尔村富余劳动力50余人，吸纳玉

麦乡9村、10村、11村的1 300多户价值384万元的羊入股分红，每千元每年分红160元。二是阿克陶县凯银肉业有限公司。该公司充分发挥龙头作用，带动就地就业，结合公司发展模式，在养殖、屠宰、加工、销售等环节需要大量物力、人力，因此该公司采取了一系列措施，加大当地农民工的就业力度，现已安排180余人进入各岗位就业，同时根据用工需要，针对性地对他们进行技术培训，从而吸引更多的农牧户加入企业的产业链。三是阿克陶县益丰实业有限公司。2011年以来，该公司产品先后取得了"十二五"全国民族特需商品定点生产企业、北京农产品展览会金奖、自治区农业名牌产品称号、克州名牌旅游产品等荣誉，有力地推动了本地畜产品开发和品牌建设，促进了本地农牧民增收致富。为使该公司的产品更加完善，2014年启动阿克陶县益丰实业牦牛肉制品加工改扩建及技术改造项目，项目通过牦牛的屠宰、分割、冷藏、保鲜，以及熟食品规范化、标准化生产，稳定了牦牛肉原料和产品周转，扩大了生产规模，将农牧民的利益和企业的发展联系起来，项目的建设有利于促进当地养殖业的发展，有利于拉动产业结构调整和增加农牧民收入，推进农业产业化经营步入良性发展的轨道。同时项目建设为当地农牧民牦牛产品的销售提供了一个平台，保障了养殖户的利益。通过企业和农牧民的利益联结机制，为农牧民提供更多的收益，实现企业和养殖户的"双赢"。

5．提高畜牧业生产能力，促进农牧民脱贫

一是牲畜品种改良。利用良种补贴优惠政策和项目资金，引进种公绒山羊、柯尔克孜种公羊、生产母羊、多浪羊等优质品种和奶牛优质冻精，加大牲畜品种改良工作力度。通过品种改良，牲畜繁殖率、存活率、出栏率得到不断提高，增强了农牧民对畜牧养殖的信心。二是加大动物防疫和疫病监测。做好动物防疫注射，保障重大动物疫病的防控，使牲畜疫病蔓延得到有效控制，降低了农牧民群众和养殖户的经济损失，保障畜牧业发展和各项工作的顺利开展。

六、新疆北疆牧区畜牧业扶贫研究
——以尼勒克县为例

新疆北疆牧区畜牧业扶贫以尼勒克县为典型区，尼勒克县为国家级贫困县，也是牧业县，通过本章分析，以其能够为新疆草原牧区提供畜牧业扶贫的范式。

（一）尼勒克县基本情况

尼勒克县地处新疆西部中天山西段，在伊犁州直东北部，距伊宁市112千米。境跨北纬43.25′~44.17′、东经81.85′~84.58′。东与和静县以依连哈比尔尕山、阿布热勒山分水岭为界；东南与新源县相接；南与巩留县隔巩乃斯河相望；西与伊宁县接壤；北与精河县以科古尔琴山、婆罗科努山分水岭为界；东北与乌苏市以依连哈比尔尕山、婆罗科努山分水岭为界。县境东西长243千米，南北宽70千米，呈柳叶状，总面积1.03万平方千米。

1．自然资源状况

（1）地形地貌。尼勒克县四周高山环绕，峡谷遍布。地势自东北向西南倾斜，断陷盆地。西北边缘是科古尔琴山，北部是博罗科努山，东北部是依连哈比尔尕山，南部是阿布热勒山。喀什河、巩乃斯河自东向西，相间排列。

高山地貌主要分布在巴尔盖提沟至庭特克达坂一带，中山地貌主要分布在乌拉斯台以东至喀拉果拉、塔勒德萨依至英盖亚依洛、博尔博松沟至巴因果勒河一带。低山丘陵地貌主要分布在喀什河流域山前地带。河谷阶地平原地貌主要分布在喀什河流域的9级阶地上。

（2）气候特征。尼勒克县属大陆性北温带气候，日照时间长，光能资源丰富，昼夜温差较大，降水丰富。东西气候差异大，山地气候特征明显。

（3）河流水系。尼勒克县境内分布有三大水系，即南面的巩乃斯河水系、中部的喀什河水系、北部的阿夏勒河水系。巩乃斯河在县境内长42千米，流域面积达4 860千米^2；喀什河在县境内长270千米，流域面积8 656千米^2；阿夏勒河在县境内长60千米，流域面积达900千米^2。

（4）矿产资源。尼勒克县境内矿产资源主要有煤矿、铁矿、铜矿、铅矿、钨矿、锌矿、古膏矿、冰洲石、铝土页岩、石灰石、水刷石等，共计30种。煤矿储量82亿吨，县境东部多为焦煤，西部多为长焰煤，中部为动力用煤。铁矿主要有新源式铁矿、菱铁矿、黄铁矿、褐铁矿等类型。新源式铁矿以赤铁矿、磁铁矿为主，整个阿布热勒山均有分布。铁矿分布西起喀什河托海大桥，东至那拉提，大部分在尼勒克县境内。铅矿多分布于吉仁台牧场的萨尔呼勒松沟上游，伴生矿物有银、锌等，其中含铅品位为0.07%～3%。石膏矿主产于陶吾坎布拉克，矿床东西长4.5千米，宽1.5千米，储量10万吨以上。

（5）生物资源。尼勒克县动物主要有哈萨克牛、蒙古黄牛、伊犁双峰骆驼、伊犁山羊、麻鸭、伊犁马、新疆细毛羊、新疆褐牛、天山马鹿、水貂、旱獭、雪鸡、雪豹、大头羊、狐狸、狗熊等。植物主要有贝母、雪莲、党参、柴胡等。

（6）森林资源。尼勒克县有森林面积16.33万公顷，由四大森林类型构成。山区天然林，分布在塔尔依奇楞山海拔1 400～2 800米范围的西高山阳坡、半阴坡和山体水系沿岸，面积11.62万公顷，树种以天山云杉为主。喀什河谷湿地古杨林主要分布在喀什河及其支流沿岸和巩乃斯河北岸黑山头护林站的河漫滩地，海拔800～1 400米，面积1.42万公顷，树种有密叶杨、河柳、小叶白蜡、沙棘等。平原人工林主要分布在平原农区12个乡（镇）场的道路、渠道两侧及农田四周、荒坡、河滩等，面积1.29万公顷，树种以杨树为主。低山灌木林主要分布在海拔1～2千米的低山阴坡、半阴坡和山脚的阴坡地带，面积2万公顷，树种以野蔷薇、小檗为主。

2．贫困状况

尼勒克是新疆35个重点贫困县之一，属伊犁哈萨克自治州，自1986年戴上了"贫困帽"已整整30年，当时的贫困人口为36 741人，占全县总人口的20.5%。目前，该县贫困人口18 951人，占总人口的8.2%。

据了解，根据中央和新疆"发展生产脱贫一批、异地搬迁脱贫一批、生态补偿脱贫一批、发展教育脱贫一批、社会保障兜底脱贫一批"的总方针，尼勒克制订了2年脱贫计划：2016年，计划脱贫2 367户共7 772人，10个贫困村实施整村推进规划；2017年，计划脱贫2 367户共7 772人，13个贫困村实施整村推进规划。基本消除绝对贫困现象，尼勒克县退出贫困县行列，贫困村农牧民人均纯收入超过1万元，确保23个贫困村达到整村推进验收标准。

（二）畜牧业发展概况

1．牲畜存栏情况

2014年，全县年末存栏牲畜101.26万头，较上年增长2%，其中生产母畜70.36万头，母畜比例为69.5%；其中牛存栏21.13万头，绵羊存栏65.39万只，山羊存栏3.57万只，马存栏9.20万匹，骆驼存栏0.19万峰，驴0.05万头，猪1.73万头，家禽60万羽。尼勒克种蜂场现有蜂群1.55万群。

2．牲畜出栏情况

2014年，全县各类牲畜出栏65.78万头，出栏率为65.1%，商品率为79%。其中，牛出栏8.98万头，绵羊出栏45.72万只，山羊出栏2.49万只，马出栏3.36万匹，骆驼出栏0.07万峰，驴出栏0.01万头，猪5.35万头，家禽出栏116万羽。

3．畜群基础和畜种结构

尼勒克县牲畜以牛、羊、马为主体畜种。2014年，全县年末牲畜总存栏101.26万头（只），其中能繁母畜70.36万头（只），母畜比例69.5%。牛存栏21.13万头，占牲畜总头数的19.88%，其中能繁母牛13.38万头，占牛群比例63.32%；绵羊存栏65.39万只，占牲畜总头数的64.58%，其中能繁母羊48.81万只，占羊群比例75%；山羊存栏3.57万只，占牲畜总头数的3.53％，其中能繁母羊2.62万只，占羊群比例73％；马存栏9.20万匹，占牲畜总头数的9.09％，其中能繁母马5.08万匹，占马群比例的55％；骆驼存栏0.19万峰，占牲畜总头数的0.19％，其中能繁母驼0.09万匹，群内所占比例为47％；驴存栏0.05万头，占牲畜总头数的0.05％，其中能繁母驴0.02万头，占驴群比例40％；猪存栏1.73万头，占牲畜总头数的1.71％，其中能繁母猪0.36万头，占猪群比例21％。

4．品种资源

尼勒克县现有品种资源和品种结构是该县畜牧业发展的基础和先决条件，也是制订畜牧业发展规划的依据。从现有品种基础分析，尼勒克县畜（禽）品种比较集中，主要是绵羊、马、牛、山羊为常规养殖畜种，也有少量的猪、骆驼等；禽类有伊犁鹅。从畜种结构来看，牛、绵羊、马数量较多。新疆褐牛、哈萨克羊、伊犁马、伊犁鹅是尼勒克县的优良地方培育品种；伊犁黑蜂为国家级保护品种。

绵羊：2014年年末，存栏绵羊65.39万只，其中，细毛羊2.9万只，哈萨克羊61.81万只，杂交羊主要是哈萨克羊后代。

牛：2014年年末，存栏牛21.13万头，其中，新疆褐牛13.31万头，占牛总数的62.99％；西门塔尔牛1 723头（包括改良及良种牛），占0.815％；荷斯坦奶牛（全部为改良及良种牛）2 622头，占1.24％；土种牛7.3855万头，占34.95％。

马：2014年年末，全县马存栏9.20万匹，主要是伊犁马及其杂交后代，另有少量的哈萨克马杂交后代。

山羊：2014年，山羊存栏3.57万只，其中，绒山羊0.35万只，占山羊总数的9.8％；土杂种山羊3.02万只，占84.59％。优质绒山羊种公羊65只。

家禽：2014年，全县家禽存栏60万羽，年出栏各类家禽116万羽，主要有鸡、鸭、鹅。

生猪：2014年，全县生猪存栏1.73万头，主要饲养品种为长白猪、大白猪和杜洛克猪，商品猪为二、三元杂交猪，主要分布在尼勒克镇、乌赞乡、加哈乌拉斯台乡、科蒙乡等地。

新疆黑蜂：新疆黑蜂具有体型大、采蜜能力强、抗病抗寒性好、善于利用零星蜜源和大宗蜜源等优良特性。尽管新疆黑蜂具有许多优良特性，但因其产浆量不如意蜂，在20世纪90年代，蜂蜜价格处于低谷，蜂王浆价格走高，当地蜂农开始大量引进意大利种蜂，使得新疆黑蜂杂化严重，纯种黑蜂的数量急剧下降。为了保护好这一生物资源，1980年，新疆维吾尔自治区人民政府将伊犁河谷划为黑蜂保护区，其中尼勒克县东部山区为黑蜂保护中心。2006年，农业部将新疆黑蜂列入《国家级畜禽遗传资源保护名录》，作为国家重点保护的蜜蜂资源。《全国养蜂业"十二五"发展规划》将新疆养蜂业发展的主攻方向定为保护和发展黑蜂，加快推进规模饲养，产品以生产优质特色蜜为主。尼勒克县种蜂场现有蜂群1.55万群，养殖户75户，300群以上的养殖户达到了20户。

5. 畜产品产量

2014年，尼勒克县生产肉类3.63万吨，比上年增长10%。其中，牛肉14 611吨，占总产肉量的40.25%；羊肉10 059吨，占总产肉量的27.71%；马肉5 643吨，占总产肉量的15.55%；骆驼肉165吨，占总产肉量的0.45%；猪肉3 528吨，占总产肉量的9.72%；禽肉2 300吨，占总产肉量的6.34%。

2014年全县生产鲜奶18.56万吨，禽蛋0.28万吨，分别比上年增长12%和8%。产羊毛1 822吨，山羊绒6 000千克，马奶12 900吨，尼勒克县种蜂场全年生产蜂蜜450吨、王浆7吨、花粉16吨，全年实现蜂业产值1 790万元，蜂农年人均纯收入达2万元以上。实现牧业产值16.52亿元，比上年增长14%，农牧民纯收入中来自畜牧业部分为5 413元，比上年增加640元，畜牧业对农牧民增收的贡献率达到50%以上。

6. 养殖场、小区、养殖户情况

全县现有牛羊养殖小区53个，牛羊育肥专业户520个，存栏牛10 400头、存栏羊46 800只，年出栏13 600只；育肥大户370户，年出栏牲畜34 000（头）只。

全县现有生猪养殖小区2个，养猪专业户128个，存栏猪1.6万头。

2014年，尼勒克县新建及改扩建养殖小区（场）12个，畜牧业专业合作示范社2个，扩建新疆褐牛原种场1个，哈萨克羊原种场1个、扩繁场3个，马的扩繁场1个，生猪、家禽扩繁场各1个。

7. 定居兴牧工程

按照"定居先定畜、定畜先定草、定草先定地、定地先定水""定得下、稳得住、能致富"的原则和"五通、五有、五配套"的标准努力抓好牧民定居工程。自2009—2014年年底，全县定居游牧民3 450户，其中集中安置1 524户，插花安置1 040户，就地重建886户。共有38个牧民定居点。部分定居点无灌溉饲草料地，牧区水利建设工作成为牧民定居发展的主要制约因素。

8. 草原建设情况

实施退牧还草、休牧育草和牧民定居，草原畜牧业四季游牧为冷季定居点舍饲，暖季草原放牧，减轻基本草场放牧强度，发挥天然草场的自我更新、自我修复能力，有效扼制天然草地"三化"势头，恢复天然草地生态功能，从根本上保护和改善草地生态环境，实现草地生态环境－草地资源－畜牧产业－经济社会效应的良性循环。

近几年，尼勒克县实施国家退牧还草项目，完成天然草原围栏29.07万公顷，其中禁牧围栏6万公顷，围栏长度1 226.63千米；休牧围栏21.07万公顷，围栏长度4 566.09千米；划区轮牧围栏2万公顷，围栏长度811.14千米；补播改良天然草场4.8万公顷；建设人工饲草料地1.29万公顷。实施国家草原生态保护补助奖励机制项目，确定了禁牧与草畜平衡草地区域和面积。其中禁牧区位于唐布拉水源涵养区，草地1万公顷，草畜平衡区59.05万公顷。

2014年，全县发放补贴牧草种子90.7吨，人工种草3 100公顷，其中苜蓿2 700公顷、红豆草420公顷。恢复草场植被2 151公顷，完成草原防治0.57万公顷、蝗虫4.77万公顷、鼠害5.47万公顷、毒害草0.55万公顷。尼勒克镇、乌拉斯台乡、木斯乡3个镇乡基本完成草原确权承包工作。完成3 693户牧民的26.36万公顷草场的划分，明确了乡与乡、村与村、户与户之间的界线，完成了草原使用界限确定和草场承包合同书的换发签订工作。核发年检卡7 068户，设固定检查站（卡）5处，设流动检查站7处，清理外县牲畜3 300只标准畜，有效防止了牲畜超载过牧现象。

9. 疫病防控工程

尼勒克县针对基层畜牧兽医站基础设施与畜牧业发展和动物防疫工作不相适应问

题，采取有效措施，加强动物基层设施建设和认证规范动物防疫工作。

全县现有县、乡级动物防疫机构13个，其中县畜牧兽医站1个，县动物卫生监督所1个，乡（镇、场）畜牧兽医站11个。现有工作人员206人，其中在编人员128人，县招聘的村级防疫员78人。县站在编人员30人，专业技术人员19人，占县在编人员的63%。2000年完成了畜牧三站"三定"工作，将乡镇场兽医站业务、人事、财务管理权交由县畜牧兽医局管理，乡镇人民政府负责日常行政管理。2006年结合基层站建设项目，解决了乌赞乡和喀拉托别乡畜牧兽医站基础设施建设用地，同时各配套资金超过25万元，使两个乡站建设项目顺利竣工。为了解决其余非项目乡镇站的基础设施建设问题，由县财政筹措资金100万元，各乡筹措资金10万余元（共计投入建设资金360.4万元），相继完成了10个乡（镇、场）畜牧三站的基础设施建设。目前，全县12个乡镇站的新建办公室均投入使用，畜牧三站的办公室标准化创建正在有序开展。

为解决尼勒克县在动物免疫接种工作中的两大困难（即由于牛的保定十分困难而造成免疫进度缓慢的问题，由于"打飞针"而造成的动物免疫质量无法保证的问题），投入资金108万元，各乡、镇、场投入劳动力，组织牧民搬运砖块、石头等，由县畜牧兽医局统一设计、统一施工，建成40个固定动物防疫检疫栏；投入45万元，建成45个组合式动物防疫检疫栏。通过在防疫栏内的免疫注射情况可以看出，防疫栏的建设能够大大缩短动物免疫时间，提高了工作效率，为进一步全面规范落实动物防疫工作和保障我县畜牧业健康发展提供了必要条件。

尼勒克县认真贯彻自治区、自治州重大动物疫病防治工作会议精神，充分利用广播、电视、板报等各种媒体，广泛宣传《动物防疫法》等畜牧业法律法规，提高农牧民群众对动物防疫工作的认识。积极推行"政府保免疫密度，业务部门保免疫质量"的运行机制，加大动物疫病防疫力度，建立健全动物疫病疫情监测网络，多次开展了牲畜"五号病"及"高致病性禽流感"和重大动物疫病应急演练，提高了快速反应能力，动物防疫工作做到"三个100%"。

2014年，尼勒克县完成各类畜禽免疫424.42万头次，其中重大动物疫病免疫301.62万头次（口蹄疫免疫200.09万头次、禽流感免疫40.17万羽次、猪瘟1.77万头次、猪蓝耳病1.69万头次、小反刍兽疫57.9万只），常规动物疫病免疫122.8万头。产地检疫牲畜38.7万头，屠宰检疫6.59万头。

（三）贫困现状及原因分析

基本情况。尼勒克意为"希望、新生命"。全县土地面积为 10 053 千米^2，其中可利用草场60.74万公顷（其中冬草场21.37万公顷、春秋草场11.50万公顷、夏草场27.87万公顷），耕地为3.44万公顷，林地为7.13万公顷，东西长243千米，南北宽70千米，海拔在800～4 590米，中间为山间盆地和河谷阶地，喀什河自东向西贯流全境。全县农牧业人口13.829万人（其中牧业人口4.549万人，占农牧业人口的32.89%，人均占有草场面积13.50公顷），2015年年末牲畜存栏102.97万头（只），人均占有牲畜7.9头（只），其中西三乡人均占有牲畜5.8头（只）。1986年，全县人均纯收入仅为307元，被国务院确定为国家级贫困县。2010年，按照国家确定的低收入人口标准，尼勒克县再次被确定为国家扶贫开发重点县。截至目前，全县贫困人数5 350户、18 951人，其中牧民2 189户、8 392人，占贫困人口的44.28%。

贫困现状。一是贫困面广，贫困程度深。据调查，全县在档贫困人数达18 951人，其中贫困牧民9 615人，贫困人口涉及全县十个乡镇场的30个村队，30个贫困村的牧民主要居住在山沟之中或是山脚之下，尤其是西三乡，人均占有草场16.31公顷（草场等级低、产草量少），缺少必要的生产资料，草场退化并时常受到暴风雪、洪水、旱灾、蝗灾等各类自然灾害威胁。二是特困群体人数较多，贫困问题仍然十分突出。很多偏远牧区还有大量的贫困牧户，他们没有固定居所，习水草而居，仍然过着游牧的生活，即使有居所，也是在山区陡坡的冬窝子。三是因草场征占用致贫的人口增加。随着经济的发展，很多项目开始在牧区实施，难免会征用牧民赖以生存的草场，但由于补偿补助标准低或生产资料减少，最终还是会致贫。四是因自然条件制约致贫的人口不在少数。该县西三乡干旱少雨，全县大部分贫困人口都集中在此。牧业受自然灾害的影响难以保障农牧民正常收入。加之该区域牧业基础设施建设落后，生产保障能力低，与东部牧区经济发展相比明显滞后。

原因分析。一是生态退化。随着人口和牲畜的增加，有限的草场资源已不能与之相适应，超载放牧现象加剧，导致草场退化，很多牧民的草场已不能再成为他们赖以生存的生产资料，最终导致贫困。二是自然环境影响。该县总面积 1.03 万千米^2，东西长达 243 千米，东西部自然条件差异明显。西部干旱少雨，生态环境脆弱，牧民放养的也是本地的马、牛、羊，传统的放牧方式严重制约着牧民生产生活。

（四）畜牧业扶贫思路及措施

1．依托产业基地带动群众脱贫

坚持发展农民专业合作社与建设现代畜牧业产业基地相结合，提高农民组织化和现代畜牧产业化经营水平。大力推广"龙头企业+专业合作组织+适度规模养殖户"的发展模式，培育壮大龙头企业，加强畜牧业专业化合作经济组织建设，引导农户发展畜禽标准化适度规模养殖，依托养殖农户集中联建标准化畜牧养殖小区，建立发展养殖专业合作社，通过合作社统购统销畜禽产品。

2．加强畜牧业人才队伍建设，促进科技成果转化

加强畜牧科技人才队伍和推广体系建设，促进科技成果转化，广泛普及畜牧业实用新技术，实现智力扶贫。搭建科技服务平台，实施畜牧科技进村入户工程，开展科技助农增收行动，举办科学养殖技术讲座培训，印发养殖实用技术资料。

3．整合畜牧业项目资金

按照"渠道不变、投向不乱、各记其功"的原则，将扶贫开发与新农村综合体系建设、养殖基地建设、现代农业示范园建设和产业带建设相结合，科学规划、统筹布局。整合各种支农项目资金，集中力量解决突出问题，实现资金效益最大化。

4．完善畜牧业经营主体发展机制

创新发展模式，完善发展机制，充分发挥畜牧业专业化合作组织的联结功能、纽带功能、组织功能和载体功能，依托畜牧专业化合作组织，全面推广"寄养""赊养""订单养殖""草地入股"等产业发展机制，大力推行种畜禽场、饲料企业、畜产品加工企业、合作社牧户和金融、担保、保险机构共同参与的"六方合作+保险"的

产业化经营机制。按照"牧户为主、信贷帮扶、项目配套、部门服务"的投入机制，使扶贫开发由"输血"式变为"造血"式。同时，积极探索适用于不同畜禽品种、不同产业基础区域的利益联结机制，创新养殖风险防范机制，加强动物疫病防控，构建政府主导、牧民主体、多方联动的自然风险防范体系和合理的市场风险分摊机制，增强抵御各种风险的能力，为扶贫开发注入新的活力。

七、新疆农牧区畜牧业扶贫模式设计

（一）畜牧业带动脱贫的主要增收方式

畜牧业带动脱贫主要从畜牧生产环节、产业化经营环节、关联产业融合发展等三方面使牧民增收，实现畜牧业带动增收脱贫。

1. 畜牧业生产环节增收方式

（1）加强畜牧业生产技术水平。提高畜禽良种化率、繁殖率、出栏率、商品率、饲草加工利用率，实现贫困区域畜牧业提质增效。

（2）推广畜牧业养殖的合理模式。推广定居养畜、种草养畜、繁育结合、一村一品、庭院专业化生产模式，建立贫困区域畜牧业长效发展机制。

（3）提高产品销售量。发挥草原牧区、生态林区绿色有机畜产品生产优势，突出地方特有畜禽品种资源开发利用，体现产品的原特征性，提高产品市场占有率，确保贫困区域畜牧业增产增收。

2. 畜牧业产业化经营环节增收方式

（1）扩大规模养殖就业容量。挖掘畜牧养殖园区、畜禽规模化养殖场（小区）、草畜联营合作社、家庭牧场等规模养殖单位用工需求潜力，就近吸纳贫困劳动力就业，增加贫困户工资性收入。

（2）提高下游就业安置能力。把握牛羊肉精深加工、民俗特色畜产品加工业快速兴起的有利契机，鼓励加工流通企业招收贫困劳动力，将贫困劳动力转变为技术工人和产品营销员。

3. 畜牧产业融合发展增收方式

（1）开发畜牧业的多种功能。积极发展休闲观光畜牧业、体验畜牧业、创意畜牧业、养生畜牧业，吸纳贫困劳动力进入牧家乐、家庭旅馆、自驾游营地、畜牧观光园、健康养老院就业，拓宽贫困户增收渠道。

（2）延伸马产业增收链条。推动牧区马产业发展，全面落实自治区《关于推进马产业马文化发展的指导意见》精神，通过必要的培训，广泛引导牧区少数民族贫困劳动力进入马业建设环节，从事赛马饲养、调教训练、马骑乘师、马具生产加工、马骑乘体验服务等行业就业。

（二）畜牧业助力脱贫的模式选择

通过六种模式促进畜牧产业带动脱贫攻坚，即落实草原生态保护政策扶持模式，促进畜牧业产业化经营辐射带动模式，扶持特色产业发展增收模式，通过典型示范工程建设引导模式，实施畜牧生产资料补贴促进模式，完善畜牧公共服务设施建设惠及模式，促进贫困区域牧业增效、农牧民脱贫增收。

1．落实草原生态保护政策扶持模式

结合国家第二轮草原生态保护补助奖励机制政策的实施，面向草原牧区贫困牧民，通过落实政策提高贫困牧民政策性补贴收入，扩大草原畜牧业转型示范项目在贫困地区的覆盖面，加大吸纳贫困牧民进入草原生态保护公益性岗位的力度，做好贫困牧区草场征占用补偿和安置工作，结合牧民定居、饲草料地种植及牧区新农村建设，促进北疆传统牧区和南疆西北部山区贫困牧民稳定增收。

2．促进畜牧业产业化经营辐射带动模式

把握自治区现代畜牧业加快转型升级和全产业链建设快速推进的有利时机，加大贫困区域畜牧产业化经营各环节建设扶持力度，通过扶持畜牧加工、流通业发展，创建品牌、开拓市场，以销促产，实现贫困区域畜牧业增产增收；通过畜牧产、加、销环节建设，扩大畜牧行业就业容量，促进贫困牧民产业内部就业，实现牧民增收。

3．扶持特色产业发展增收模式

挖掘新疆特有畜禽品种资源潜力，通过加大贫困区域特有畜禽遗传资源保种场、

保护区和特色产业示范场的建设扶持力度，加快绒山羊、特禽、驼、驴、蜜蜂等特色养殖业发展，培育贫困区域畜牧业增收新亮点；扩大畜牧产业发展内涵和外延，实现畜牧资源开发利用与相关产业发展的有机融合、互促共享，在贫困区域积极发展草原生态旅游业、现代马业、牧区健康养老服务业，促进贫困农牧民就近转产就业，增加服务业和工资收入。

4. 实施典型示范工程建设引导模式

加大畜牧业项目资金向贫困区域的倾斜支持力度，调动当地政府整合各方资源，提升畜牧业脱贫攻坚的积极性，在贫困区域实施一批畜禽养殖专业乡、种草养畜示范村、庭院养殖示范户、草料加工利用等示范工程，通过示范工程建设，脱贫实例引导，充分调动贫困农牧民发展生产的积极性、主动性和创造性，激发自力更生、艰苦奋斗、脱贫致富的精神。

5. 落实畜牧生产资料补贴促进模式

加大国家、自治区现有支牧惠牧补贴政策向贫困区域的倾斜支持力度，重点落实好畜牧业良种补贴、种草补贴、贷款贴息、保险保费补贴、标准化规模养殖建设补助政策。鼓励支持贫困区域当地政府，在政策可控范围内，对现行补贴政策进行灵活调整，据实确定补贴范围、补贴标准和补贴主体，使各项惠牧政策更大范围惠及贫困区域和贫困群体。

6. 完善畜牧公共服务设施建设惠及模式

结合现代畜牧业"六大体系"建设，在加快完善贫困区域畜禽良种繁育、饲草料保障体系建设的同时，重点强化贫困区域基层动物防疫、品种改良、畜牧业防灾减灾、饲草料加工流通、畜产品交易等畜牧业公共服务设施建设，为贫困区域畜牧业生产提供公共服务保障，确保先进实用的畜牧业增产技术推广到位，有效降低动物疫病、自然灾害发生的概率，为贫困区域畜牧业发展保驾护航。

（三）畜牧业助力脱贫的路径

推进自治区畜牧业现代化建设，努力使畜牧业成为全区劳动力就业产业、民生民心产业、农牧民脱贫致富产业和促进社会稳定产业，针对重点贫困区域畜牧业发展基础现状和发展需求情况，主要提出7个方面的脱贫路径。

1．推进专业化生产，破解散户养殖生产组织化程度低的难题

（1）培植龙头企业带动型产业化发展模式。鼓励涉牧龙头企业构建"企业＋合作社＋贫困户"的生产模式，建立畜产品生产基地，通过提供生产技术、生产资料、金融贷款等服务，使企农利益关系密切，促进散户按照加工业标准组织生产，实现区域内畜牧养殖品种、饲养管理、出栏产品的同质化。争取在每个重点贫困县培育建设1～2个龙头企业带动型专业化生产基地，带动贫困户1万户以上。

（2）大力推进专业乡、专业村建设。争取在南疆及北疆牧区建成200～300个以发展地方肉羊纯繁、肉羊高频繁殖与经济杂交、肉牛繁育、牛羊育肥、特禽养殖为主的专业乡镇（场）、专业村，通过推广普及畜牧业生产"四良一规范"综合配套措施，实现区域内生产模式的相对统一。

（3）加强畜禽标准化规模养殖场（区）建设。继续加大现有国家、自治区支持畜禽标准化规模养殖场政策向贫困地区倾斜的力度，平均每年安排资金比例不低于全疆总投资的40%，支持贫困地区各级政府、涉牧企业、种养大户建设规模养殖场（区）、畜牧养殖园区，开展以村（队）为单元建设养殖场（区）试点，争取在35个重点贫困县新建300个规模养殖场（区）、3～5个畜牧养殖园区，吸纳贫困劳动力5 000人以上。

2．推动产业化经营，实现畜牧业增产增收

（1）加快畜牧业全产业链建设。鼓励、支持各类经营主体在畜牧业产业链的各个环节合理分工，发展畜产品规模养殖、产品加工、物流配送，成立繁育公司、草业公司、防疫公司、畜牧业机械化服务公司及畜产品销售公司等畜牧业中介服务组织，为畜牧业生产经营提供产供销、运储加等各环节服务，有效吸纳贫困劳动力行业内转移就业。

（2）促进优质畜产品外销。进一步加大对贫困地区特有畜禽遗传资源保种场、保护区和特色产业示范场建设的扶持力度，鼓励、支持特色畜产品基地建设，提高特色畜产品市场竞争力和占有率，积极发展外向型畜牧业。积极争取对口援疆省市支持，

组织当地营销企业、合作社利用已有的营销渠道，积极宣传推介贫困地区特色优质畜产品，设立产品营销专卖店和销售专柜，建立农超对接营销网络，参展内地举办的各类农畜产品博览会，提高产品知名度，扩大产品销量。

3．突破饲草料短缺瓶颈，为贫困区域畜牧业发展提供物质保障

重点解决南疆地区西北部山区、北疆地区贫困山区，以及南疆环塔里木盆地饲草料短缺、草料价格居高不下的问题，降低养殖成本，提高养殖环节投入产出效益水平。

（1）加快建设优质饲草料基地。引导牧民利用草原补奖资金进行饲草料种植，鼓励畜牧业定居户、庭院养殖户种草养畜，多形式发展饲草料种植；结合种植业结构调整，加大对南北疆重点贫困县退耕还草、"粮改饲"项目的支持；启动实施《自治区1 000万亩优质饲草料建设规划》，在重点贫困区域建成200万～300万亩优质饲草料基地。

（2）促进饲草料交易流通。启动实施自治区饲草料交易市场建设工程，在全疆布局建设17个草料交易市场，其中在重点贫困县（市）巴楚县、察布查尔县、巴里坤县、墨玉县、阿图什市各建设1个，促进"北草南调"，力争南疆饲草料年调入量达到25万吨，有效调剂补充南疆饲草供应，平抑南疆地区饲草料市场价格。

（3）支持国外优质牧草进口。充分利用两个市场、两种资源，鼓励、引导区内农牧企业开展从吉尔吉斯斯坦、哈萨克斯坦等国家进口优质牧草的业务，补充疆内饲草料市场供应。实施饲草料保供民生工程项目，启动实施南疆安居增畜棉花秸秆饲料综合利用行动计划和南疆西北部山区定居兴牧饲草料保障体系建设行动计划，调动贫困地区的建设积极性，力争每年整合投入1亿元资金，综合利用各类秸秆资源50万吨，破解当前南疆局部区域饲草料供给难题。

4．强化畜牧脱贫示范户发展，增强贫困户自主脱贫意识

加大对生产资料占有相对充足、自力更生致富脱贫意识和自主经营能力较强、因灾因病致贫的一般贫困群体发展畜牧业生产的支持力度，实现率先致富脱贫。

（1）实施南疆环塔里木盆地庭院养殖户发展工程。积极争取国家支持，整合利用各方面资金，争取5年扶持建设2万户庭院养殖户，发挥先进户示范带动作用，引导周边贫困户发展养殖业增收。

(2) 实施草原畜牧业转型示范户发展工程。加大草原畜牧业转型示范项目资金向贫困牧区的倾斜支持力度。通过龙头企业带动帮扶、草畜联营合作社吸纳等方式，力争 5 年内在北疆牧区和南疆西北部山区扶持一批贫困牧户发展生产。

(3) 实施规模养殖企业帮扶特困户养殖示范项目。通过特殊扶持优惠政策，鼓励养殖企业发挥技术、资金、市场资源优势，帮扶特困户发展养殖业。

(4) 强化基层畜牧综合服务设施建设。加大贫困县、贫困村配种站点、药浴设施、集中窖储、联户加工机组等畜牧业生产服务设施建设力度，确保畜牧业生产技术服务及时到位。

(5) 实施畜牧业科技知识进村入户工程。整合各类教学资源，编撰通俗易懂的科普资料，通过"土专家""田教授"手把手普及畜牧科技知识，逐步增强农牧民科技致富、自主发展的能力。

5．强化畜禽良种繁育和动物防疫体系建设，夯实畜牧业发展基础

(1) 加快实施南疆肉羊良种繁育体系建设工程。建成覆盖南疆地、县、乡层级明晰的肉羊良种繁育体系，确保每个地州有 2～3 个原种场，每个县（市）有 5～10 个良种场、扩繁场，力争在南疆地区建成 100 个种羊场，完成建设投资 2.9 亿元以上，保证肉羊产业发展所需种公羊及基础母羊的有效供应；布局建设南疆家禽供种体系，争取种禽苗自给供种量达到 80% 以上。

(2) 实施北疆肉羊品种培育工程。重点规范地方肉羊种羊场建设，提高供种能力和质量水平，加快牧区肉羊品种改良进程，提高贫困牧区肉羊养殖效益。

(3) 加大畜牧良种补贴项目。加大畜牧良种补贴项目向贫困地区的倾斜力度，年安排贫困区域补贴额度不低于全疆的 40%。

(4) 实施《新疆维吾尔自治区中长期动物疫病防治规划》项目。认真组织实施《新疆维吾尔自治区中长期动物疫病防治规划》，做好贫困区域重大动物疫病防控和主要人畜共患病检疫净化工作，重点建设完善县、乡两级动物防疫体系，尤其要做好畜禽散养户的动物疫病防控工作，避免畜牧业生产因动物疫情遭受重大损失，造成农牧民返贫。

(5) 实施贫困地区基层技术人员畜牧业发展资助项目。在实施好现有畜牧业科技支撑、技术推广培训项目的基础上，鼓励贫困地区基层技术人员发展畜禽养殖和技术

服务业，争取 5 年资助 500 名技术人员建设家庭农牧场、规模养殖场，领办畜牧养殖合作社、技术服务团队，调动基层技术人员积极性，发挥示范带动作用，促进畜牧业科技进村入户，带动贫困户 5 000 户以上。

6. 加大天然草原保护力度，努力改善牧区生产生活条件

（1）全面落实国家第二轮草原生态保护补助奖励机制政策。提高草原禁牧、草畜平衡奖励补助标准，力争使纳入补贴政策范围内的贫困农牧户年政策性补贴收入在原有基础上增加 30% 左右。同时，争取调剂 30% 的草原生态管护公益性岗位用于安置贫困劳动力。依法推进和规范草原经营权有序流转，探索对贫困人口实行资产收益扶持制度，将支农惠牧资金作为贫困户的股份，参与专业大户、家庭牧场、合作社的生产和分红。

（2）继续推进牧民定居和国有牧场危房改造建设工程。启动实施《新疆"十三五"游牧民定居工程建设规划》，力争使 2.73 万户贫困牧民实现定居，完成 1.8 万户国有牧场危房改造及生产生活配套设施建设。加大配套水利工程建设投入，巩固牧民定居成果。积极争取将自治区山区控制性水利骨干工程建设，高效节水灌溉、小农水等水利建设资金重点向贫困牧区倾斜，主要用于支持天然草原灌溉改良草场建设，提高天然草场产草量，加快改善区域草地生态；支持已建牧民定居点配套饲草料地节水改造，提高定居牧民饲草料自给能力，促进种草养畜生产模式的建立，逐步扭转过度依赖天然草原放牧的不利局面。

（3）加大贫困牧区天然草场植被恢复改良力度。对历年来工矿业企业开发草场，实行严格的生态修复政策；明确新开发矿产企业在做好草场植被恢复的同时，妥善做好草场开发占用所涉及的牧民群体转移就业安置工作，承担相应的社会责任；进一步加大对公共基础设施建设搬迁牧民的生态补偿力度。

（4）进一步加强牧区畜牧业防灾减灾体系建设。继续实施《新疆畜牧业重大自然灾害防控体系建设规划》，在已建成区、地两级 19 座畜牧业防灾应急饲草料储备库的基础上，创新应急饲草料储备库运营管理机制，进一步完善县、乡防灾应急饲草储备体系。积极争取将牧区牛羊等草食家畜纳入畜牧业政策性保险保费补贴范围。有效降低牧区牧民因灾致贫、受灾返贫的发生率，巩固脱贫攻坚成果。

7．重视畜牧资源深度开发，培育产业融合发展增收点

（1）加快发展草原生态旅游业。依托现有的旅游景区及线路，结合牧民定居点建设和牧区公共服务设施的改善，推进牧区乡村草原文化生态旅游业发展，建设具有民族特色的牧家乐、家庭旅馆、自驾游营地，促进贫困牧民转产分流，从事多种形式的旅游服务业。

（2）加快发展现代马业。在做强做大做精北疆牧区传统马业的基础上，通过大力发展育马、马休闲文化和体育竞技赛马等多元化马产业，不断拓展现代马业功能和就业容量，广泛引导牧区少数民族贫困劳动力进入现代马业建设环节，从事赛马饲养员、马骑乘体验服务工、马骑乘师等行业。

（3）积极发展牧区健康养老服务业。大力发展集绿色肉乳药膳养生、天然绿色氧吧保健、徒步休闲、健身养老等功能为一体的牧区健康养老服务业，在牧区重点旅游景区建设一批驼奶（马乳）疗养院、老年避暑公寓、健康养老服务中心等服务设施，为牧区贫困牧民就近就地转产就业搭建平台。

八、新疆农牧区畜牧业扶贫的保障措施

（一）加强组织领导，落实责任追究制

加强畜牧产业脱贫攻坚组织领导，建立工作机构，安排专人负责日常工作。把畜牧业工作重点放在脱贫攻坚上，认真组织推动精准扶贫和精准脱贫，做好畜牧行业扶贫力量聚合和扶贫资源配置工作，做到有计划、有资金、有目标、有措施、有检查，让贫困群众早日脱贫。实行严格的考核问责制，进一步压实工作任务，明确约束条件，强化各层级的职责，把"工作到村、扶贫到户"的工作机制落实到位。

（二）调剂整合各类资金，统筹推进重点脱贫工程

找准畜牧业贫困户的"穷根"，因地制宜、对症下药、精准施策。争取和整合各类项目资金，切实做到"扶贫对象精准、项目安排精准、资金使用精准、措施到户精准、脱贫成效精准"，改变以往扶贫工作中存在的普惠化、平均主义的倾向，改变以往大水漫灌的工作方式，真正把好钢用在刀刃上，抓好畜牧业资金项目精准扶贫示范及辐射带动作用。整合各类扶贫资源，提高资金使用效率。特别是要吸引社会资金参与扶贫开发，真正形成全社会扶贫的局面。

（三）调动各方面积极性，形成全行业推进脱贫合力

充分调动畜牧行业一切积极因素，凝聚畜牧行业良种繁育、动物疫病防控、饲草料生产加工、产业化经营、科技支撑和服务、行政执法等六大体系的资源和力量，增

强行业内部的合力。健全完善财政专项扶贫、畜牧行业扶贫、社会扶贫和援疆扶贫"四位一体"、协同发力的扶贫格局。

（四）提高动物疫病综合防控能力，保障畜牧业生产安全

进一步加强动物疫情监测预警、动物疫病诊断、突发疫情应急管理、动物卫生监督执法、动物疫病防治信息化、动物疫病防治社会化服务能力建设，强化综合防治措施，有效控制重大动物疫病和主要人畜共患病，净化种畜禽重点疫病，有效防范重点外来动物疫病。实施分病种、分区域、分阶段的动物疫病防治策略，全面提升兽医公共服务和社会化服务水平。

（五）强化畜牧业科技支撑，提高科技服务水平

发挥科研院校、畜牧技术推广机构、畜牧产业技术体系作用，鼓励各类从事畜牧科研、教学或技术推广的机构、个人深入田间地头，"手把手""面对面"开展技术扶贫与智力扶贫，帮助贫困户转变观念，自力更生发展生产，接受并运用现代畜牧科技知识发展畜牧业。实施基层畜牧科技人员和新型农牧民培训工程，着力提高基层技术人员专业水平和业务素质，在贫困地区建立科技示范区、示范点，培养一批有文化、懂技术、会管理、善经营的新型农牧民，为畜牧产业脱贫攻坚提供有力的技术支撑。

（六）创新投融资机制，建立多元化扶贫投入渠道

落实畜牧业贷款贴息政策，发挥好地方政府融资担保平台的作用，鼓励企业、社团组织建立畜牧养殖贷款担保公司；强化农牧民合作经济组织在贷款融资中的核心作用，通过联保增信降低银行贷款风险。实施更为优惠的畜牧业招商引资政策，吸引区内外大型企业集团、民间资本和工商资本投入扶贫开发工作。发挥对口援疆机制作用，

把支持畜牧产业扶贫开发作为一项援疆重点民生工程予以推进。

（七）加强舆论宣传，激发主体意识和内在动力

通过广播、媒体和培训等多种形式宣传中央及自治区的扶贫政策，使广大贫困群众转变思想，提倡奋斗改变命运，教育贫困群众破除"等、靠、要"思想，发挥主体作用，坚决改变"靠着墙根晒太阳、等着别人送小康"的状态，坚决防止陷入"越穷越要、越要越懒、越懒越穷"的恶性循环。激发贫困群众内在脱贫动力，树立"只要有信心、黄土变成金"的观念，鼓励自力更生、艰苦奋斗，通过自己的双手改变命运。

（八）实施特惠政策，保障牧区边境牧民同步脱贫

坚持"一线守边、二线固边、三线服务"的思路，在大力推进兴边富民行动计划的基础上，对承担守边任务的牧民实施特殊补贴政策。积极争取国家、自治区针对边境牧民建立医疗保险、养老保险异地转移接续政策；重点针对承担守边任务的牧民，出台巡边补贴、口粮生活补贴、医疗救助、住房补助、饲草料保障等特殊扶贫补贴政策，确保边民不流失、守边不弱化，确保边民脱贫致富、安心守土固边。

第二部分

新疆实施草原补助奖励机制政策的影响研究

一、研究概论

（一）研究背景

新疆地域辽阔，资源丰富，从平原到高山包括荒漠、草原、草甸、沼泽在内的多种草原类型。2011年6月新疆全面启动了草原生态保护补助奖励机制（以下简称"补奖机制"）政策，主要内容包括草原禁牧、草畜平衡、牧草良种补贴和牧民生产资料综合补贴四个方面。2015年是第一轮补奖机制政策实施的最后一年，也是巩固政策成效的关键之年，为了客观评价政策实施对草原生态恢复的积极作用，及时掌握对牧区经济发展、牧民生产生活的影响，通过对新疆补奖机制政策的落实情况进行全面的梳理和典型县市的调查研究，对补奖机制政策的落实情况，政策实施所产生的生态效益、社会效益、经济效益等方面进行评价，以期达到准确掌握补奖机制政策实施的成效，对下一步有针对性地调整工作思路提供科学依据，同时，为国家完善实施补奖机制政策提供借鉴和参考。

（二）研究目的

（1）分析新疆各地州补奖机制政策实施情况，构建新疆补奖机制政策实施的绩效评价指标体系，并对新疆实施补奖机制政策的综合效益进行评价，依据政策投入对畜牧业经济、牧民收入、牧区生态环境的影响，提出存在的不足和需要进一步完善的内容，最后提出相应的对策建议。

（2）调查研究实施草原生态保护补奖机制政策对农牧民家庭生产生活的影响，通过入户调查，比较分析政策实施前后对牧民家庭生产条件、生活条件、生活环境、牧民收入状况、牧民组织化程度、富余劳动力转移及新型牧民培育状况的影响变化情况。

（三）研究内容

（1）草原生态保护补助奖励政策评价理论基础。在借鉴政策评价理论基础上，结合草原补奖政策的特殊性，讨论该政策评价的理论基础，并介绍该政策的出台背景、政策内容。

（2）草原生态保护补助奖励政策评价的方法与指标体系。探讨草原生态保护补助奖励政策评价的方法，设计该政策评价的指标体系，本研究的数据来源、误差分析以及该政策评价的样本情况等。

（3）草原生态保护补助奖励政策评价。分别对新疆草原生态保护补助奖励政策的方案、政策运行、生态效益、社会效益、经济效益、政策可接受程度等方面进行评价。

（4）草原生态保护补助奖励政策问题分析。分别从政策实施前沉淀下来的问题、政策方案设计中存在的问题和政策执行三个方面，对该政策存在的问题进行分析归类，提出促进该政策良性运行的思路和具体建议。

（四）研究方法

在政策效果评估中，充分吸纳国内外学者关于畜牧业发展的相关研究成果，既注重理论，又重视实证归纳。具体方法为：

（1）规范分析。在梳理相关畜牧业发展和政策评估的基础上，结合生态经济理论、生态经济协调发展理论、新经济地理学理论、数理统计学等进行研究。

（2）统计分析。利用常规统计方法，从草场资源概况、草场承包状况、畜牧业经济、社会、人文和生态等方面进行数理统计分析，从而总结其变化特征。

（3）对比分析。在全文中始终贯穿对比分析，既有纵向时间序列上的对比分析，也有不同主体间、不同内容上的横向对比分析。

（4）数学模型。在评判各地州补奖政策的过程中，采用耦合协调度模型进行分析评判。

（五）数据来源

整体资料：评估依托的数据主要来自各地州市《第一轮草原生态保护补助奖励机制工作总结》《新一轮草原生态保护补助奖励政策实施方案（2016—2020)》《国民经济和社会发展统计公报》《新疆统计年鉴》、自治区畜牧厅提供资料、各地州市调研资料等。

样本户资料：每个县选择2～3个牧业村，从中选取样本户，以牧户牲畜饲养规模来划分，数量大（100只以上）、中（20～100只）、小（20只以下）三种规模的养殖户作为调查对象，调查35个牧业村，牧户共计379户。

二、新疆草畜资源基本情况

(一) 草原资源与草场承包情况

1. 草原资源概况

新疆的草原类型包括荒漠类、草原类、草甸类和沼泽类。全疆可利用草场面积4 800万公顷（其中，生产建设兵团200万公顷，地方4 600万公顷），占新疆土地面积166万千米^{2}的28.92%。按全国草地分类系统统计，新疆草地分为11个类、25个亚类、131个组和687个草地类型；新疆地方可利用草场面积为4 600万公顷（本研究不含新疆生产建设兵团），其中，荒漠类草场面积占总面积的比重最大，为42.64%；草原类草场面积占总面积的31.62%；草甸类草场面积占总面积的25.23%；沼泽类草场面积占总面积的0.51%；详见表2-1。

表2-1 新疆草地类型及地方可利用草场面积状况

序号	类型名称		可利用面积（万公顷）	比重（%）
1		温性草甸草原类	104.07	2.26
2	草原类	温性草原类	423.8	9.21
3		温性荒漠草原类	556.8	12.11
4		高寒草原类	370	8.04
5		温性草原化荒漠类	341.8	7.43
6	荒漠类	温性荒漠类	1 542.27	33.53
7		高寒荒漠类	77.13	1.68
8		低平地草甸类	578.47	12.58
9	草甸类	山地草甸类	254.6	5.53
10		高寒草甸类	327.6	7.12

（续）

序号	类型名称	可利用面积（万公顷）	比重（%）
11	沼泽类	23.47	0.51
	合计	4 600	100.00

资料来源：新疆维吾尔自治区畜牧厅，第一轮草原补奖机制政策实施时上报的数据。

新疆天然草场最基本的利用方式是四季转场游牧，按不同的季节轮换利用，形成以春秋牧场、夏牧场和冬牧场为主的季节性牧场。新疆地方可利用草原面积为4 600万公顷，其中，冬牧场的草原面积最大为1 847.8万公顷，占总面积的40.17%；春秋牧场的草原面积为1 711.53万公顷，占总面积的37.21%；夏牧场的草原面积为1 040.67万公顷，占总面积的22.62%（表2-2）；在实际使用过程中，季节性牧场是在交替使用，即夏牧场含部分夏秋和全年牧场；春秋牧场含部分冬春秋、冬春、夏秋和全年牧场；冬牧场含部分冬春秋、冬春和全年牧场；但是随着各项政策的实施，草原畜牧业生产方式逐渐发生变化。

表2-2　新疆各季节草场面积及比重情况

季节牧场名称	面积（万公顷）	比重（%）
夏牧场	1 040.67	22.62
春秋牧场	1 711.53	37.21
冬牧场	1 847.8	40.17
合计	4 600	100.00

资料来源：新疆维吾尔自治区畜牧厅。

2. 草场承包情况

新疆草场承包形式为单户承包、联户承包和集体承包，承包期限30～50年，目前累计实现草场承包面积4 346.96万公顷，占全疆可利用面积的94.50%；其中，单户承包面积为2 608.28万公顷，占总承包面积的60.00%；联户承包面积为1 548.33万公顷，占总承包面积的35.62%；集体承包面积为190.35万公顷，占总承包面积的4.38%。联户承包草场是新疆草场承包的必然产物，由于地理条件、水源条件及基础设施的限制，多户牧民共同使用同一个水源和基础设施，因此，只能以联户的方式承包草场。通过调研可知，各地州联户承包草场的补奖资金按平均分配的形式，即分配到联户承包的这几户牧民。未承包面积为253.04万公顷，占可利用草场面积的5.50%（表2-3）。未承包的主要原因是：①草场使用界限不清；②草场退化严重或荒漠类草原；③处在水源保护地和自然保护区。

表2-3　新疆各地州草场承包情况统计

序号	地　州	单户承包面积（万公顷）	联户承包面积（万公顷）	集体承包面积（万公顷）	合计面积（万公顷）
1	乌鲁木齐市	71.83	—	—	71.83
2	克拉玛依市	20.86	5.21	—	26.07
3	吐鲁番地区	60.41	1.35	—	61.76
4	哈密地区	85.3	224.05	—	309.35
5	伊犁州直	289.55	21.23	0.57	311.35
6	塔城地区	448.15	69.99	—	518.14
7	阿勒泰地区	223.03	488.48	—	711.51
8	博州	62.03	74.68	—	136.71
9	昌吉州	309.37	65.25	47.60	422.23
10	巴州	481.51	185.01	72.38	738.9
11	阿克苏地区	301.96	1.91	—	303.87
12	喀什地区	82.27	85.85	69.80	237.92
13	克州	—	296.33	—	296.33
14	和田地区	172.01	28.99	—	201
	合计	2 608.28	1 548.33	190.35	4 346.96

资料来源：新疆维吾尔自治区畜牧厅。

（二）牲畜发展基本情况

1．牲畜存出栏状况

2015年，新疆牲畜存栏量为4 580.54万头（只），显然，羊、牛存栏规模最为突出，其中牛的存栏量为396.9万头，占存栏总数的8.66%，而羊的存栏量为3 995.65万只，占存栏总数的87.23%（表2-4）。

表2-4　2015年新疆牲畜存栏情况

牲畜品种	数量［万头（只）］	比重（%）
羊	3 995.65	87.23
牛	396.9	8.66
马	89.91	1.96
驴	80.3	1.75
骡	0.82	0.02
骆驼	16.96	0.37
合计	4 580.54	100

资料来源：《2016年新疆统计年鉴》。

2．牲畜出栏状况

2015年，新疆牲畜出栏量为4 340.05万头（只），其中羊的出栏量最大，为3 444.06万头（只），占牲畜出栏总量的79.36%（表2-5）。

表2-5　2015年新疆牲畜出栏情况

牲畜品种	数量［万头（只）］	比重（%）
牛	247.29	5.70
羊	3 444.06	79.36
其他	648.7	14.95
合计	4 340.05	100

资料来源：《2016年新疆统计年鉴》。

3．牲畜肉产品产量状况

2015年全区牲畜肉产品产量102.64万吨，其中，羊肉55.43万吨、牛肉40.45万吨、马肉5.87万吨和骆驼肉0.89万吨，牛羊肉产量占比较大（表2-6）。

4．畜牧业产值状况

2015年全区农林牧渔服务业产值2 804.42亿元，畜牧业产值649.51亿元，其占农林牧渔服务业总产值的比重为23.16%，畜牧业在第一产业中的地位突出（表2-7）。

表2-6　2015年新疆牲畜肉产品产量

牲畜肉种类	数量（万吨）	比重（%）
羊肉	55.43	54.00
牛肉	40.45	39.41
马肉	5.87	5.72
骆驼肉	0.89	0.87
合计	102.64	100.00

资料来源：《2016年新疆统计年鉴》。

表2-7　2015年新疆畜牧业产值状况

项目	单位	数值
农林牧渔服务业总产值	亿元	2 804.42
畜牧业产值	亿元	649.51
畜牧业产值占农林牧渔总产值比重	%	23.16

资料来源：《2016年新疆统计年鉴》。

三、第一轮补奖机制政策落实情况

（一）第一轮补奖机制政策内容

2011—2015年第一轮补奖机制政策的内容包括：（1）草原禁牧面积及资金落实情况；（2）草畜平衡面积及资金落实情况；（3）牧草良种补贴面积及资金落实情况；（4）牧户生产资料综合补贴户数及资金落实情况；（5）政策落实相关配套措施执行情况。见表2-8。

表2-8　新疆补奖机制政策内容

政策内容		计划或标准
草原禁牧	（1）草原禁牧面积	1 000万公顷
	（2）草原禁牧补助资金	每年82.5元/公顷
草畜平衡	（3）草畜平衡面积	3 590万公顷
	（4）草畜平衡奖励资金	每年22.5元/公顷
牧草良种补贴	（5）牧草良种补贴面积	32.72万公顷
	（6）牧草良种补贴资金	直补：每年150元/公顷；项目补：每年750元/公顷
牧户生产资料补贴	（7）牧户生产资料综合补贴户数	27.909 4万户
	（8）牧民生产资料综合补贴资金	每年500元/户

资料来源：新疆维吾尔自治区畜牧厅。

（二）第一轮补奖机制政策任务分解及落实情况

为了有效推进补奖机制政策的落实，新疆维吾尔自治区人民政府成立了"自治区草原生态保护补助奖励机制及定居兴牧工程建设领导小组",并于2011年6月召开了自治区草原生态保护补助奖励机制启动会;全面启动落实草原生态保护补助奖励政策工作。同时,畜牧厅编制了《新疆草原生态保护补助奖励机制实施方案》,制定配套法规文件,强化资金发放及管理措施,严格落实禁牧和草畜平衡制度,加大人工种草补贴力度,稳步推进政策落实。根据《新疆草原生态保护补助奖励机制实施方案》的内容要求,2011—2015年补奖机制政策各项指标的实施已全部落实。

1. 草原禁牧面积及资金落实情况

按照国家的禁牧要求,结合新疆实际,禁牧区划定原则为"生存环境恶劣、草原退化严重、不宜放牧的荒漠类草地和重要的水源涵养地"。2011—2015年新疆每年规划天然草场禁牧面积为1 010万公顷,每年实际禁牧面积为1 010万公顷,占新疆每年规划禁牧面积的100%。每年计划发放禁牧补助资金90 000万元,实际发放禁牧补助资金90 000万元,完成计划的100%,2011—2015年共发放禁牧补助资金45亿元。

(1)退化严重的荒漠类草地禁牧面积及资金落实情况

1)草原禁牧面积落实情况。新疆退化严重的荒漠类草地每年计划禁牧面积为1 000万公顷,实际完成数为1 000万公顷,任务完成率为100%,各地州市落实情况较好。详见表2-9。

表2-9 新疆各地州退化严重的荒漠类草地禁牧面积落实情况

序号	地州	计划禁牧面积（万公顷/年）	2011—2015年实际禁牧面积（万公顷/年）	每年落实禁牧计划比例（%）
1	乌鲁木齐市	51.33	51.33	100
2	吐鲁番地区	66.53	66.53	100
3	哈密地区	67.67	67.67	100
4	昌吉州	134.33	134.33	100
5	伊犁州直	25	25	100
6	塔城地区	107.2	107.2	100

（续）

序号	地州	计划禁牧面积（万公顷/年）	2011—2015年实际禁牧面积（万公顷/年）	每年落实禁牧计划比例（%）
7	阿勒泰地区	135	135	100
8	博州	53.67	53.67	100
9	巴州	104.2	104.2	100
10	阿克苏地区	54.67	54.67	100
11	克州	96	96	100
12	喀什地区	42	42	100
13	和田地区	62.4	62.4	100
	合计	1 000	1 000	100

资料来源：新疆维吾尔自治区畜牧厅资料和各地州调研资料。

2）补助资金落实情况。新疆各地州退化严重的荒漠类草地禁牧草场的实际补助标准和计划标准相同，每年均为82.5元/公顷；每年计划补助资金82 500万元，实际发放补助资金为82 500万元，任务完成率为100%；2011—2015年共发放荒漠类草场和退牧还草工程区禁牧补助资金41.25亿元。详见表2-10。

表2-10　新疆各地州退化严重的荒漠类禁牧补助资金落实情况

序号	地州	计划补助资金（万元/年）	2011—2015年实际补助资金（万元/年）	每年落实计划比例（%）
1	乌鲁木齐市	4 235.00	4 235.00	100
2	吐鲁番地区	5 489.00	5 489.00	100
3	哈密地区	5 582.50	5 582.50	100
4	昌吉州	11 082.50	11 082.50	100
5	伊犁州直	2 062.50	2 062.50	100
6	塔城地区	8 844.00	8 844.00	100
7	阿勒泰地区	11 137.50	11 137.50	100
8	博州	4 427.50	4 427.50	100
9	巴州	8 596.50	8 596.50	100
10	阿克苏地区	4 510.00	4 510.00	100

（续）

序号	地州	计划补助资金 （万元/年）	2011—2015年实际补 助资金（万元/年）	每年落实计划比例 （%）
11	克州	7 920.00	7 920.00	100
12	喀什地区	3 465.00	3 465.00	100
13	和田地区	5 148.00	5 148.00	100
	合计	82 500.00	82 500.00	100

数据来源：新疆维吾尔自治区畜牧厅资料和各地州调研资料。

（2）重要水源涵养地禁牧面积及补助资金情况。新疆确定的重要水源涵养地的禁牧主要是高山草甸，牧草产量高、质量好的区域，是新疆主要的夏牧场，也是重要的水源地和风景区。由于长期超载过牧，造成草场退化加重，个别区域毒害草滋生，水土保持能力降低，成为泥石流等自然灾害多发地区。通过禁牧，可以快速恢复草原生态功能，增强水土涵养能力，同时可以打造成知名的草原景观带。

1）草原禁牧面积落实情况。新疆重要水源涵养地和草地类自然保护区每年计划禁牧面积为10万公顷，实际落实禁牧面积为10万公顷，每年落实计划禁牧面积比例为100%；全疆重要水源涵养地禁牧面积落实情况见表2-11。

表2-11 新疆重要水源涵养地禁牧面积落实情况

地州	水源 涵养地	计划禁牧 草原面积（万公顷/年）	2011—2015年实际禁牧 草原面积（万公顷/年）	每年落实计划 比例（%）
伊犁州直	那拉提、昭苏等	4.33	4.33	100
哈密地区	白石头草原	0.67	0.67	100
阿勒泰地区	喀纳斯	1.33	1.33	100
塔城地区	塔斯提	0.67	0.67	100
巴州	巴音布鲁克	1	1	100
博州	赛里木湖	1	1	100
昌吉州	天山天池	1	1	100
合计		10	10	100

数据来源：新疆维吾尔自治区畜牧厅资料和各地州调研资料。

2）补助资金落实情况。新疆各地州水源涵养禁牧区的实际补助标准和计划标准相同，每年均为750元/公顷；每年计划补助资金为7 500万元，实际补助资金为7 500万元，实际补助资金占计划补助资金的100%；2011—2015年共发放重要水源涵养地禁牧补助资金3.75亿元；新疆重要水源涵养地禁牧补助资金情况详见表2-12。

表2-12　新疆重要水源涵养地禁牧补助资金落实情况

地州	水源涵养地	计划补助资金（万元/年）	2011—2015年实际补助资金（万元/年）	每年落实计划比例（%）
伊犁州直	那拉提、昭苏等	3 250.00	3 250.00	100
哈密地区	白石头草原	500.00	500.00	100
阿勒泰地区	喀纳斯	1 000.00	1 000.00	100
塔城地区	塔斯提	500.00	500.00	100
巴州	巴音布鲁克	750.00	750.00	100
博州	赛里木湖	750.00	750.00	100
昌吉州	天山天池	750.00	750.00	100
合计		7 500.00	7 500.00	100

数据来源：新疆维吾尔自治区畜牧厅资料和各地州调研资料。计划补助资金和实际补助资金在实际操作中进行了取整，下表同。

2．草畜平衡面积及资金落实情况

新疆规定除禁牧区以外全疆其他草原均实行草畜平衡管理。采取"整体推进、分年达标"的原则，三年内完成牲畜核减转移安置计划，达到草畜平衡。新疆5年内计划从天然草原核减转移牲畜870.18万羊单位；截至2015年年底，实际完成核减转移放牧牲畜870.18万羊单位，完成计划核减牲畜的100%。

（1）草畜平衡面积落实情况。新疆每年计划完成的草畜平衡面积为3 590万公顷，实际落实的草畜平衡面积为3 590万公顷，实际落实面积占计划面积的100%；2011—2015年新疆各地州草畜平衡面积累计落实情况见表2-13。

表2-13　2011—2013年新疆各地州草畜平衡面积累计落实情况

序号	地州	计划面积（万公顷/年）	2011—2015年实际落实面积（万公顷/年）	实际占计划的比重（%）
1	乌鲁木齐市	57.47	57.47	100
2	克拉玛依市	34.47	34.47	100
3	吐鲁番地区	9.60	9.60	100
4	哈密地区	247.47	247.47	100
5	昌吉州	312.53	312.53	100
6	伊犁州直	279.27	279.27	100
7	塔城地区	436.33	436.33	100
8	阿勒泰地区	570.67	570.67	100
9	博州	74.60	74.60	100
10	巴州	670.53	670.53	100
11	阿克苏地区	272.87	272.87	100
12	克州	206.87	206.87	100
13	喀什地区	241.00	241.00	100
14	和田地区	176.33	176.33	100
	合计	3 590.01	3 590.01	100

数据来源：新疆维吾尔自治区畜牧厅资料和各地州调研资料。

（2）奖励资金落实情况。新疆各地州草畜平衡的实际奖励标准和计划标准相同，每年均为22.5元/公顷；每年计划奖励资金为80 775万元，实际奖励资金为80 775万元，实际奖励资金占计划的100%；2011—2015年共发放草畜平衡奖励资金40.387 5亿元；新疆各地州草畜平衡奖励资金落实情况见表2-14。

表2-14　新疆各地州草畜平衡奖励资金落实情况

序号	地州	计划奖励资金（万元/年）	2011—2015年实际奖励资金（万元/年）	每年落实计划比例（%）
1	乌鲁木齐市	1 293.00	1 293.00	100
2	克拉玛依市	775.50	775.50	100

（续）

序号	地州	计划奖励资金（万元/年）	2011—2015年实际奖励资金（万元/年）	每年落实计划比例（%）
3	吐鲁番地区	216.00	216.00	100
4	哈密地区	5 568.00	5 568.00	100
5	昌吉州	7 032.00	7 032.00	100
6	伊犁州直	6 283.50	6 283.50	100
7	塔城地区	9 817.50	9 817.50	100
8	阿勒泰地区	12 840.00	12 840.00	100
9	博州	1 678.50	1 678.50	100
10	巴州	15 087.00	15 087.00	100
11	阿克苏地区	6 139.50	6 139.50	100
12	克州	4 654.50	4 654.50	100
13	喀什地区	5 422.50	5 422.50	100
14	和田地区	3 967.50	3 967.50	100
	合计	80 775.00	80 775.00	100

数据来源：新疆维吾尔自治区畜牧厅资料和各地州调研资料。

3. 牧草良种补贴面积落实情况

新疆各地州人工草地按照"谁种植、谁受益"的原则，予以补贴。牧草良种补贴的对象为种植人工牧草的单位、集体和农牧民；主要补贴的饲草种类包括：苜蓿、红豆草等多年生和一年生的牧草，不包括青贮玉米等青贮饲料。

（1）牧草良种补贴面积落实情况。新疆每年计划牧草良种补贴面积为32.72万公顷，实际落实牧草良种补贴面积为32.72万公顷，每年牧草良种补贴面积占计划的100%；2011—2015年新疆各地州牧草良种补贴面积落实情况见表2-15。

（2）牧草良种补贴资金落实情况。牧草良种补贴分牧户直补和项目管理两种方式补贴。每年直补到户的补贴标准为150元/公顷；补贴面积为31.26万公顷；实行项目管理的牧草良种补贴标准为750元/公顷，补贴面积为1.46万公顷；每年计划补贴资金为5 780万元，实际补贴资金为5 780万元，资金发放率为100%；2011—2015年共发放牧草良种补贴资金2.89亿元；每年新疆各地州牧草良种补贴资金落实情况详见表2-16。

表2-15 新疆各地州牧草良种补贴面积落实情况

序号	地州	计划补贴面积 （万公顷/年）	2011—2015年实际落实 补贴面积（万公顷/年）	每年落实计划比例 （%）
1	乌鲁木齐市	0.86	0.86	100
2	克拉玛依市	0.02	0.02	100
3	吐鲁番地区	0.30	0.30	100
4	哈密地区	0.83	0.83	100
5	昌吉州	2.92	2.92	100
3	伊犁州直	6.04	6.04	100
7	塔城地区	4.45	4.45	100
8	阿勒泰地区	2.58	2.58	100
9	博州	0.56	0.56	100
10	巴州	2.00	2.00	100
11	阿克苏地区	1.61	1.61	100
12	克州	1.89	1.89	100
13	喀什地区	5.56	5.56	100
14	和田地区	2.93	2.93	100
15	自治区直属牧场	0.17	0.17	100
	合计	32.72	32.72	100

数据来源：新疆维吾尔自治区畜牧厅资料和各地州调研资料。

表2-16 新疆各地州牧草良种补贴资金落实情况

序号	地州	计划牧草良种补贴资金 （万元/年）	2011—2015年实际牧草良 种补贴资金（万元/年）	每年落实计划比例 （%）
1	乌鲁木齐市	140.00	140.00	100
2	吐鲁番地区	50.00	50.00	100
3	哈密地区	150.00	150.00	100
4	伊犁州直	1 160.00	1 160.00	100

（续）

序号	地州	计划牧草良种补贴资金（万元/年）	2011—2015年实际牧草良种补贴资金（万元/年）	每年落实计划比例（%）
5	塔城地区	640.00	640.00	100
6	阿勒泰地区	360.00	360.00	100
7	博州	120.00	120.00	100
8	昌吉州	410.00	410.00	100
9	巴州	310.00	310.00	100
10	克州	280.00	280.00	100
11	阿克苏地区	790.00	790.00	100
12	喀什地区	830.00	830.00	100
13	和田地区	540.00	540.00	100
	合计	5 780.00	5 780.00	100

数据来源：新疆维吾尔自治区畜牧厅资料和各地州调研资料，克拉玛依市和自治区直属牧场的补助费用为当地自筹经费补助。

4．牧民生产资料综合补贴牧民户数及资金落实情况

新疆牧民生产资料综合补贴对象主要是从事草原畜牧业生产、落实草原承包责任制并实施禁牧或草畜平衡的牧民。

（1）牧民生产资料综合补贴户数落实情况。2011—2015年牧民认定标准按照牧区牧业乡镇、农业乡镇中的牧业村居民住户和农区牧业乡的居民住户，以《2009年新疆统计年鉴》的牧民户数27.506 4万户为牧民生产资料综合补贴户数；每年实际补贴户数为27.909 4万户，完成计划的101.47%；昌吉州、博州和克州对没有享受到国家给予的牧民生产资料综合补贴的牧户，地方政府利用财政配套资金进行了补齐，因此，这三个地州的任务完成情况和资金发放情况均超过了计划补贴资金。各地州具体落实情况见表2-17。

（2）牧民生产资料综合补贴资金落实情况。新疆每年牧民生产资料综合补贴的标准均为500元/户，每年计划补助资金为13 753.2万元，实际补贴资金为13 954.7万元，完成计划的101.47%；2011—2015年共发放牧民生产资料综合补贴资金6.977亿元，其中国家出资13 753.2万元，昌吉州、博州和克州共配套资金201.5万元；各地州落实的具体情况见表2-18。

表2-17　新疆各地州牧民生产资料综合补贴户数落实情况

序号	地州	计划补助户数 （户/年）	2011—2015年实际补助 户数（户/年）	实际占计划的比重 （%）
1	乌鲁木齐市	6 712	6 712	100
2	克拉玛依市	52	52	100
3	吐鲁番地区	3 316	3 316	100
4	哈密地区	12 708	12 708	100
5	昌吉州	24 772	24 825	100.21
3	伊犁州直	42 260	42 260	100
7	塔城地区	14 985	14 985	100
8	阿勒泰地区	21 431	21 431	100
9	博州	5 515	6 444	116.84
10	巴州	9 955	9 955	100
11	阿克苏地区	22 833	22 833	100
12	克州	23 639	26 687	112.89
13	喀什地区	60 679	60 679	100
14	和田地区	26 207	26 207	100
	合计	275 064	279 094	101.47

数据来源：新疆维吾尔自治区畜牧厅资料和各地州调研资料。

表2-18　新疆各地州牧民生产资料综合补贴落实情况

序号	地州	计划补贴资金 （万元/年）	2011—2015年实际补贴 资金（万元/年）	每年落实计划 比例（%）
1	乌鲁木齐市	335.6	335.6	100
2	克拉玛依市	2.6	2.6	100
3	吐鲁番地区	165.8	165.8	100
4	哈密地区	635.4	635.4	100
5	昌吉州	1 238.6	1 241.25	100.21
6	伊犁州直	2 113	2 113	100
7	塔城地区	749.25	749.25	100
8	阿勒泰地区	1 071.55	1 071.55	100

（续）

序号	地州	计划补贴资金 （万元/年）	2011—2015年实际补贴 资金（万元/年）	每年落实计划 比例（%）
9	博州	275.75	322.2	116.84
10	巴州	497.75	497.75	100
11	阿克苏地区	1 141.65	1 141.65	100
12	克州	1 181.95	1 334.35	112.89
13	喀什地区	3 033.95	3 033.95	100
14	和田地区	1 310.35	1 310.35	100
	合计	13 753.2	13 954.7	101.47

数据来源：新疆维吾尔自治区畜牧厅资料和各地州调研资料。

5. 草原补奖资金落实情况

2011—2015年，新疆累计发放草原生态保护补助奖励资金95.35亿元，涉及农牧民31.45万户（含牧民生产资料综合补贴27.506 4万户在内）。新疆每年草原生态保护补助奖励资金共计19.070 5亿元，每年计划下拨到各地州（市）资金19.070 5亿元，实际下拨资金为19.070 5亿元，占计划下拨资金的100%，占国家下拨资金的100%；每年的结余资金396.8万元作为增加水源涵养区禁牧补助资金，2011年的结余资金396.8万元增加到昌吉州的天池水源涵养区，2012年的结余资金396.8万元增加到博州的赛里木湖水源涵养区，2013—2015年每年的结余资金396.8万元都增加到昌吉州玛纳斯县的水源涵养区；每年各地州计划补助资金与自治区实际下拨资金数量相同；同时，按照类型分，每年各类型计划补助资金与实际落实资金完全相符（表2-19和表2-20）。

表2-19 新疆各地州自治区下拨草原补奖资金落实情况

	地州	计划补助资金 （万元/年）	2011—2015年实际补助 资金（万元/年）	实际占计划的 比重（%）
1	乌鲁木齐市	6 003.6	6 003.6	100
2	克拉玛依市	778.1	778.1	100
3	吐鲁番地区	5 920.8	5 920.8	100
4	哈密地区	12 435.9	12 435.9	100

（续）

	地州	计划补助资金 （万元/年）	2011—2015年实际补助 资金（万元/年）	实际占计划的 比重（%）
5	昌吉州	21 263.1	21 263.1	100
6	伊犁州直	14 349	14 349	100
7	塔城地区	20 270.75	20 270.75	100
8	阿勒泰地区	26 169.05	26 169.05	100
9	博州	7 541.75	7 541.75	100
10	巴州	25 241.25	25 241.25	100
11	阿克苏地区	12 071.15	12 071.15	100
12	克州	14 546.45	14 546.45	100
13	喀什地区	12 751.45	12 751.45	100
14	和田地区	10 965.85	10 965.85	100
	结余资金	396.8	396.8	100
	合计	190 705	190 705	100

数据来源：新疆维吾尔自治区畜牧厅资料和各地州调研资料。

表2-20　新疆补奖机制政策各类补奖资金落实情况

序号	项目	计划补助资金 （万元/年）	2011—2015年实际落实 补助资金（万元/年）	实际占计划补助 资金的比重（%）
1	退化严重的荒漠类草地禁牧区 补助资金	82 500	82 500	100
2	重要水源涵养禁牧区补助资金	7 896.8	7 896.8	100
3	草畜平衡补助资金	80 775	80 775	100
4	牧草良种补贴资金	5 780	5 780	100
5	生产资料补贴资金	13 753.2	13 753.2	100
	合计	190 705	190 705	100

数据来源：新疆维吾尔自治区畜牧厅资料和各地州调研资料。

（三）贯彻落实补奖政策的保障措施

1. 加强领导，健全机构，全力推进各项工作

新疆维吾尔自治区党委、政府高度重视补奖机制工作，于2010年12月成立了自治区草原生态保护补助奖励机制及定居兴牧工程建设领导小组，自治区人民政府副主席任组长，领导小组办公室设在畜牧厅，自治区编委专门给领导小组办公室增加了7名编制。畜牧厅内部又组织成立了畜牧厅草原生态保护补助奖励机制领导小组，厅党组书记任组长。为了确保政策顺利实施，自治区专门制定出台了6项配套法规和规范性文件：自治区畜牧厅《关于印发〈自治区落实草原生态保护补助奖励机制草原资源与生态动态监测与评价工作方案〉的通知》（牧草字〔2012〕6号）；自治区人民政府办公厅《关于印发〈自治区禁牧和草畜平衡监督管理办法〉的通知》（新政办发〔2012〕6号）；自治区财政厅《关于印发〈新疆维吾尔自治区草原生态保护补助奖励资金管理暂行办法〉的通知》（新财农〔2012〕43号）；自治区草原生态保护补助奖励机制及定居兴牧工程建设领导小组《关于印发〈新疆维吾尔自治区草原生态保护补助奖励机制绩效考核暂行办法〉的通知》（新草保字〔2012〕02号）；自治区人民政府《转发〈自治区推进草原确权承包和开展基本草原划定工作实施意见〉的通知》（新政办发〔2012〕158号）；自治区草原生态保护补助奖励机制及定居兴牧工程建设领导小组《关于印发〈自治区草原生态保护补助奖励机制草原监测工作考核办法及评分标准（试行）〉的通知》（新草保办〔2013〕7号）。2014年为推进基本草原划定工作，还印发了《基本草原划定工作年度考核办法及评分标准》（2014年）、《基本草原划定成果技术规范》等文件，对基本草原划定工作进行安排部署，规范技术操作。

为推进补奖机制工作，根据新疆人民政府统一安排部署，各地（州）相继成立了以主要领导任组长，财政、畜牧、发改等部门主要领导为成员的补奖机制领导小组。各县（市）成立了相应的组织领导和办事机构，实行主要领导责任制，并建立了督查制度、责任追究制度和村规民约等制度。

2. 广泛宣传，深入调查，奠定政策落实基础

国家政策出台后，新疆畜牧厅、财政厅共同在电视台制作了新闻访谈节目，分析形势，解读政策；多次组织领导干部、专家召开专项会议，反复学习政策，领会精神实质，统一思想认识；组成学习考察组赴内蒙古、宁夏等省区学习考察；召开电视电话会议，安排部署落实草原生态保护补助奖励机制有关工作；组织联合工作组分赴各地州市调研，了解掌握基层工作动态及存在问题。同时在新疆畜牧信息网站开辟了补奖机制政策专栏，收集、汇编、解读政策，刊登各地工作动态；连续三年在新疆人民广播电台黄金时段，播放宣传草原生态保护补助奖励机制相关内容；制作了《草原春色——自治区草原生态保护掠影》；在新疆经济报、新疆日报等报刊上不定期宣传政策实施及取得的成效，2015年刊登1版头题、焦点4篇、约刊3篇、普通消息13篇；结合退牧还草工程和草原生态保护补奖机制，在主要牧区、主要道路加大宣传力度，新设立32座大型宣传牌；在农业部主管的《农村工作通讯》上刊登了新疆落实草原生态保护补助奖励机制署名文章《新疆草原谱写新篇章》；在《新疆畜牧业》杂志出版汉、维、哈、蒙、柯五种文字专刊，并印发各县、乡学习，为落实补奖机制政策营造了良好氛围。

3. 上下联动，科学论证，编制政策实施方案

新疆在编制补奖机制实施方案时，强调以"七个结合"作为编制的主要原则，要求各地（州）将落实草原生态保护补助奖励机制政策与牧民定居、牧区水利建设、转变畜牧业生产方式、推动牧区社会公共事业发展、实施牧区劳动力转移、建立畜牧业防灾减灾机制、完善草原承包和基本草原划定等工作有机结合。各地部门主要领导牵头，组织草原站、草原监理站等部门，深入乡村牧区，走村入户，宣讲政策，开展基础信息统计工作。通过细致调查，掌握了全区草原生产现状、草原承包、利用和经营管理情况、牧户信息及牲畜饲养情况等基础信息，为制订补奖机制实施方案提供了依据。在实施方案的制订上，采取自下而上、自上而下、反复对接、多次论证的办法，科学合理地确定全区草原禁牧区域，落实草畜平衡方案。经过多次修改论证，最终形成了《新疆落实草原生态保护补助奖励机制实施方案》，并通过了自治区草原生态保护补助奖励机制及定居兴牧工程建设领导小组会议审议。

按照国家的要求，新疆每年根据工作实际，适当调整修改年度实施方案，组织专家论证完善，报送自治区人民政府审批后，转发各地州市遵照执行，并报财政部、农业部备案。

4．加强培训，收集图件，开展牧户基础信息采集录入工作

2011年，新疆维吾尔自治区畜牧厅、财政厅多次与国土资源、测绘等部门协调，购买了自治区1∶100 000 0、地州1∶500 000、县级1∶250 000电子地形图，由自治区草原总站负责技术指导，积极组织各地（州）、县（市）进行信息上图工作，并先后举办了四期全区范围内以草原信息管理软件应用、天然草原合理载畜量核定、草原动态监理监测等为主要内容的技术培训班。畜牧厅、财政厅联合行文，全面启动草原生态保护补助奖励机制牧户基础信息采集录入工作。截至2015年年底，全区2015年度录入牧户信息14.447 7万户，核定牧户12.709万户，录入草原承包面积2 393.33万公顷，其中禁牧面积520万公顷，草畜平衡面积1 756.67万公顷。

5．深入调研，积极探索，推进草原确权承包和基本草原划定工作

2011年6月，畜牧厅组织召开了进一步推进草原确权承包工作专题会议，并组成调研组分赴伊犁州、博州、巴州、喀什地区等地州开展调研。根据调研情况，按照国家和自治区落实草原生态保护补助奖励机制工作的要求，重新设计了草原承包合同书，在广泛征求各方意见基础上，通过政府采购，印制了90万份汉、维、哈、蒙、柯五种文字对照的合同书，分发到各地（州）进行换发。2012年2月，畜牧厅又组织召开了全区草场确权承包工作座谈会，针对各地草场承包工作中出现的问题和困难，就加快草原承包工作进度、进一步规范草原承包管理和建立草原承包信息化管理进行了工作安排。2012年9月，自治区人民政府批转了《自治区推进草原确权承包和开展基本草原划定工作实施意见》，畜牧厅下发了《关于贯彻落实〈自治区推进草原确权承包和开展基本草原划定工作实施意见〉的通知》，对完善和推进草原确权承包和基本草原划定工作做了安排部署。2013年年初自治区又印发了《新疆维吾尔自治区基本草原划定技术规程》，对基本草原划定的原则、主要内容、技术路线做法做了全面规定。2015年在自治区党委农村工作会议、自治区畜牧兽医局长工作会议和自治区深入推进草原生态保护补助奖励机制及水源涵养区禁牧保护工作现场会上都对草原确权承包和基本草原

划定工作进行了安排督促。2015年5月，自治区草原总站组织在塔城市召开了全区人工种草现场会；2015年8月，自治区草原监理站组织在玛纳斯县召开了自治区推进草原确权承包及禁牧、草畜平衡工作现场会。

6. 强化管理，考核督查，全面确保工作落实到位

为了推进补奖机制实施，切实将政策落到实处，确保草原"禁得住"，牲畜"转得出"，监管"抓得实"，资金"用得好"，全区制定了《新疆维吾尔自治区落实草原生态保护补助奖励机制考核办法》和《新疆维吾尔自治区落实草原生态保护补助奖励机制考核标准及评分表》。自治区草原生态保护补助奖励机制及定居兴牧领导小组办公室每年组织督查组，按照地（州）不低于50%、县（市）不低于20%的抽查面进行督查，采取听汇报、召开座谈会、查看档案资料、实地检查、走访牧户等多种形式，详细检查了解各地补奖机制资金拨付、地方资金配套到位、资金发放到户、规范草原承包和落实政策工作措施，以及工作中存在的主要问题等情况。同时，从组织管理、基础性工作开展、资金管理及兑付、任务落实、保障措施五个方面对各地州补奖机制落实情况进行考核，有力地促进了补奖机制政策的落实。

自治区还建立了"自治区草原生态保护补助奖励机制及定居兴牧工程建设领导小组"信息专报制度，确定了各地州信息专报员，并利用QQ信息网建立了草原生态保护奖励补助机制工作群，加入各地信息员100余人；建立了草原生态保护补助奖励机制进展情况双月报制度，实时掌握各地工作进展情况。

自治区连续五年组织年度考核，按照考核成绩分配绩效资金，对工作突出的地州加大奖励政策，对考核成绩不合格的地州不予分配绩效资金。

7. 专题调研，深入探讨，推进草原畜牧业生产转型

为全面总结近年来畜牧业取得的成绩和经验，准确把握、深入分析实施补奖机制及开展草原畜牧业转型中出现的新情况、新问题，研究提出今后畜牧业发展的重点和措施，2012年8月，畜牧厅组织3个调研组分别对全区畜牧养殖业、草原畜牧业转型和奶业发展情况进行专题调研，深入全区12个地州农牧区、乡镇（场）和那拉提、巴音布鲁克、白石头等5处水源涵养地，与基层广大干部群众广泛接触和座谈讨论，了解当前各地发展草原畜牧业的新情况和新举措，提出了加快落实补奖机制和推进草原畜

牧业转型的一系列工作措施和建议。2012年10月，畜牧厅再次组织草原、畜牧经济专家组成调研组分赴南北疆，就草原保护政策性投入对牧民家庭生产生活影响进行调研，并提出了一系列政策建议。2013年6月，畜牧厅、财政厅组织4个工作组对天池、那拉提、巴音布鲁克等水源涵养区禁牧和所在地州草畜平衡达标情况进行了绩效评价和督导检查。各水源涵养区草原植被恢复明显，草原景观显著改善，为2013年6月新疆天山申遗成功做出了突出贡献。2013年8月底由新疆草原学会组织召开了《新疆草原畜牧业转型发展研讨会》，邀请了疆内外、自治区和各地州专家、学者100余人参加，对新疆草原畜牧业转型的方向、模式、面临的问题等进行了研讨。2014年4月自治区举办了两期草原畜牧业转型示范及牧民经济合作组织带头人能力培训班，牧民经济合作组织带头人共100余人参加了培训。

四、第一轮补奖机制政策实施的效果评估

（一）政策实施的生态效果评估

新疆补奖机制政策的实施，使草原生物多样性日趋丰富，牧区草原生态恢复明显加快，草原生态持续恶化的局面得到了有效遏制，补奖机制政策实施的生态效果初显。

1．草原植被恢复明显

根据监测资料显示，通过实施五年（2011—2015年）的补奖机制政策，新疆牧区大部分草原植被状况得到了初步改善，特别是禁牧区和退牧还草项目区植被恢复状况尤为突出，其中山地草甸、温性草甸草原类草地禁牧效果极为显著，鲜草产量分别比禁牧前提高了85%和99%以上；温性荒漠草原鲜草产量比禁牧前提高30%以上。2015年，全区天然草原牧草平均高度分别较上年同期增加3.5～5厘米，盖度增加了5～8个百分点，每亩鲜草产量增加了22～31.5千克。全区禁牧区牧草产量较2010年增加53%，草畜平衡区牧草产量较2010年增加20.21%，全疆暖季放牧场基本达到草畜平衡。其中吐鲁番市11.73万公顷骆驼刺天然草场长势喜人，多年不见的花开了，有结晶的蜜糖，并结出了多年不见的种子；乌鲁木齐市周边草场出现了多年未见的黄羊，动植物物种的多样性日趋丰富。

2．水源涵养区恢复效果初显

草原补奖机制政策落实过程中，以水源涵养区禁牧为切入点，以打造全国乃至世界知名的最美草原为目标，将新疆天池、巴音布鲁克、白石头、赛里木湖、喀纳斯、那拉提、喀拉峻和库尔德宁8处草原景区核心区列为水源涵养区实行禁牧保护。以那拉提水源涵养区为例，通过新源县国家级草原固定监测点对那拉提镇夏牧场监测数据与非工程区对比分析可知，草原植被盖度平均提高12%，高度平均提高30%，鲜草量

平均提高37%，可食畜草鲜草量平均提高35%（图2-1）。

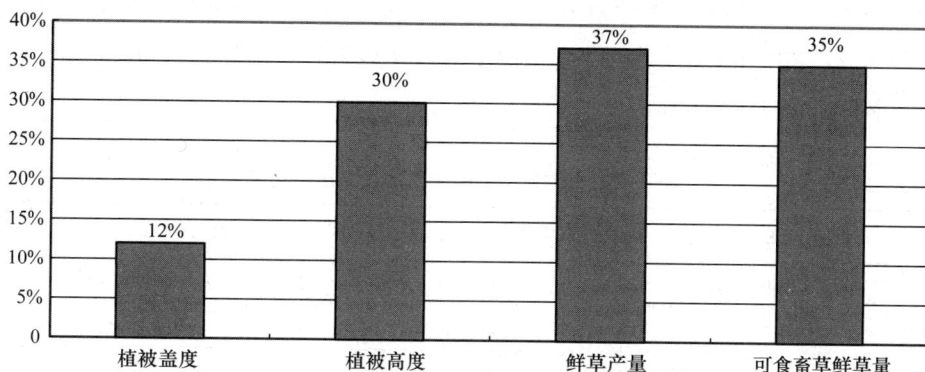

图2-1　2015年那拉提草原水源涵养区生态指标提高情况

3．人工饲草料面积不断增加

随着草原补奖机制政策的落实，新疆各地州市普遍加强了对人工种草的重视程度，多年生牧草种植力度明显加大。2015年新疆人工饲草料种植面积为83.33万公顷，较2010年增加44%；饲草饲料储备为3 402.6万吨，较2010年增加13.17%，其中饲草量为2 947.2万吨，单位面积产草量得到提升。19座自治区级和地州级防灾应急饲草料储备库储备饲草为1.4万吨、饲料为1.3万吨，应急饲草料供给能力得到增强。

（二）政策实施的经济效果评估

实践证明，草原补奖机制政策是草原牧区一项"强牧惠牧富牧"的政策，不仅使草原生态环境得到了保护和改善，而且为转变草原牧区牧民的生产生活方式、带动草原畜牧业发展、稳定和提高农牧民收入提供了强有力的支撑。

1．畜牧业提质增效显著

（1）牲畜出栏规模不断增加。2010—2015年牲畜存栏量在不断增加，2015年牲畜存栏为4 580.54万头（只），较2010年增加了1 030.35万头（只），增长率为29.02%；其中羊的存栏量增长速度最快，由2010年的3 013.37万头（只）增加到2015

的3 995.65万头（只），增长率为32.60%。同时，2010—2015年牲畜出栏量在不断提升；2015年牲畜出栏量为4 340.05万头（只），较2010年增加了841.53万头（只），增长率为24.05%；其中羊的出栏数量增长最大，2015年较2010年增加了496.84万头（只），增长率为16.86%（表2-21）。

表2-21　2010—2015年新疆牲畜出栏情况

年份	存栏量[万头（只）]	出栏量[万头（只）]
2010	3 550.19	3 498.52
2011	3 539.40	3 606.61
2012	4 067.82	3 737.30
2013	4 228.14	3 862.06
2014	4 459.86	41 29.92
2015	4 580.54	4 340.05

资料来源：《2016年新疆统计年鉴》。

（2）肉类产品产量有效提升。2015年牲畜肉产品产量较2010年有大幅度增加，由2010年的87.87万吨，增加到2015年的102.64万吨，增加了14.77万吨，增长率为16.81%；其中，羊肉的增幅较大，增长了18.06%（表2-22）。

表2-22　2010—2015年新疆牲畜肉产品产量

单位：万吨

年份	羊肉	牛肉	马肉	骆驼肉	合计
2010	46.95	35.47	4.67	0.78	87.87
2011	46.40	33.80	4.86	0.73	85.79
2012	48.01	36.16	4.96	0.80	89.93
2013	49.71	37.82	5.04	0.79	93.36
2014	53.61	39.16	5.58	0.87	99.22
2015	55.43	40.45	5.87	0.89	102.64

资料来源：《2016年新疆统计年鉴》。

（3）畜牧业产值平稳提高。2010—2015年畜牧业产值在不断增加，畜牧业快速发展。2015年牧业产值为649.51亿元，占农林牧业服务业总产值的23.16%，较2010年牧业产值增加了273.72亿元，增长率为72.84%（表2-23）。

表2-23　2010—2015年新疆畜牧业产值状况

年份	农林牧渔服务业 总产值（万元）	牧业产值（万元）	牧业产值占农林牧渔 总产值比重（%）
2010	18 461 828	3 757 905	20.35
2011	19 553 884	4 150 000	21.22
2012	22 756 726	4 853 719	21.33
2013	25 388 809	6 041 994	23.80
2014	27 440 062	6 511 994	23.73
2015	28 044 163	6 495 094	23.16

资料来源：《2016年新疆统计年鉴》。

2. 农牧民增收效果明显

（1）农牧民政策性收入增长明显。草原补奖机制政策的一个重要内容就是生态保护补助资金的支持，资金末端发放到户，到户的结果就是直接增加了农牧民收入，具体表现在转移性收入指标上。政策性收入在改变家庭收入结构、增加家庭收入方面起到了重要作用，是牧民提高生活水平的一个重要收入来源。通过图2-2可以看出，全疆农村居民家庭人均年总收入中转移性收入由2010年的329元增长到2015年的1 687元，增长了1 358元，年均增长38.67%，其占全年总收入的比重也由2010年的7.08%提升到2015年的17.90%（图2-2）。

2011—2015年，新疆累计发放草原生态保护补助奖励资金95.35亿元（19.07亿元/年），涉及农牧民31.45万户（含牧民生产资料综合补贴27.5064万户在内），牧户年均草原补奖收入6 064元。经定点调查统计，新疆以草原生态保护补助奖励收入平均占到牧民人均收入的13%以上。以塔城地区7个县市调研数据来看，草原补奖收入占人均收入比重的平均值为28.57%，其中最低为11.49%，最高为48.53%，草原补奖资金对牧民收入影响明显（图2-3）。

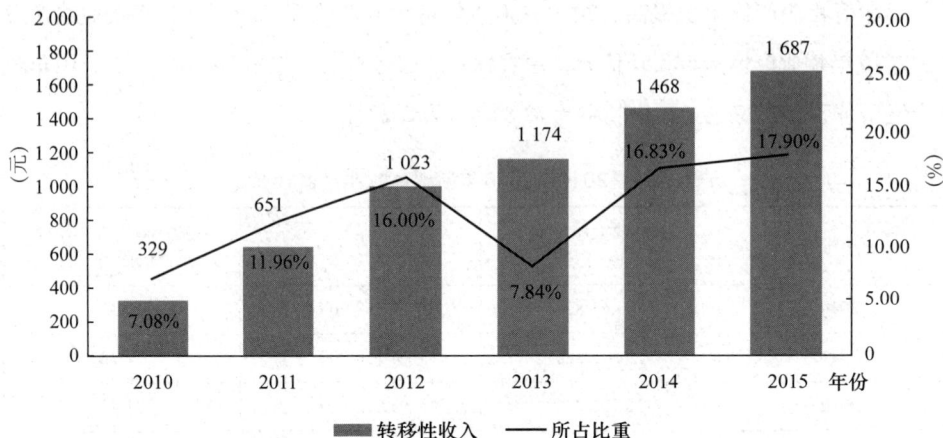

图 2-2　2010—2015 年新疆农村居民家庭转移性收入变化情况

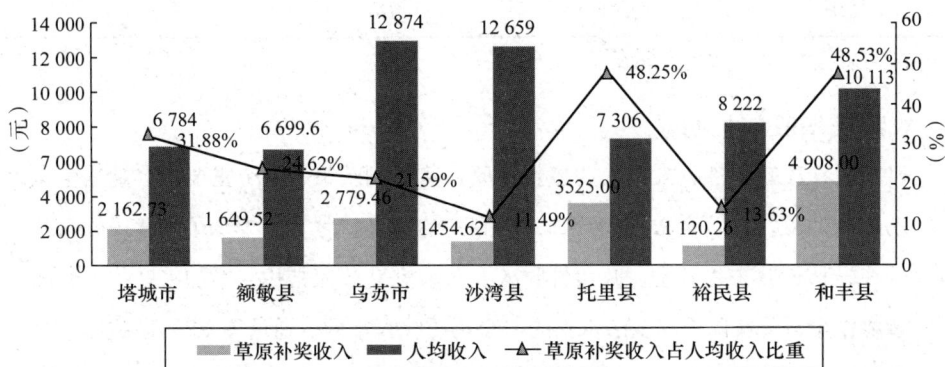

资料来源：根据塔城地区实地调研样本整理所得。

图 2-3　塔城地区样本户牧民草原补奖收入与人均收入情况

（2）农牧民非农牧业收入来源拓宽。调研中发现，随着草原补奖机制影响的深入，一部分牧民（中青年群体）观念上不再愿意从事畜牧业，尤其是传统的四季游牧畜牧业；另一部分牧民基于旅游产业的发展，围绕草原旅游业的产业链扩展，开始从事与之相关的牧家乐等经营性行业，牧民的就业方向和生产方式发生了转变，拓宽了牧民就业渠道，丰富了牧民多元化增收途径。调研结果表明，样本区牧民从事不同行业增收状况不一，其中家政服务的增收贡献率为 9%、特色餐饮的增收贡献率为 27%、农机维修的增收贡献率为17%、汽车驾驶的增收贡献率为11%、工矿企业的增收贡献率为24%、其他增收贡献率为12%（图2-4）。

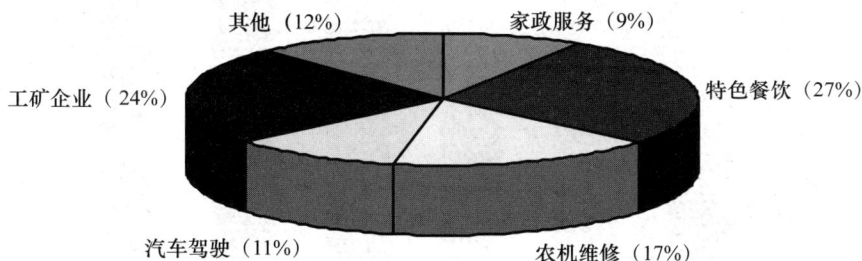

资料来源：根据实地调研样本整理所得。

图2-4　牧民非牧业增收贡献情况

（3）部分农牧民工资性收入增加。为了扎实落实禁牧和草畜平衡措施，新疆各地州市成立了配套的草原管护员队伍。以喀什地区叶城县为例，该县从山区农牧民中聘用村级草原管护员60人，具体负责巡查监督草场禁牧和草畜平衡的实施。对管护员实行分片包干，分组管理，每组2～3名管护员，每组设组长1名。村级草原管护员工作补助费按照职责分工有所区别的原则，组长1 200元/月，一般管护员1 000元/月。村级草原管护员从当地农牧民中聘用人员组建，不仅充分发挥农牧民的主人翁意识和主体作用，也增加了农牧民的总体收入。

3．农牧民消费能力不断提升

调查中发现，草原补奖资金通过"一卡通"或"现金"方式发放给牧户，大部分县（市）是牧民自主安排使用这部分资金，相当于增加了牧民的纯收入，提升了牧民的消费水平。从图2-5可知，2010—2015年农牧民家庭人均生活消费支出由2010年的3 458.14元增加到2015年的7 697.95元，增长了4 239.81元。2011年实施政策后，当年生活性消费支出增长27.17%，高出政策实施前2010年近10个百分点，政策实施的五年内，消费性支出平均增长率17.53%。草原补奖资金的增加，促进了牧民优化和改进畜牧业生产条件，加快购置牧业机械设备，增加了良种引进和牧草生产，短期内降低了生活消费比重。但后续经营支出稳定到一定水平后，效益发挥传动，又将会带动和增加生活消费支出比重。

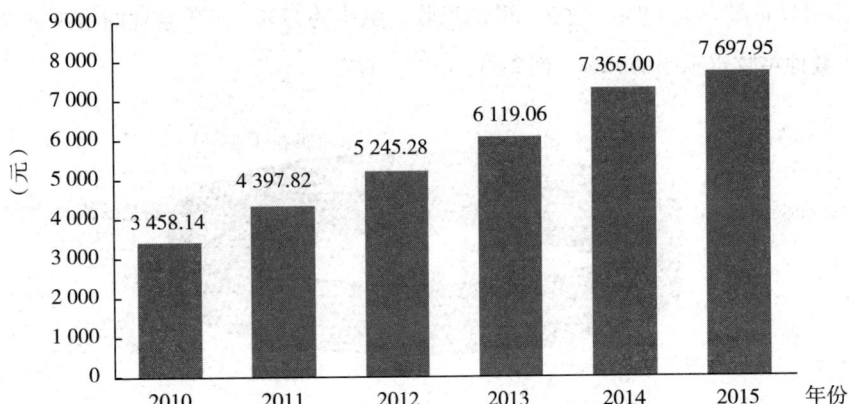

图2-5　2010—2015年农牧民家庭人均生活消费支出变化

4．南北疆收入差距稳步缩小

草原补奖机制政策在新疆的南疆地区和北疆地区的补助资金由于天然草原面积的不同，有一定的差异，但是草原补奖资金对南北疆牧民收入的贡献程度较大，在牧民家庭纯收入和人均纯收入中占一定的比重。通过实地调查发现，北疆地区补奖总金额、户均金额和人均金额的绝对值均高于南疆地区，其中，北疆地区的补奖总金额比南疆地区多54.85万元，北疆户均补助金额比南疆多0.24万元，人均补助金额比南疆多0.08万元；但相反，在补奖收入所占家庭纯收入比重方面，南疆地区全部高于北疆地区，南疆地区补奖总金额占总的纯收入的比重为15.96%，北疆地区为5.77%；南疆地区户均补奖收入占家庭纯收入的比重为15.95%，北疆地区为11.75%；南疆地区人均补奖收入占人均纯收入的比重为15.15%，北疆地区为12.08%（表2-24）。这说明，补奖收入

表2-24　南北疆样本户补奖收入及家庭纯收入情况

项目	总金额（万元）		户均（万元/户）		人均（万元/人）	
	北疆	南疆	北疆	南疆	北疆	南疆
草补收入	150.42	95.57	0.76	0.52	0.18	0.10
纯收入	2 604.83	598.72	6.47	3.26	1.49	0.66
草补收入占纯收入的比重	5.77%	15.96%	11.75%	15.95%	12.08%	15.15%

资料来源：调研数据整理所得。

对于南疆地区牧民生活收入构成和变动的影响较北疆地区明显。某种程度上说，南北疆地区的收入差距开始缩小，宏观上平衡了南北疆地区整体家庭纯收入格局和收入净增量。

（三）政策实施的社会效果评估

草原补奖机制政策的实施，对新疆草原合理利用、产业结构调整、畜牧业生产方式和经营模式转变具有较强的推动作用。

1. 区域产业发展环境不断改善

草原补奖机制政策实施以来，生态环境的改变使得牧民的生产生活环境得以改善。伊犁州新源县依托新疆草原文化打造了全疆第一个以民俗旅游为主的哈萨克第一村——阿拉善村。在水源涵养区实施禁牧，在植被恢复、景观提升、草原利用方式和牧民增收等方面成效显著，并且有力地推进了"天山申遗"工作。2013年6月21日，在柬埔寨金边举行的第37届世界遗产大会上，"新疆天山"被成功列入世界自然遗产名录，水源涵养地的禁牧区巴音布鲁克、那拉提、天池和喀拉峻—库尔德宁等也名列其中。2010—2015年，新疆国家级自然保护区由9个增加到11个，4A级景区不断增加；以草原生态保护和现代畜牧业发展为基础，"草原+""现代畜牧业+""生态+"等模式下促进一、二、三产业融合，新业态、新动能不断提升，乡村农牧业旅游、美丽乡村、农牧故居等特色绿色产业不断兴起，生态人文环境得到持续改善。

2. 畜牧业生产方式持续转变

草原补奖机制政策的实施，按照"禁牧不禁养、减畜不减收、减畜不减肉"的要求，各地积极推行暖季放牧、冷季舍饲，农牧结合、种养结合，优化畜牧业结构，大力推进标准化、规模化养殖，牧民的生产方式发生了变化。有利于饲草的转化利用和牲畜生长，对增加畜产品数量、提高畜产品质量、发展绿色生态畜牧业、满足日益增长的人民生活水平需要起到积极作用。2011—2015年全区新建牲畜棚圈1 022.8万米²；草原牧区牛羊饲养总量较2010年增加3.02%；舍饲半舍饲比例超过65%，较2010年提高20余个百分点；年出栏50头牛和100只羊的规模化比重占32%，较2010年提高15个百分点；人工饲草料种植面积1 250万亩，较2010年增加44个百分点。

同时，家庭承包责任制进一步完善，草场流动更加频繁，草原资源的合理利用与经济协调发展不断深入，把草原生产经营、保护与建设的责任落实到户。大力推行舍饲圈养，以中央投资带动地方和个人投资。由于牧民养殖规模受到限制，有些牧民承包的草原发生了流转，自己则从事牲畜育肥或务工等获取收入；在典型调查中，了解到2010年、2013年、2015年，分别有6.27%、37.59%、48.97%的牧民把自家草场租赁给养殖大户或合作社。草场租赁情况详见图2-6。

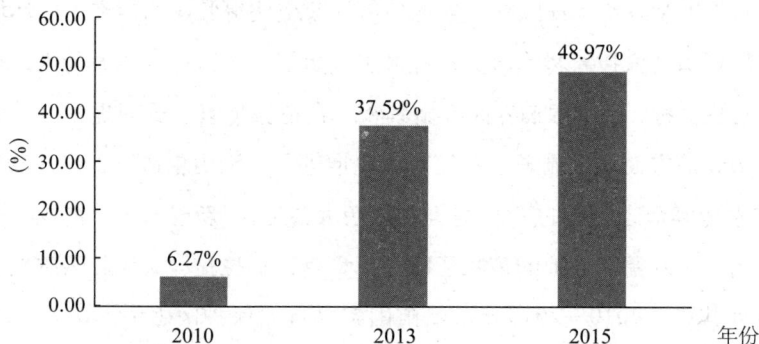

图2-6　草原补奖机制政策实施前后牧民草场租赁情况变化

3．农牧民就业观念有效提升

受人力资本存量和职业技能的制约，大多数牧民选择就近转移。牧民劳动力从畜牧业向城市非农牧产业转移，相当于要实现不同行业和职业层次上的人力资本跳跃。一般而言，农牧业作为第一产业和传统产业，相对人力资本要求较低；第二产业或第三产业，对人力资本要求较高，如果没有较高的职业技能或较好的人力资本存量，则转移或分流到非农行业就要付出很高的代价或机会成本，甚至面临各种各样的市场风险和社会风险等。这就导致大多数牧民为了降低机会成本或生活成本，减少不确定的风险而选择离家较近的地方就业。

（1）转移就业意愿变化。伴随着草原补奖机制政策的落实，一部分牧民的牧业收入增量较明显，由于减畜措施的实施使得牧民的牲畜养殖数量减少，因此，牧民将自己的牲畜代牧，自己出去务工或者务农。在典型调查样本中，18 ~ 45岁之间的牧民中有93%愿意外出务工，绝大多数的青壮年牧民倾向于放弃养殖业转向其他行业，选择放弃养殖业的原因是畜牧业的组织化、机械化、智能化水平越来越高，单位人员养殖规模变大，释放劳动力表现越发明显，同时务工收入通常要比牲畜养殖销售赚钱多，有更好的客观收益回报；但45岁以上的牧民大多数愿意继续从事畜牧业养殖（图2-7）。

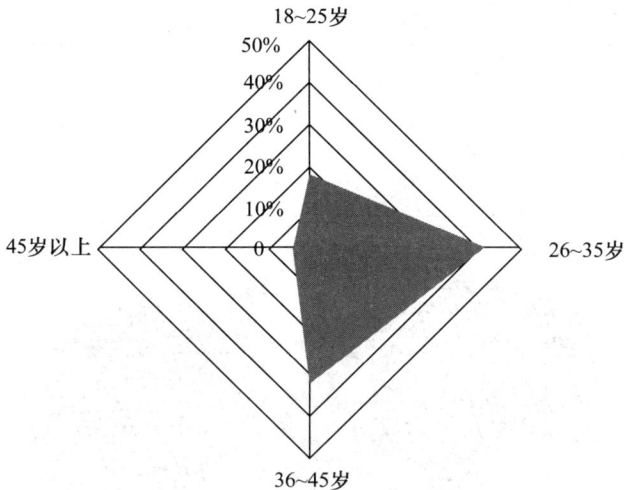

图2-7　样本区18岁以上牧民就业方向转移意愿百分比

（2）转移就业区域变化。牧民劳动力就业转移主要针对无草无畜户、有草无畜户和有草少畜户；大多数牧民选择在本乡或本村打零工，并且这部分劳动力中有部分人还从事牲畜养殖，并在本地兼职打零工；从事牲畜养殖的劳动力占劳动力总数的69.80%，其中兼职打零工的人数占从事牲畜养殖人数的42.21%；长期务工人员较少，其中，县内务工人员占劳动力总数的23.34%，县外务工人员占劳动力总数的5.70%，省外务工人员占劳动力总数的1.16%；详见表2-25和图2-8。

表2-25 2013年样本户劳动力从业状况

序号	类型	从业人数（人）	占总劳动力比例（%）
1	从事牲畜养殖	661	69.80
1.1	兼职打零工	279	42.21
2	县内务工	221	23.34
3	县外务工	54	5.70
4	省外务工	11	1.16
	合计	947	100

资料来源：调研资料整理。

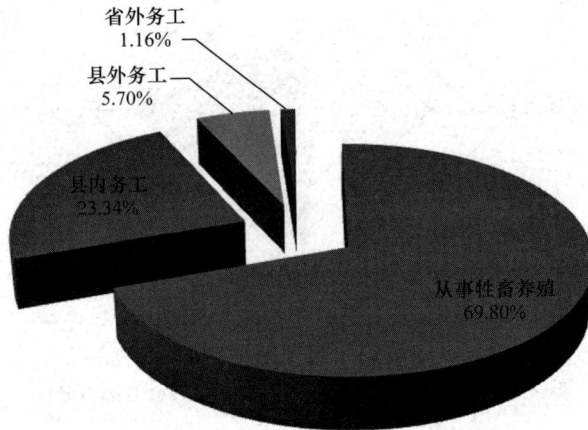

图2-8 样本户劳动力转移区域从业比例状况

4．牧民就业渠道得到拓展

草原补奖机制政策和牧民定居工程等项目的实施，使一部分定居牧民离开了畜牧业，但是牧民缺乏就业的能力，大多数牧民无法转移；因此，政府出台相关政策，免费为牧民进行技能培训。牧民定居后，女性处于半定居状态，冬季基本不上山放牧。这些牧民主要参加政府开办的技能培训班，参加培训的人次占劳动力总人数的58.82%（表2-26）。新疆塔城地区引导牧民进工业园区、养殖基地、养殖小区工作，同时，鼓励牧民参加家政服务、特色餐饮、农机维修、汽车驾驶等工种的技能培训，发展具有民族传统特色的烹饪、手工艺品制作、畜产品加工等二、三产业就业岗位。

表2-26　典型区样本户技能培训统计

培训种类	培训人数（人次）		
	合计	男	女
电焊工	90	90	0
动物防疫	347	312	35
服装缝纫工，刺绣	56	0	56
厨师	64	0	64
合计	557	402	155

资料来源：调研资料整理。

5. 牧民组织化程度不断提高

草原补奖机制政策的实施，使得牧民的观念发生着变化。牧民在禁牧与草畜平衡政策的约束下，大多数牧民需要减畜才能实现草畜平衡；要达到牧民"减畜不减收"的目的，有些牧民积极成立并加入合作社组织。近几年，养殖合作社不断增加，牧民的组织化程度不断加强。2010—2015年，新疆成立的合作社总数由2010年的3 652个增加到2015年的20 960个，年均增长41.83%，其中畜牧业合作社数量由2010年的1 140个增加到2015年的9 680个，畜牧业合作社规模增速较快；2015年畜牧业合作社数量所占比重为46.18%，较2010年增长11.56个百分点，在农林牧副渔业合作社规模中最为突出，农牧民养殖的组织化程度提高明显（图2-9）。

同时，合作社的市场化服务能力不断增强，地（州、市）产供销一体化服务的合作社占当地合作社总数的比重已接近50%，部分地区如哈密市、吐鲁番市、巴州分别高达96.1%、78.5%和56.7%。

	种植业	畜牧业	林业	服务业	渔业
■合作社数量（个）	5 468	9 680	2 232	1 697	137
■所占比重（%）	26.10	46.20	10.60	8.10	0.70

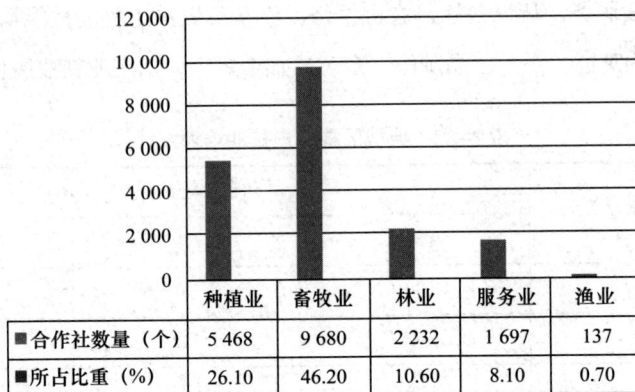

图2-9　2015年新疆农林牧副渔业合作社数量情况

五、第一轮补奖机制政策实施的生态-经济-社会效益综合评价

根据农业部、财政部《关于2011年草原生态保护补助奖励机制政策实施的指导意见》（农财发〔2011〕85号）的要求，第一轮补奖机制政策实施的目标内容为：草原禁牧休牧轮牧和草畜平衡制度全面推行，全国草原生态总体恶化的趋势得到遏制。牧区畜牧业发展方式加快转变，牧区经济可持续发展能力稳步增强。牧民增收渠道不断拓宽，牧民收入水平稳定提高。草原生态安全屏障初步建立，牧区人与自然和谐发展的局面基本形成。显然，在单一考虑政策实施所产生的生态、经济和社会效益的同时，还需进一步考量三者之间的协调发展问题。通过构建生态-经济-社会效益耦合协调模型，来量化评估政策实施前后的具体变化。

（一）基本思路与原则

草原生态补奖机制政策的评价必须要有一套明确的量化指标，指标体系的建立是生态补奖机制政策效果评价的核心部分，是关系评价结果可信度的关键因素。构建科学合理的评价指标体系应遵循科学性、系统性、综合性、层次性、区域性、动态性基本原则。

1. 科学性原则

草地资源环境承载力评价指标体系必须遵循经济规律和生态规律，采用科学的方法和手段，确立的指标必须是能够通过观察、测试、评议等方式得出明确结论的定性或定量指标，结合资源环境承载力定量和定性调查研究，指标体系较为客观和真实地反映所研究系统发展演化的状态，从不同角度和侧面进行资源环境承载力衡量，都应坚持科学发展的原则，统筹兼顾，指标体系过大或过小都不利于做出正确的评价，因此，必须以科学的态度

选取指标，把握科学发展规律，提高发展质量和效益，以便真实有效地做出评价。

2．系统性原则

草地资源环境系统是现代资源环境观最核心的观点。"系统性"要求国土规划中坚持全局意识、整体观念，把资源环境看成人与自然这个大系统中的一个子系统来对待，指标体系要综合反映区域资源环境系统中各子系统、各要素相互作用的方式、强度和方向等各方面的内容，是一个受多种因素相互作用、相互制约的系统量。因此，必须把资源环境视为一个系统问题，并基于多因素来进行综合评估。

3．综合性原则

任何整体都是由一些要素综合而成，生态保护作为一项系统性、综合性极强的工作，是由资源、环境、经济、社会等多种要素构成的综合体，这些要素与多种结构联系、领域交叉、跨学科综合，仅仅根据某一单一要素进行分析判断，很可能做出不正确甚至错误的判断，应综合平衡各要素，考虑周全、统筹兼顾，通过多参数、多标准、多尺度分析、衡量，从整体的联系出发，注重多因素的综合性分析，求得一个最佳的综合效果。

4．层次性原则

层次性是指指标体系自身的多重性。由于政策本身涵盖及衍生内容的多层次性，指标体系也是由多层次结构组成，反映出各层次的特征。同时各个要素相互联系构成一个有机整体，政策实施效应是多层次、多因素综合影响和作用的结果，评价体系也应具有层次性，能从不同方面、不同层次反映政策实施结果的实际情况。一是应选择一些指标从整体层次上把握评价目标的协调程度，以保证评价的全面性和可信度。二是在指标设置上按照指标间的层次递进关系，尽可能体现层次分明，通过一定的梯度，能准确反映指标间的支配关系，充分落实分层次评价原则，这样既能消除指标间的相容性，又能保证指标体系的全面性、科学性。

5．区域性原则

任何区域系统的结构都是一致的，构建的指标体系应在不同区域间具有相同的结构。不同区域实施同一政策，在空间、时间上具有较大的差异性，这种差异很大程度上决定了区域间在资源环境承载力上的不同，建立指标体系时应包含反映这种区域特色的指标。在评价中要坚持区域性原则，因为统一的标准衡量区域之间资源环境承载力难以充分发挥各地优势，达到资源的节约集约利用，以及环境的有效保护。即使在相同层次的指标体系中，指标体系也应尽可能反映区域间的差异。

6．动态性原则

整体性的相互联系是在动态中表现出来的。作为现实存在的系统、联系和有序性是变化的，不变的东西是不存在的。资源环境系统是一种地域性很强的系统，自然资源系统由于自身动因和人的作用在发生着变化，资源环境因子限值不断被打破，资源环境承载力就是一个动态发展的变量，由于影响区域和经济社会发展的因素始终随时间及周围条件的变化而随机变化，并具有非线性变化规律，评价指标应反映出评价目标的动态性特点，作为反映系统特征的指标体系需因地制宜地反映这种动态性变化。

（二）体系构建与指标解释

评估的指标设计：根据草原补奖机制政策内容、落实补奖机制政策采取的措施及政策实施后所产生的效益三个层面进行评价指标设计，其中补奖机制政策内容涉及的指标有8个，政策落实采取的措施涉及的指标6个，政策实施后所产生的效益涉及的指标13个；详见表2-27。

表2-27　新疆补奖机制政策落实效益评估指标表

一级	二级	指标层	单位
第一轮补奖机制政策效益评估	生态效益	鲜草产量	万吨
		Ⅰ～Ⅲ类优良水质湖库所占比重	%
		国家级自然保护区面积	万千米^2
		国家级自然保护区数量	个
		草原生物灾害防治发生面积	万公顷
	经济效益	畜牧业产值	亿元
		牲畜出栏规模	万头（只）
		肉类总产量	万吨

（续）

一级	二级	指标层	单位
第一轮补奖机制政策效益评估	经济效益	农牧民可支配收入	元
		农牧民家庭人均消费支出	元
	社会效益	玉米产量	万吨
		苜蓿产量	万吨
		饲草料储备量	万吨
		畜禽标准化养殖示范场	个
		畜牧业合作社数量	个

（三）耦合协调度评价模型

1. 子系统评价模型

结合选取的指标和相关研究成果，用极值法对原始指标数据进行无量纲化，再结合权重来计算新疆草原补奖政策产生的经济-生态-社会系统子系统效益评价函数模型：

$$
\begin{cases}
J = \sum_{j=1}^{n} \beta_j j_j \\
E = \sum_{j=1}^{n} \delta_j e_j \\
S = \sum_{j=1}^{n} \mu_j s_j
\end{cases}
\tag{2-1}
$$

式中，J、E、S分别代表经济、生态、社会系统子系统评价函数指数；β_j、δ_j、μ_j分别代表各指标权重；j_j、e_j、s_j分别表示经济、生态、社会系统子系统各评价指标的无量纲化值。

对于指标权重的确定，通过主观和客观权重综合，这样既可以防止主观赋权的人为主观性，同时也可以避免完全按照指标数据信息熵值导致的个别指标权重过大。基于此，主观上通过层次分析法（AHP）来确定，客观上通过熵值法来确定，最终指标权重取其二者平均值。层次分析法是把复杂问题分解成各个组成因素，又将这些因素按支配关系分组形成递阶层次结构。熵权法是一种客观赋权法，先将实际指标按照比重法转换成评价指标，计算式为：

$$p_{ij} = x_{ij} / \sum_{i=1}^{n} x_{ij} \qquad (2\text{-}2)$$

则第 j 项指标的熵值 E_j 为：

$$E_j = -K \sum_{i=1}^{n} p_{ij} \ln(p_{ij}) \qquad (2\text{-}3)$$

式中，$K>0$，$K=1/\ln(n)$，$0 \leqslant E_j < 1$，第 j 项指标的权重为：

$$W_j = d_j / \sum_{j=1}^{n} d_j \qquad (2\text{-}4)$$

式中，$d_j = 1 - E_j$，为指标 x_j 的差异系数。

2. 耦合、协调度模型及评价标准

耦合是指2个或2个以上的体系或运动形式通过各种相互作用而彼此影响的现象。因此，借鉴容量耦合概念和容量耦合系数模型，构建经济-生态-社会系统耦合模型：

$$R_\theta = \left\{ \frac{J \times E \times S}{[J + E + S]^4} \right\}^{1/4} \qquad (2\text{-}5)$$

耦合度仅反映经济、生态、社会系统之间相互作用的程度大小，却难以反映相互作用协调水平的高低。因此，需引进耦合协调度模型来更好地评判各子系统交互耦合的协调程度，其公式为：

$$\begin{cases} D_\theta = \sqrt{R_\theta \times T_\theta} \\ T_\theta = bJ + cE + dS \end{cases} \qquad (2\text{-}6)$$

式中，D_θ 为耦合协调度；R_θ 为耦合度；T_θ 为经济、生态、社会系统综合评价指数；b、c、d 为各耦合系待定系数，在子系统耦合协调时，二系统基于子系统同等重要性，取 $b=c=d=0.5$；三系统交互耦合协调时，认为生态系统是政策主要目标，其余二系统是次要实现目标，取 $d=0.4$，$b=c=0.3$。为了更好地解析三大系统之间不同耦合、耦合协调发展关系和所处阶段，在借鉴已有的研究成果和结合本研究基础之上，将耦合、协调度评价等级划分为四等，其得分值域和评价结果见表2-28。

表2-28　耦合、协调度评价等级标准

协调度值域	耦合协调度
(0.8，1]	良好协调型
(0.5，0.8]	中度协调型
(0.3，0.5]	勉强协调型
(0，0.3]	失调衰退型

（四）评价结果分析

1．系统效益指数变化特征

从新疆2010—2015年经济、生态和社会子系统效益变化整体趋势上来看，经济系统和生态系统一直呈现上升态势，其中经济系统效益大跨步式提升，生态系统呈现稳步温和提升态势；社会系统呈现提升－下降－提升的特征，拐点出现在2013年（表2-29）。从政策实施前后看，2011年开始各系统效益提升很高，其中生态系统提高最多、提升0.340，社会系统次之、提升0.231，经济系统最少、提升0.159。经济快速增长、民生大力提升、生态着力改善，这些变化与新疆第一轮草原补奖机制政策的实施和创新密不可分，各项子系统效益指数提升趋势明显。

2．系统协调性变化特征

从整体上看，2010—2015年，双系统和三系统协调度呈现上升趋稳态势（表2-30）。2011年政策实施第一年后，其各系统协调度得分急速提升，其中生态－经济系统提升0.217，生态－社会系统提升0.255，经济－社会系统提升0.243，生态－经济－社会系统提升0.215，效果显著。5年来，双系统和三系统的协调度平均值分别为0.616、0.613、0.605、0.468，显然，双系统协调度均值 $D_\theta \in$ （0.3，0.5]，系统处于中度协调的耦合阶段，三系统协调度均值 $D_\theta \in$ （0.3，0.5]，属于勉强协调型。说明系统在发展过程中内部要素之间彼此和谐一致的程度较好，系统由无序走向有序的趋势明显，但同时，随着耦合协调系统层级的增加，要素之间的协调性水平下降，需要进一步优化三系统之间的协调发展。

表2-29 2010—2015年新疆经济、生态和社会子系统效益得分

年份	经济系统	生态系统	社会系统
2010年	0.015	0.053	0.009
2011年	0.174	0.393	0.240
2012年	0.393	0.584	0.519
2013年	0.651	0.608	0.454
2014年	0.898	0.674	0.626
2015年	0.998	0.867	0.984

表2-30 2010—2015年新疆经济-生态-社会系统协调度得分

年份	双系统			三系统
	生态-经济	生态-社会	经济-社会	生态-经济-社会
2010	0.289	0.272	0.232	0.138
2011	0.506	0.527	0.475	0.353
2012	0.588	0.609	0.580	0.446
2013	0.630	0.602	0.607	0.467
2014	0.664	0.635	0.658	0.509
2015	0.695	0.693	0.706	0.563

六、第一轮补奖机制政策对牧业家庭的影响分析

（一）新疆典型牧户基本信息统计分析

1. 牧户的人口状况

在选取牧户样本时，主要以有草场、牲畜、享受草原补奖资金的牧户为样本户。北疆地区调研县（市）18个，获取有效样本牧户196户；南疆地区调研县（市）14个，获取有效样本牧户183户。从下表2-31可以看出，南疆地区样本牧户户均人口为5人，略高于北疆地区的4人；南疆地区样本牧户户均劳动力3人，明显高于北疆2人，这与当地居民受教育程度及区域经济发展差异状况等因素有关。

表2-31 样本户人口状况

项目	北疆地区		南疆地区	
	数量（人/户）	户均（人）	数量（人/户）	户均（人）
户数	196	—	183	—
人口数	848	4	892	5
其中：男性	396	2	473	3
女性	452	2	419	2
劳动力人数	372	2	575	3

资料来源：调查数据。

2. 牧民畜牧业发展基础设施状况

新疆草原补奖机制政策资金对牧民的定居和配套设施建设起到了很大的推动作用。北疆地区样本户的户均住房面积和户均棚圈面积均略大于南疆地区。近年来，随着牧

民定居工程和草原补奖机制政策的实施，牧民的住房、牲畜棚圈和饲草料棚等生产设施有了较大改善，尤其在南疆地区特别明显（表2-32）。

表2-32　样本户住房及生产用房拥有状况

项目	北疆地区			南疆地区		
	数量 （米²）	户均 （米²/户）	人均 （米²/人）	数量 （米²）	户均 （米²/户）	人均 （米²/人）
住房面积	23 900	121.94	28.18	16 800	91.8	18.83
棚圈面积	34 940	178.27	41.2	18 057	98.67	20.26
饲草料棚面积	2 280	11.63	2.69	4 685	25.6	5.25

资料来源：调查数据。

3. 牧民草地资源状况

从调研数据可以看出，样本户拥有133.33～333.33公顷天然草场数量的户数较多，占样本总户数的83.6%；北疆地区样本牧户的户均天然草场面积172.01公顷，其中，草畜平衡面积108.60公顷，禁牧面积63.40公顷；南疆地区样本牧户的户均天然草场面积129.47公顷，其中，草畜平衡面积90.97公顷，禁牧面积38.49公顷（表2-33）。由于自然资源禀赋的影响，样本户中天然草场面积拥有量最大的为2 533.33公顷，最小的为

表2-33　样本户草场资源拥有状况

项目	北疆地区			南疆地区		
	数量 （公顷）	户均 （公顷/户）	人均 （公顷/人）	数量 （公顷）	户均 （公顷/户）	人均 （公顷/人）
天然草场面积	33 713.34	172.01	39.76	23 692.52	129.47	26.58
划入"草畜平衡"面积	21 286.04	108.60	25.10	16 648.37	90.97	18.68
划入"禁牧"面积	12 427.30	63.40	14.65	6 800.16	38.49	7.63
打草场面积	189.60	0.97	0.22	111.39	0.61	0.12
耕地和人工饲草料地面积	835.20	4.26	0.98	151.04	0.83	0.17

资料来源：调查数据。

1公顷。相对于天然草场面积，样本户的打草场面积、人工饲草料地面积、耕地面积均较小，北疆地区户均5.23公顷，南疆地区户均1.43公顷，北疆地区是南疆地区的3.66倍。打草场和人工饲草料地为实施草畜平衡、禁牧下牲畜的安置提供了缓冲空间，但受其本身的人工草地和打草场面积及产量影响，其自有的调节能力非常有限。

4．牧民牲畜养殖情况

北疆地区样本户的牲畜养殖存栏规模主要集中在1～500只，其中，规模在1～30只的占20.41%，规模在31～100只的占31.12%，101～300只的占22.45%，301～500只的占18.37%。南疆地区样本户的牲畜养殖存栏规模主要集中在300只以下，占到91.8%。另外，规模在1 000只以上的，北疆地区样本户共2户，而南疆地区没有。根据上述数据可以看出，北疆地区的户均牲畜养殖规模明显大于南疆地区，尤其是规模大于300只的牧户，占到24.49%，远高于南疆地区的8.2%（表2-34）；说明北疆地区已有相当一部分牧户正在向规模化养殖转变，南疆地区仍以一家一户的散养为主，这与南北疆的天然草场资源状况、科学养殖技术及饲草料来源、价格等有关。

表2-34 样本户牲畜存栏分类状况

按牲畜存栏数分类	北疆地区		南疆地区	
	户数（户）	占比重（%）	户数（户）	占比重（%）
0	3	1.53	4	2.19
1～30只	40	20.41	42	22.95
31～100只	61	31.12	83	45.36
101－300只	44	22.45	39	21.31
301～500只	36	18.37	11	6.01
501～1 000只	10	5.10	4	2.19
1 000只以上	2	1.02	0	0
合计	196	100	183	100

资料来源：调查数据。

5．牧民牲畜养殖结构状况

通过调研可知，北疆地区和南疆地区的畜群结构基本相同，都是以肉羊养殖为主，但在规模上存在明显的差别。北疆地区样本户的户均牲畜年底存栏量为153只（头），南疆地区样本户的户均牲畜年底存栏量为90只（头）。仅从户均数量比较而言，北疆地区样本户户均肉羊存栏量为134只，南疆地区样本户户均肉羊存栏量为82只，北疆地区是南疆地区的1.63倍（表2-35）。

表2-35　样本户牲畜年底存栏状况

项目	北疆地区		南疆地区	
	数量 （只/头/匹）	户均 （单位/户）	数量 （只/头/匹）	户均 （单位/户）
肉羊	26 196	134	15 045	82
牛	3 016	15	1 098	6
马	532	3	146	1
其他	110	1	201	1
合计	29 854	153	16 490	90

资料来源：调查数据。

（二）政策实施对牧业家庭生产生活的影响分析

1．牧业家庭生活环境改善

草原补奖机制政策的实施，改善了草原生态环境，恢复了部分草原生态保护功能，改善了牧民的生产环境。根据监测资料显示：通过五年的补奖机制政策实施，新疆主要牧区大部分草原植被状况得到了初步改善，特别是禁牧区和退牧还草项目区植被恢复状况尤为突出。2015年，天然草原牧草平均高度分别较上年同期增加3.5～5厘米，盖度增加了5～8个百分点，每亩鲜草产量增加了22～31.5千克。2015年禁牧区牧草产量较2010年增加53%，草畜平衡区牧草产量较2010年增加20.21%，新疆夏季牧场基本达到了草畜平衡。吐鲁番市11.73万公顷天然草场上的骆驼刺长势喜人，多年不见的花开了，有结晶的蜜糖，并结出了多年不见的种子；乌鲁木齐市周边草场出现了多年未见的黄羊。

2015年全区人工饲草料种植面积83.33万公顷，较2010年增加44个百分点。结合游牧民定居、退牧还草工程和草原畜牧业转型示范工程建设，2011—2015年新疆新建牲畜棚圈1 022.8万米^2；2015年年底草原牧区牛羊饲养总量达到4 400万羊单位，较2010年增加3.02%；舍饲半舍饲比例超过65%，较2010年提高20余个百分点；年出栏50头牛和100只羊的规模化比重32%，较2010年提高15个百分点；2015年牛肉产量39.16万吨，较2010年提高10.4个百分点；羊肉产量53.61万吨，较2010年提高14.2个百分点；2015年新疆牧民总户数49.82万户，187.36万人，较2010年增加81%；农村居民可支配收入8 724元，较2010年提高了87.9个百分点。

2. 牧业家庭畜牧业生产条件提升

以草原补奖机制政策为契机，各地不断加大政策扶持，完善经营机制，加强牲畜棚圈、饲草料棚、草场围栏等畜牧业基础设施建设，强化科技支撑，依托牧民经济合作组织，按照市场要求，优化生产布局，调整畜群和畜种结构，合理配置生产要素，从根本上理顺了人、畜、草三者之间的关系，促进了草原畜牧业生产方式由四季游牧向暖季放牧、冷季舍饲转变；促进了传统畜牧业向规模化养殖、集约化经营的现代生态畜牧业发展方式转变；在草原生态环境改善的同时优化了草原区域牧民生产生活和景观环境，助推了一批水源涵养区的"申遗"工作；通过牧民技能培训，转变了牧民就业观念，拓宽了牧民就业渠道，提升了牧民组织化程度，促进社会稳定。

3. 牧业家庭畜牧业生产方式转变

新疆草原补奖机制政策的实施加快了牧区草原畜牧业转型，促进牧区生产方式转变，推进后续产业发展。自治区安排国家下拨的补奖机制政策落实的奖励资金，用于草原畜牧业转型，其中，2012年安排资金5 500万元，2013年安排资金1.45亿元；大力推广舍饲半舍饲养殖；在饲草资源丰富区域，大力推行标准化规模化养殖。提升肉羊个体生产能力，优化生产布局和畜群结构，提高科学饲养和经营水平，加快牲畜周转出栏，增加生产效益，促进草原畜牧业从粗放型向质量效益型转变；由"四季游牧、靠天养畜"的草原畜牧业生产方式向"暖季放牧、冷季舍饲"方式转变。

"暖季放牧、冷季舍饲"的生产方式有效解决了冬牧场饲草料不足的问题，同时从根本上解决了牲畜夏季放牧增膘、冬季转场掉膘的情况，降低了生产母羊的死亡率。通过调研发现，暖季放牧、冷季舍饲的舍饲率高达40%，放牧时间每年可以减少3～4个月，生产母羊死亡率1%，四季放牧死亡率5%（表2-36），这不仅有效保护了冬牧场的草地资源，而且可以降低牲畜死亡率。

表2-36　不同生产方式下的放牧时间、舍饲率和生产母羊死亡率

生产方式	每年放牧时间	舍饲率（%）	生产母羊死亡率（%）
四季放牧	12个月	0	5
放牧＋舍饲	8～9个月	40	1

资料来源：调研整理。

4．加强新型牧民培育

通过加强新型牧民培育，加快了草原畜牧业生产方式转变，拓宽了牧民就业增收渠道。按照"禁牧不禁养、减畜不减收、减畜不减肉"的要求，各地积极推行暖季放牧、冷季舍饲，农牧结合、种养结合，优化畜牧业结构，大力推进标准化规模化养殖。昌吉州按照"23451"模式，探索建立牧区草畜联营合作社，全州牧区暖季放牧、冷季舍饲比例达到了65%。阿勒泰地区制订了《关于加强草原生态置换暨推进牲畜舍饲圈养、转场管理工作的实施方案》，使农区100余万头（只）牲畜实现舍饲圈养。伊犁州新源县打造了全疆第一个以民俗旅游为主的哈萨克第一村——阿拉善村。同时，鼓励牧民参加家政服务、特色餐饮、农机修理、汽车驾驶等工种的技能培训，发展具有民族传统特色的烹饪、手工艺品制作、畜产品加工等二、三产业。克州为每户牧民提供1座日光温室大棚和0.07公顷特色林果种植基地，户均修建1座80米^{2}的暖棚，在有条件的定居点建设了规模养殖小区。

5．家庭政策性收入增加

草原补奖机制政策的实施，增加了牧民政策性收入，提高了牧民生产生活水平。通过发放禁牧补助、草畜平衡奖励、牧民生产资料综合补贴等，直接增加了农牧民政

策性收入。全区每年直接发放农牧民草原补奖资金19.07亿元，涉及31.45万户牧民，户均政策性收入6 064元。经定点调查统计，全区以草原生态保护补助奖励资金为主的政策性收入占到牧民人均收入的13%以上。

通过调研可知，补奖资金已经成为牧民收入重要来源之一，北疆地区户均补奖资金为0.76万元，占家庭纯收入的11.75%，南疆地区户均补奖资金为0.52万元，占家庭纯收入的15.90%；从家庭收入结构来看，畜牧业收入是牧户家庭收入的主要来源，样本的户均畜牧业收入占到家庭总收入的85%以上；其中，北疆地区畜牧业收入占家庭总收入的87%，南疆地区畜牧业收入占家庭总收入的86%。北疆地区的户均畜牧业收入是南疆地区的2.24倍，家庭总支出是南疆地区的2.35倍，收入和支出比基本稳定，仅区别于牲畜的养殖规模（表2-37）。

表2-37 样本户家庭收入及支出状况

项目	北疆地区			南疆地区		
	数量（万元）	户均（万元/户）	人均（元/人）	数量（万元）	户均（万元/户）	人均（元/人）
家庭总收入	3 582.84	18.28	42 250.47	1 517.48	8.29	17 012.11
畜牧业收入	3 132.22	15.98	36 936.56	1 305.95	7.14	14 640.7
"草畜平衡"奖补收入	47.89	0.24	564.74	37.46	0.2	419.96
"禁牧"奖补收入	92.73	0.47	1 093.51	48.96	0.27	548.88
牧民生产资料综合补贴收入	9.8	0.05	115.57	9.15	0.05	102.58
其他收入	300.2	1.53	3 540.09	115.96	0.63	1 300
家庭总支出	2 315.49	11.81	27 305.31	918.76	5.02	10 300
家庭纯收入	1 267.35	6.47	14 945.17	598.72	3.27	6 712.11

资料来源：调查数据。

6. 家庭消费品拥有量增加

通过调研可知，电视机和手机普及率基本达到100%，为牧民接收外界信息提供了便利。但是，牧区的网络普及率还比较低，只有个别牧户拥有电脑；北疆地区和南疆地区牧户家庭拥有摩托车的比例较高，分别达到96.43辆/百户和69.39辆/百户；小轿车的拥有率相对偏低，北疆地区小轿车拥有量为16.33辆/百户，南疆地区小轿车拥有量仅为11.48辆/百户（表2-38）。

表2-38　样本户平均每百户耐用消费品拥有量

项目	单位	北疆地区		南疆地区	
		数量	户均（每百户）	数量	户均（每百户）
小轿车	辆	32	16.33	21	11.48
电脑	台	8	4.08	3	1.64
音响	部	8	4.08	5	2.73
电视机	台	203	103.57	163	89.07
抽油烟机	个	12	6.12	13	7.10
电冰箱	台	172	87.76	73	39.89
洗衣机	台	142	72.45	65	35.52
摩托车	辆	189	96.43	127	69.39
手机	部	263	134.18	215	117.49

资料来源：调查数据。

（三）牧民对草原生态奖补的意愿

1. 牧民对草原补奖机制资金使用行为分析

草原补奖机制政策资金的使用方式关系牧民生产生活水平的改善。通过调研可知，①牧民在选择补奖资金发放形式上，选择用"一卡通"发放的户数占74.63%，选择用现金发放的户数占25.37%；②发放草原补奖资金的目的，94.8%的牧民认为是为了提高生活质量，63.6%的牧民认为是用来补贴牲畜饲草料费，还有2.34%的牧民不清楚发放补奖资金的目的，认为就是一项单纯的政府补助；③在草原补奖资金的利用方面，53.4%的牧民选择用于房屋及棚圈建设，89.32%的牧民选择用在饲草料购置，还有3.69%的牧民将补奖资金用在畜牧业以外的其他方面；④补奖资金发放给牧民生活带来的影响方面，92%的牧民认为生活质量得到了明显的提高，8%的牧民认为与原来生活质量差不多；95%的牧民认为家庭收入增加了，5%的牧民认为家庭收入与原来差不多（表2-39）。

表2-39　牧民对草地利用的行为调查统计表

序号	问题	选项	回答人次数（%）		
			A	B	C
1	您认为草补资金如何发放较好？	A．一卡通　B．现金	74.63	25.37	—
2	您认为发草补资金的目的是什么？	A．增加收入，提高生活质量　B．为牲畜购买饲草料　C．不知	94.8	63.6	2.34
3	您把草补资金主要用在哪几个方面？	A．房屋及棚圈建设　B．饲草料购置　C．其他方面（多选）	53.4	89.32	3.69
4	草补资金的发放，让您的生活质量有没有提高吗？	A．有提高　B．跟原来差不多　C．没有提高	92	8	0
5	草补资金的发放，家庭收入增加了吗？	A．增加　B．跟原来差不多　C．减少	95	5	—

资料来源：调查数据。

2．牧民对草原补奖机制政策的满意度分析

通过样本牧户的满意度调查（表2-40），可知：

（1）牧民对目前的收入与生活状况比较满意。有90%的牧民对家庭收入状况满意，95%的牧民对家庭生活状况满意；不满意的牧民大多为贫困户或刚分家的小户，生产资料短缺、各项补助资金较少，导致家庭情况比较贫穷。

（2）牧民的收入水平比补奖机制政策实施前有所增加。86%的牧民认为现在的收入比2010年之前的收入增加了，14%的牧民认为没有变化。

（3）牧民的草场退化状况有所好转。通过减畜的措施，提高草场的质量，70%的牧户减少了牲畜；但是70%牧民认为政府给的奖励资金较少，草畜平衡奖励资金的标准不满意。

（4）牧民认为禁牧草场的补助标准较低。53%的牧民认为禁牧草场的补助标准较低，对补助标准不是很满意。

（5）牧民"放牧+舍饲"的生产方式有所提高。目前，52%的牧民家庭还是采用

四季放牧的方式，48%的牧民采用"放牧＋舍饲"的生产方式，而2010年前采用"放牧＋舍饲"的生产方式的牧民仅占12%。

（6）牧民对草原补奖机制政策的实施比较满意。牧民对政策的实施、资金的发放、资金的使用途径都比较满意，政策的实施对牧民生产生活状况都有较大的改善。

（7）牧民认为补奖机制政策的实施有利于政府和草原的恢复。90%的牧民认为补奖机制政策的实施对政府有利，69%的牧民认为对草原有利，65%的牧民认为对牧民有利。

表2-40　牧民对草地退化的认知及满意度调查表

序号	问题	选项	答案		
			A	B	C
1	您对目前的收入状况满意吗？	A. 满意　B. 基本满意　C. 不满意	80	10	10
2	您对目前的生活状况满意吗？	A. 满意　B. 基本满意　C. 不满意	85	10	5
3	现在的收入比2010年的增加了还是减少了？	A. 增加　B. 没有变化　C. 减少	86	14	0
4	您对政府给的禁牧草场的补助资金及补助标准满意吗？	A. 满意　B. 基本满意　C. 不满意	20	27	53
5	您家的草场与2010年相比如何？	A. 变好　B. 差不多　C. 变差	70	21	9
6	补奖机制政策实施后，您家养殖的牲畜有变化吗？	A. 增加　B. 没有变化　C. 减少	5	25	70
7	您对补奖资金发放的形式满意吗？	A. 满意　B. 基本满意　C. 不满意	15	68	17
8	您家现在每年放牧几个月？	A. 12个月　B. 8～9个月　C. 8个月以下	52	40	8
9	您对补奖机制政策的实施满意吗？	A. 满意　B. 基本满意　C. 不满意	70	20	10
10	您对政府让您减畜、给您补钱的措施满意吗？	A. 满意　B. 基本满意　C. 不满意	5	25	70
11	您对补奖资金的使用途径满意吗？	A. 满意　B. 基本满意　C. 不满意	78	12	10
12	您认为补奖机制政策对谁有利？	A. 政府　B. 草原　C. 牧民	90	60	65

资料来源：调查数据。

七、第一轮补奖机制政策实施中存在问题与对策建议

(一) 存在的问题

1. 部分县（市）补奖资金存在滞留

2013年，自治区审计厅对全区13个地州33个县市草原生态保护补奖机制资金发放情况进行了专项审计，发现部分县（市）存在补奖资金未完全发放到位的情况。没有发放到户的原因是集体使用的草场没有承包到户，以致资金无法发放。这一问题在荒漠草场面积大的县尤为突出，如巴州且末县每年滞留资金约2 000万，阿勒泰富蕴县滞留约900万。

2. 南疆地区多数县市存在补奖资金平均发放现象

南疆地区多数县为农区，草场多分布于农田周边，面积小，没有承包，为集体共用。发放补奖资金时，大多数县市采取平均分配的办法，即村集体所在村民共同平均发放，如巴楚县恰尔巴格乡所有农民每年都能领取192元草原补奖资金，草原补奖资金已经变向成为农民的生活补贴费，与草原保护没有任何关系。据了解，这种情况在南疆地区的喀什地区、和田地区、阿克苏地区的部分县市普遍存在，造成补奖资金的浪费。

3. 草场确权承包工作滞后，牧户档案信息管理不完善

当前牧民草原使用证上的草原面积是根据1984年草地资源普查数据确定的，草原使用证在1989年发放。后期，国家和自治区在2004年进行了第二轮承包确权工作，而此工作并未对草地资源进行测量、数据也并未更新，而是继续按照1989年发的草原使用证上的数据。并且各地（州、县、市）分配草原的标准不统一。根据

2006年有关部门的测量统计,草原实际承包面积与划分面积不符。目前全区草场已大部分承包到户,但草场四至界限还需通过GPS进一步核实完善,草场流转程序也需进一步规范,电子化管理工作还需进一步加强。同时由于草场继承、牧户分户等原因,导致部分县(市)牧户档案信息不完整,直接影响了补奖资金的发放。

4. 新增牧户较多,生产资料综合补贴缺口较大

新疆草原补奖机制政策中牧民生产资料综合补贴是按牧民户数补助。2011年实施的新疆补奖机制政策的户数是按《2009年新疆统计年鉴》上的牧民户数27.5604万户补助,而2015年年底的牧户户数增加到43.34万户《2016年新疆统计年鉴》,新增加的牧民户数为15.7796万户,这就意味着新增15.7796万户牧民没有享受到牧民生产资料综合补贴。按照现行牧民生产资料综合补贴标准计算,截至2015年年底,需新增牧民生产资料综合补贴资金7 889.80万元,资金缺口和压力比较大。

5. 管护资金和设施不足,草原管护队伍不稳定

草原管护员队伍的初步建立,对进一步强化草原管护工作发挥了重要作用。各地在财力紧张的情况下,克服困难,建立了一定规模的管护站和管护队伍,但目前草原管护员队伍建设仍存在一些亟待解决的问题。一是一些地方草原管护员队伍建设进展缓慢,其草原管护职责暂由乡镇畜牧部门工作人员、村级防疫员、牧业大户(村里干部或者有影响力和威望的人)来担当。二是草原管护员补贴标准偏低或部分地方无力持续解决补贴资金问题,使得现有部分管护员丧失了管护积极性和主动性;同时部分县(市)管护人员数量少,使得管护员人均管护达到百万亩之多,加上交通工具、管护设备等装备缺乏,很难进行有效管控。三是部分地方对草原管护员的培训、管理滞后,草原管护员对草原的管护作用尚未充分发挥。

6. 国有牧场草原未确权承包,补奖资金发放问题较多

国有牧场因草场未确权承包到户,部分牧场有意将补奖资金集中用于发展生产;有一些牧场的集体草场由牧工实行一年一承包,每年承包面积和草场等级都不一样,牧场每年要花费大量的人力和物力进行计算,牧工每年发放的奖补资金也不一样。截至2009年年底,新疆国有牧场有牧民17.39万人、4.21万户。由于各种原因,国有牧场未被纳入此次草原生态保护补助奖励机制政策范围,由此而出现的问

题较多。

（二）对策建议

第一轮草原补奖机制政策作为草原牧区一项重大强牧惠牧富牧政策，不仅使草原生态环境得到了保护和改善，而且为转变草原牧区牧民生产生活方式、带动草原畜牧业发展、稳定和提高农牧民收入提供了强有力的支撑，在生态文明建设中起到了不可替代的作用。

1．草原界限明确，解决跨区放牧行为

自治区人民政府协调，解决草原跨区问题、草原开发问题、自然保护区问题、兵地界线及标准问题、行业部门之间的草原纠纷问题。这些历史遗留问题要通过自治区人民政府协调各相关机构和部门，完善法律法规、明确草原权属界限，实现有法可依，依法管理使用。

2．草原面积明确，核准草原基准数据

草原生态补奖机制政策的实施，需要在草原确权的基础上来完成。目前，新疆的草原确权工作比较滞后，草原界限不清是影响政策有效实施的主要原因。建议自治区在第二轮草原补奖政策实施前，通过1年的时间，全面启动并完成新疆天然草原面积的重新测定，并完成草原确权工作；这项工作的实施将会投入大量的人力和物力，因此，国家应对此项工作的实施提供资金保障，保证此项工作的顺利实施。

3．强化监督管理，约束超载过牧行为

鉴于牧民具有超载过牧的动机，缺乏自我约束内在激励，因此，把落实国家草原禁牧草畜平衡任务作为一项制度严格执行，为了强化对牧民的放牧管理，采取以下措施：

第一，实行监管指标透明制。明确牧民家庭放牧数量，并以核定的牲畜头数作为监管指标加以控制并公示。根据草畜平衡的政策要求，对牧民家庭草原载畜量进行核定，让牧民知道自己家的草原上适合放牧的牲畜数量，将牧户家庭核定的放牧头数张榜公示，增加监督的透明度，并作为监督检查的依据。

第二，建立超载放牧惩罚制度。对超载过牧的行为，依据《新疆维吾尔自治区草原禁牧和草畜平衡监督管理办法》的有关规定，由草原监督管理机构对违规者给予处罚，甚至取消或减少草畜平衡补贴，以达到抑制牧民的违规行为。

第三，采取上下联动的监管方式。采取牧民、村委会、乡镇站和草原监理站（所）四级监管体系，实行群众相互监督，村委会具体负责，在转场季节主要转场牧道设卡，对牧户牲畜数量进行检查，乡镇站和草原监理站（所）不定期对禁牧区和草畜平衡区情况进行巡查监督。

4．深入调查研究，科学制定禁牧与草畜平衡标准

草原生态补奖机制政策落实后，对牧民收入提高起到一定的积极作用，这些作用有转移性收入提高的直接影响，也有补奖资金对经营性收入提高的促进作用。但是草原禁牧和草畜平衡政策的实施，使得牧民由原来的超载放牧，逐渐减畜到草畜平衡。因此，这样的补奖力度是否可以实现牧民的期望值，是否能够实现大面积禁牧、大幅度减畜致草畜平衡，以及从社会经济角度实现减畜增收等，应该开展更多的调查和更为深刻的研究，制定合理的草原补奖标准。

5．探索有效途径，提高草场的利用价值

第一，探索草地使用新机制。草地流转新机制的建立，是为促进草原畜牧业生产转型提供制度保证。在草原承包责任制的基础上，加速草地使用权和草料地使用权的合理流转，引导和鼓励牧民以出租、转包或股份合作等方式有偿流转草地承包经营权，使草地资源向养殖大户相对集中，实现草地规模化利用。以草地使用权流转为切入点，提高家庭养殖规模效益；使转出的牧民进入养殖小区（场）从事专业化的舍饲养殖，或分流转业，从事其他经营，或外出务工。

第二，有效推进联户放牧是解决草原纠纷的一种方式。按村、组或联户为单位划定草原，并按照一定的比例分配草原补奖。并且，根据各地草原的不同情况，对禁牧区进行有效的利用。如果禁牧区草原较好，在冬季（11月至次年2月）期间可以适当地进行放牧，防止干草覆盖引发火灾或干草盖度较高影响次年草的生长。

第三，大力推进牧民发展牲畜舍饲（标准化）规模养殖。在牧区建立养殖小区舍饲圈养和放养相互补充，形成以舍饲圈养为主的草原畜牧业发展模式。引导减牧或禁

牧牧民大力发展舍饲圈养，改变牧民由四季游牧向舍饲圈养转变，由粗放饲养向集约饲养转变。用定居圈养方式替代自由放牧方式。大力推行"季节性定居圈养"和鼓励农区舍饲圈养，充分发挥养殖小区规模化养殖优势，提升发展层次。

6．健全管护队伍，完善管护体系

新疆草原面积大，分布范围广，草原监测与管护不仅需要牧民自觉保护草原生态，同时还必须依靠草原监管人员管护。把草原管护体系建设作为落实草原管理制度的措施来抓，健全草原管护机构。村级成立禁牧巡查队，乡镇建立禁牧管护站，组建管护队伍；增加牧办职能，利用牧办开展禁牧和草畜平衡监管；建设瞭望塔，多渠道组建管护队伍，采用新招募方式，吸纳村级防疫员、林管员兼职，增加公益性岗位等多种形式，解决管护人员缺乏的问题。将管护站建设、草原有害生物监测、管护人员经费纳入中央和自治区财政补助范围内；同时这支队伍的建设要逐步向科技化、专业化转变，为未来高科技监管草原做好铺垫和打下良好基础。

7．加强饲草料供给，保障畜牧业发展

饲草料来源问题是实现草原畜牧业转型的大问题。为了减轻草原牧业对草地的依赖，使得从牧区退牧转移出来的牲畜有草料供应，必须加快建立牧区草料供给保障体系。一是加强草料地建设。在牧区，依托"定居兴牧"水源工程及水利工程，建设优质饲草料基地，引导牧民将草原生态保护补助奖励资金集中投向饲草料基地建设，加大优质牧草种植，保障牧业定居区饲草料供给。在农区，有效利用农作物秸秆资源，对农副产品综合开发利用；调整种植业结构，发展饲用甜菜、饲料胡萝卜、苜蓿和玉米等种植。二是开发替代饲料。开展复合配方饲料研究，生产和推广专用饲料，发展饲草料加工业，增加优质牧草利用率和替代饲料补给量；三是饲草料流通。构建畅通的饲草料市场供应渠道，在南北疆建设草料交易集散中心，为牧民提供便利的饲草料买卖市场。

8．地方政府因地制宜调整政策和补偿标准

对生态脆弱的草原牧区给予特殊政策，以期更好地实现生态治理效果。新疆有些地州在草原生态奖补政策项目实施中，尝试性地采取"保底和封顶"的补偿办法，以此来消除不同牧户承包草场面积差异过大带来的问题。建议在新一轮的生态奖补中，

允许政策实施主体和责任主体，按照"任务、资金、办法、责任"四到位的原则，因地制宜，制定更为合理禁牧和草畜平衡办法和补偿标准，如在生态脆弱区扩大禁牧区面积等，逐步探讨实行草原生态补偿标准差别化的可行性方案。

9．开拓牧民生产生活的后续产业，保障牧民生活质量

草地生态保护问题既是生态问题，也是牧区畜牧业发展和牧民生计问题。牧民对畜牧业的高度依赖性是导致超载过牧和草原退化的直接原因，因此，需要因地制宜选择替代和接续产业，为牧民生计提供新途径。对于半农半牧区，大力支持牧民从事农业，种草养畜，发展特色家禽养殖；对于纯牧区，特别是地处景区的牧区，大力推进牧民进行劳动力转业，鼓励引导牧民从事草原特色民俗旅游业，发展具有民族特色的手工艺制品业、传统民俗食品初加工业等。只有大力发展接续产业，才能使得大部分牧民从游牧中分离出来，从事第二、三产业，或转移出来进城务工，使减畜后的牧民生计不再主要依赖畜牧业，实现牧民生计模式转型。

10．引入先进设备，加大科技监管

中国草原上发生的问题，是由多种因素长期作用而形成的，新疆也不例外。目前，从各种渠道得到的这些数据信息资料，均是单项资料（信息），不但研究单位侧重点不同，而且具体专业内容解析也是各异，这就为后期工作开展造成了一定程度上的不便。目前，新疆草原监测监督治理处于初级阶段，诸如草原面积核准不清（区域不清、户户不明）、管护队伍专业化不强（受教育程度低、组成人员繁杂）、草原植被生态恢复评估缺失（评估欠缺、现有条件无法全面评估）等问题。这些问题的解决仅依靠现有传统治理模式已经不能有效实现期望目标，而科学技术的投入可以使这些问题迎刃而解。可在条件允许的区域加大监控、遥感技术等的投入，便于局部实现技术化、全方位化和无缝隙化管理，可以加大3S（RS、GIS、GPS）技术和网络化信息平台建设和使用，实现在线运行"空间分析"和"专家系统"模块同步开展，将技术发展、动态监测监管、科学研究分析、生产生活实践多方位一体化连接，使得草原执法更有实践依据，草原生态和畜牧业可持续发展更具基础保障。

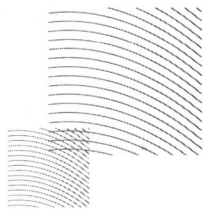

第三部分

基于畜群结构模型的新疆肉羊生产经济效益研究

一、研究概述

（一）研究背景及意义

1．研究背景

新疆是我国的五大牧区之一，具有得天独厚的自然资源和悠久的牲畜养殖历史，为畜牧养殖业提供了良好的发展基础。新疆是多民族聚居的地区，羊产业在畜牧业生产中处于重要和不可替代的位置，使得新疆肉羊产业列入西北肉羊优势生产区域。加快肉羊产业发展，是优化供给侧结构调整、保障市场有效供给的现实需要，是培育新疆新的经济增长点、促进畜牧业增效和农牧民增收的客观要求。

新疆肉羊产业发展面临着供需平衡和草畜平衡的双重压力。一方面随着人口的自然增长和流动人口的增加，居民对羊肉的需求持续不断增加；另一方面随着国家实施的牧民定居工程、草原生态保护补助奖励机制政策，新疆肉羊生产供应受到资源限制，面临着供求平衡和草畜平衡的双向选择与权衡。为了保障和稳定羊肉市场供给，发展肉羊产业任重道远。

新疆维吾尔自治区党委、政府历来重视肉羊产业的发展，不断加大投入，把肉羊产业发展作为一项重点民生工程，积极推进。2011年，自治区人民政府编制了《新疆新增1 000万只出栏肉羊综合生产能力建设规划（2012—2015年）》。2012年，自治区在国家相关扶持政策出台前，先行启动自治区新增肉羊行动示范工程。主要启动实施了肉羊标准化规模养殖场建设工程、企业肉羊养殖基地及园区建设工程、地方高繁肉羊生产示范场（户）建设工程、多胎（多羔）肉羊繁育场建设项目、游牧民定居，以及肉羊圈养舍饲半舍饲示范项目等。2012年，国家还启动实施了草原畜牧业转型示范工程，主要扶持牧民专业合作社和家庭牧场向规模化养殖转型。自治区还启动了贴息补助工程，扶持建设一批肉羊规模养殖场、多胎羊扩繁场、肉羊养殖基地，大力推进肉羊产业发展。在上述工程项目的带动下，新疆各地建成了一批标准化规模肉羊养殖小区（场），除了本地一些肉羊品种外，引进了小尾寒羊、湖羊、德国美利奴羊和萨福克羊等肉羊品种。生产方式也由原来的纯游牧方式向"放牧＋补饲""放牧＋舍饲"和"全舍饲"生产方式转变。不同生产方式和不同品种肉羊的生产水平和经济效益究竟如何？存在哪些问题？有必要进行深入的调查研究，并进行经济效益分析。

2．研究意义

肉羊产业的发展不仅是新疆畜牧业经济发展的驱动力量，也是农牧民增收的重要途径。随着国家西部大开发战略的实施，退耕还林还草工程的整体推进，畜牧业结构的不断调整和优化以及人们膳食结构的改变，肉羊产业发展前景看好。但也存在诸多问题制约着肉羊产业的发展，如良种化程度低、畜群结构不合理、饲养管理不科学、饲料成本较高、抵御市场风险的能力较弱等问题。经济效益是肉羊产业发展的终极动力。"基于畜群结构模型的新疆肉羊生产经济效益分析研究"是基于国家、自治区一系列关于新疆肉羊发展的政策、建议，并围绕新疆牧区和农区肉羊的不同生产方式、不同品种的肉羊生产经济效益这个关键问题提出的。通过该项目的实施，根据一定的生产参数，对不同生产方式、不同生产管理水平、不同品种的肉羊生产经济效益进行分析研究，为农牧民的肉羊生产提供参考，为自治区制定肉羊产业发展政策提供科学依据。

（二）研究目的与研究方法

1．研究目的

通过对新疆不同生产方式、不同品种肉羊生产的现状调查，分析肉羊生产各环节的关键影响因素，以新疆现有的肉羊不同品种为研究对象，在不同生产方式条件下，应用畜群结构模型测算不同生产方式、不同肉羊品种的生产经济效益，并用实证案例验证畜群结构模型的科学性和合理性，为农牧民提供一套简便易行的效益测算方法，使农牧民在肉羊生产中，可进行事前、事中和事后分析，做到心中有数。同时，通过该项目的实施，为新疆肉羊产业的稳定健康发展提供对策建议。

2．研究方法

为了达到本项目的研究目的，采用文献研究、调查研究、归纳分析、定量分析等方法进行研究，具体如下：

（1）文献研究法。通过检索中国学术期刊网等网络数据库，查阅相关刊物、书籍、文件、统计资料等，对肉羊产业发展研究状况进行梳理，全面、正确地了解掌握所要研究的问题及其历史和现状。

（2）调查研究法。采取实地调查，调查内容围绕着研究内容涉及的所有问题，主要在各地州选取3～5个典型县进行实地调研；调查方式采取面对面座谈与典型调查相结合，调查走访有关政府管理职能部门和入户调查，有目的、有计划地搜集与肉羊生产有关资料信息。

（3）归纳分析法。归纳论证是一种由个别到一般的论证方法。本研究将通过对农区、半农半牧区和牧区肉羊养殖发展情况的调查分析，归纳目前新疆肉羊产业发展所共有的特性，从而得出带有普遍性的结论，为肉羊产业的进一步发展和推广提供理论和现实依据。

（4）定量分析方法。整理相关数据，运用畜群结构模型进行定量分析，测算不同生产方式、不同品种的肉羊生产的经济效益，并进行实证分析。

（三）典型区域与样本户的选择

1．典型区域的选择

根据本研究的需要，在新疆选取23个肉羊养殖典型县，作为样本区域进行调研。典型县的选取依据为：① 《全国肉羊优势区域发展规划（2008—2015年）》中的新疆肉羊发展优势区。② 2013年新疆各县市肉羊年底存栏数量。③ 按功能区划分：农区、牧区和半农半牧区；通过对这3个条件的综合考虑，选择了新疆23个县，作为本研究的典型调查区域（表3-1）。

表3-1　典型区选择^①

序号	地州	牧业县	半农半牧县	农业县
1	哈密市	—	巴里坤县	哈密市
2	昌吉回族自治州	—	奇台县	阜康市、昌吉市
3	伊犁州直	新源县、特克斯县	巩留县	察布查尔县
4	塔城地区	裕民县	塔城市	乌苏市
5	阿勒泰地区	吉木乃县、富蕴县	—	—
6	克州	阿合奇县、乌恰县	—	—
7	阿克苏地区	—	温宿县	拜城县
8	喀什地区	塔什库尔干县		巴楚县、伽师县
9	和田地区	民丰县		于田县

2．样本户的选择

　　本研究数据样本选取的区域为：牧业县、半农半牧业县和农业县。新疆共选取23个样本县，其中，北疆地区有14个县（市），南疆地区有9个县（市）；样本县（市）中牧业县9个，半农半牧业县5个，农业县9个；共选择样本农牧户298户，其中北疆地区为194户，南疆地区为104户。

---

① "昌吉回族自治州"下文简称"昌吉州"。

二、典型区域肉羊产业发展状况

新疆天然草场分布情况决定了肉羊养殖方式，牧区肉羊的养殖方式主要为四季放牧、"放牧＋补饲"和"放牧＋舍饲"，农区肉羊的养殖方式主要是"茬地放牧＋舍饲"和"全舍饲"，半农半牧区肉羊的养殖方式主要是"放牧＋补饲"和"放牧＋舍饲"。随着国家和自治区一系列保护生态环境政策的出台，四季放牧生产方式的地位正在削弱，因此，"放牧＋舍饲"是牧区和半农半牧区肉羊养殖的主要方式。全舍饲养殖方式目前比重不大，主要以农区育肥为主，自繁自育养殖为辅。随着肉羊养殖方式的转变，畜牧业的经营模式也发生了变化，由原来的小规模牧户散养逐渐向集约化、规模化和组织化的生产经营模式转变。

（一）新疆肉羊产业发展现状

随着自治区政府《新疆新增1 000万只出栏肉羊综合生产能力建设规划（2012—2015年）》（以下简称《规划》）的出台，各级政府部门根据《规划》提出的发展目标和政策措施建议，加大扶持力度，加强市场信息和质量安全等服务体系建设，大力发展区域的肉羊产业，取得了显著成效。区域的肉羊产业布局不断优化，综合生产能力不断提高。

1．肉羊存、出栏数量同步增长

（1）存栏数快速增长。2014年，羊存栏数3 883.98万只，同比增长6.03%。从数量上看，近年来稳定增加，2014年再创新高，2014年是2010年的1.29倍，是2008年的1.28倍。从增长率上看，2014年出栏数比上年提高了1.43个百分点，其中2012年的增速最快，为16.10%，2010年的增速最慢，较上年下降3.65%。2008—2014年的年均增长率为4.25%（图3-1）。

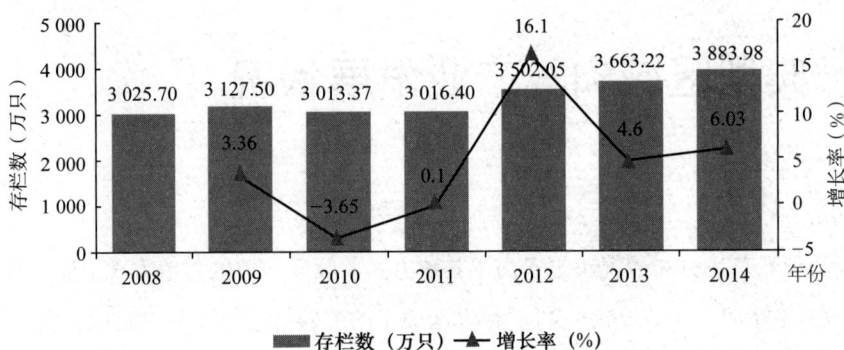

图3-1　2008—2014年羊存栏状况

（2）出栏数快速增长。2014年，羊出栏数3 327.6万只，同比增长7.08%。从数量上看，近年来虽有波动但总体增长，2014年再创新高，2014年是2010年的1.13倍，是2008年的1.17倍。从增长率上看，2014年出栏数比上年提高了3.54个百分点，其中2010年的增速最快，增长率为13.16%，2009年的增速最慢。2008—2014年的年均增长率为2.66%（图3-2）。

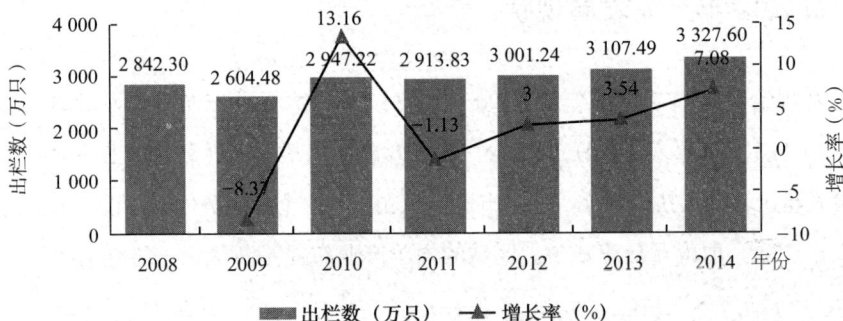

图3-2　2008—2014年羊出栏状况

2．羊肉产量平稳增长

2014年，羊肉产量53.61万吨。从数量上看，近年来羊肉产量增长趋势，2014年再创新高，2014年羊肉产量是2010年的1.14倍，是2008年的1.18倍。从增长率上看，

2014年比上一年提高了4.31个百分点，其中，2014年的增速最快，增长率为7.85%，2009年的增速最慢，较上年下降3.59%。2008—2014年的年均增长率为2.81%(图3-3)。

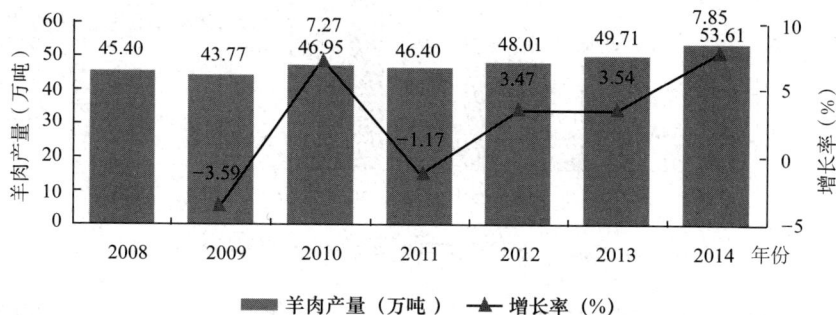

图3-3　2008—2014年羊肉产量状况

3．肉羊养殖组织化程度提高

通过政策引导，鼓励龙头企业向肉羊优势产区内集聚，建立"龙头企业＋专业合作经济组织＋农户"等形式的利益联结机制，推进专业化、规模化养殖，增强了肉羊养殖户抵御市场风险的能力，增加了农户和羊肉加工营销企业的经济效益。

新疆成立的合作社总数由2010年的3 652个增加到2013年的9 942个，其中养殖业合作社数量由2010年的1 140个增加到2013年的4 185个。很显然，养殖业合作社增速较快，由2010年养殖业合作社占比31.22%增长到2013年的42.09%，牲畜养殖的组织化程度明显提高（图3-4）。

4．"互联网＋"模式初见成效

传统专业化市场单一的实体店经营模式，已不能满足消费群体的差异化和多样化服务需求，尤其是在市场销售的时空差异及地域局限方面弊端日益凸显。"互联网＋"模式能更好地实现实体店与电商结合的线上线下同步交易，拓展农畜产品销售渠道，拉动农牧产业的提档升级，带动新疆农牧民增收致富。新疆紧紧把握国家"一带一路"倡议机遇，通过政府推动、企业带动、全民参与，逐步探索和创新新疆本土农畜产品电商模式。

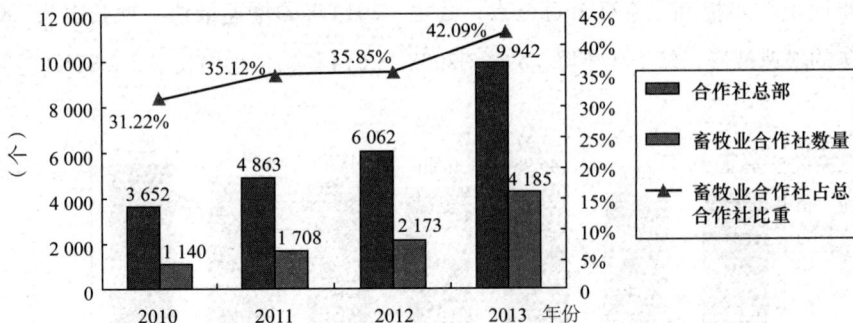

图3-4 2010—2013年新疆养殖合作社数量变化情况

2015年初新疆网民规模已经达到1 139万人，网民规模同比增长4.2%，网民普及率达50.3%，网民普及率全国排名第十位。2015年上半年，新疆电网商销售额已达24.1亿元，同比增长68.8%；新疆活跃电商已超过4万个，同比增长62%，平均每天有40余家新疆电商在淘宝网上开店。截至2015年6月，淘宝、天猫平台上卖家信用级别为一皇冠及以上的新疆电商有385家，比2014年的332家增长15.96%。其中，天猫平台电商45家，比2014年9月增长36.36%，淘宝平台网商340家。

同时，随着"一带一路"倡议的推进和丝绸之路经济带核心区建设提速，新疆电子商务也进入高速发展期。新疆已建成4个国家级电子商务示范基地、6个自治区级电子商务示范基地，形成了以乌鲁木齐为中心、覆盖南北疆地区的电子商务示范基地体系。探索农村电子商务精准扶贫的路径，培育民丰县等13个县市列入区级电子商务进农村示范县，13个示范县已建设服务网点208个，线上线下"特色馆"66个，县域公共服务中心16个，培训1.41万人。截至2015年10月，13个示范县实现网上交易额10.08亿元，同比增长65%。2015年1月和静县天鹅湖天然牧场生态牧业有限公司代牧的2 000只黑头羊通过电子商务平台成功销往浙江、广州、香港等地，销售收入达到500多万元。尉犁县达西电子商务协会成立后，与淘宝网天天特价官方平台合作，并于2015年1月15日推出首款上线产品达西罗布羊，三天活动期间6 000多万人看到罗布羊，27万人进入页面了解罗布羊，购买罗布羊订单达200多单。

（二）典型区域肉羊产业现状分析

1. 牧业县肉羊存栏量及羊肉产量状况

从典型牧业县肉羊存栏量上看，2014年年底肉羊存栏总量为358.95万只，县平均存栏量为39.88万只，较2008年肉羊存栏数量增加了21.3万只，增长了6.31%，平均存栏量增加了2.36万只，增长了6.29%。从典型牧业县羊肉产量看，2014年羊肉总产量为46 739吨，县平均羊肉产量为5 193.22吨，较2008年羊肉总产量减少2 305吨，减少了4.7%，平均羊肉产量减少256.11吨，减少了4.7%，详见表3-2。

表3-2　2008年与2014年9个牧业县肉羊年底存栏及肉产量情况

地区	2014年		2008年	
	年底存栏数（万只）	肉产量（吨）	年底存栏数（万只）	肉产量（吨）
新源县	64.63	11 924	76.76	12 557
特克斯县	52.67	6 624	48.07	8 243
裕民县	54.20	6 151	51.88	5 435
富蕴县	53.66	6 711	50.4	10 662
吉木乃县	19.03	2 718	16.42	2 732
阿合奇县	33.96	2 836	27.67	2 338
乌恰县	27.98	3 176	27.58	2 753
塔什库尔干县	16.02	2 173	14.88	2 096
民丰县	36.80	4 426	23.99	2 228
合计	358.95	46 739	337.65	49 044
平均值	39.88	5 193.22	37.52	5 449.33

数据来源：《2015年新疆统计年鉴》《2009年新疆统计年鉴》。

2. 农业县肉羊存栏量及羊肉产量状况

2014年，典型农业县年底肉羊存栏总量为547.32万只，县平均存栏量为60.81万只，比2008年年底存栏数量增加75.17万只，增长了15.92%，较2008年县平均肉羊存栏量增加8.35万只，增长了15.92%。2014年典型农业县羊肉总产量为121 470吨，县平均羊肉总产量为1 3496.67吨，比2008年羊肉总产量增加37 626吨，增长率为44.88%，县平均产肉量增加4 180.67吨，增长了44.88%，详见表3-3。

表3-3　2008年与2014年9个农业县肉羊年底存栏及肉产量情况

地区	2014年		2008年	
	年底存栏数（万只）	肉产量（吨）	年底存栏数（万只）	肉产量（吨）
哈密市	39.11	15 903	33.11	8 944
昌吉市	51.10	18 215	43.38	11 480
阜康市	20.18	12 199	22.23	9 830
察布查尔县	32.13	4 212	30.17	3 816
乌苏市	71.52	12 416	55.12	8 464
拜城县	97.34	10 229	74.12	6 681
伽师县	96.41	22 170	83.13	16 435
巴楚县	67.73	15 119	60.04	10 045
于田县	71.80	11 007	70.85	8 149
合计	547.32	121 470	472.15	83 844
平均值	60.81	13 496.67	52.46	9 316

数据来源：《2015年新疆统计年鉴》《2009年新疆统计年鉴》。

3. 半农半牧业县肉羊存栏及羊肉产量状况

2014年，典型半农半牧业县肉羊年底存栏总数为291.96万只，县平均存栏数为58.39万只，比2008年肉羊存栏数增加47.4万只，增长了19.38%，较2008年县平均肉羊存栏数增加9.48万只，增长了19.38%。2014年典型半农半牧业县羊肉总产量为51 044吨，县平均羊肉产量为10 208.8吨，较2008年羊肉总产量增加9 559吨，增长了23.04%，较县平均羊肉产量增加1 911.8吨，增长了23.04%，详见表3-4。

表3-4　2008年与2014年5个半农半牧县肉羊存栏及肉产量情况

地区	2014年		2008年	
	年底存栏数（万只）	肉产量（吨）	年底存栏数（万只）	肉产量（吨）
巴里坤县	46.85	8 524	46.12	6 034
奇台县	80.17	21 072	60.62	16 550
巩留县	39.97	5 694	38.25	5 516
塔城市	62.21	6 982	51.52	8 682
温宿县	62.76	8 772	48.05	4 703
合计	291.96	51 044	244.56	41 485
平均值	58.39	10 208.80	48.91	8 297

数据来源：《2015年新疆统计年鉴》《2009年新疆统计年鉴》。

（三）典型区域肉羊养殖户生产现状分析

1. 肉羊生产方式和养殖模式

从样本户的牲畜存栏来看，肉羊存栏数集中在300只以下的牧户比重较大，占样本牧户的86.91%，肉羊存栏数在300～1 000只的样本户有28户，占样本户的9.40%，肉羊存栏数1 000只以上的有11户，占样本户的3.69%。

通过样本户调研可知，根据肉羊养殖区域、生产方式和经营模式的不同，肉羊存栏数的规模也不同。牧区肉羊存栏规模主要在50～1 000只以内，以"放牧+补饲"和"放牧+舍饲"的生产方式为主，其经营模式以散户、联户经营为主，合作社经营模式正在兴起；农区肉羊存栏规模主要在1～30只和300只以上，以"茬地放牧+舍饲"和"全舍饲"的生产方式为主，小规模散户经营模式正在逐渐减少，较大规模的养殖场（小区）、合作社和养殖企业为主的经营模式正在兴起；半农半牧区拥有牧区和农区的特点，因此，肉羊养殖规模、生产方式和经营模式体现农区和牧区的所有形式，见表3-5。

表 3-5　样本户肉羊存栏规模状况

按存栏数分	户数（户）	比重（%）	主要分布区域	主要生产方式	主要经营模式
1～30只	60	20.13	农区、半农半牧区	放牧+舍饲	散养户
31～100只	82	27.52	牧区、半农半牧区	放牧+补饲、放牧+舍饲	散养户
101～300只	117	39.26	牧区、半农半牧区	放牧+补饲、放牧+舍饲	散养户
301～500只	18	6.04	牧区、农区、半农半牧区	放牧+补饲、放牧（代牧）+舍饲、全舍饲	牧区散养户，养殖小区（场）
501～1 000只	10	3.36	牧区、农区、半农半牧区	放牧+补饲、放牧（代牧）+舍饲、全舍饲	牧区联户经营，农区养殖场、合作社
1 000只以上	11	3.69	牧区、农区、半农半牧区	放牧+补饲、放牧+舍饲、全舍饲	牧区联户经营，农区养殖场、合作社、企业
合计	298	100	—	—	—

资料来源：调研数据。

2. 肉羊良种普及情况

　　近年来，新疆羊产业发展迅猛，特别是肉羊的生产，肉羊产业已成为新疆畜牧业发展的重要产业。2002年以来，新疆加大改良投入，狠抓"良种、良料、良法"配套工程，大力推进以优换劣、以良换土，每年自治区财政安排专项资金用于重点种羊场建设，并于2007年起，每年政府补贴集中采购优质种公羊，数量逐年增加，重点安排在边远草原牧区和南疆四地州，加大贫困地区绵羊品种改良力度。2014年，新疆肉羊地方品种良种率达到80%。

　　近年来，各地引进萨福克羊、陶赛特羊等专用肉羊品种与小尾寒羊、湖羊等多胎品种，并开展二元、三元杂交，以期得到个体生产性能较高、多胎性能较好的肉羊后代。

3．肉羊良种的主要生产性能

新疆理想的优质肉羊品种数量有限，常规生产中利用优质品种父本与本地品种杂交是提高羊肉生产效益的有效手段。选择的品种父本应具有体格大、生长速度快、肉品质好等肉用性能突出的特点。根据调查可知，新疆从国外和区外多次引入适应性和繁殖改良效果良好的无角陶赛特羊、萨福克羊、特克塞尔羊、杜泊羊和德国美利奴羊等肉羊品种，经过纯繁和杂交改良实践后，已经证明了这些肉羊品种的优良性能，其杂交后代的肉用性能都有显著提高。近几年，有些养殖企业和合作社开始引进多胎肉用羊小尾寒羊和湖羊，主要目的是利用其强大的多胎性，提供所需的多胎遗传基因，提高肉羊的繁殖率（表3-6）。

表3-6　肉羊良种的生产性能

品种	成年公羊体重（千克）	成年母羊体重（千克）	产羔率（%）
无角陶赛特羊	85 ～ 125	55 ～ 90	130 ～ 180
萨福克羊	110 ～ 140	60 ～ 90	140
特克塞尔羊	90 ～ 130	65 ～ 90	150 ～ 160
杜泊羊	100 ～ 110	75 ～ 90	120 ～ 125
德国肉用美利奴羊	90 ～ 100	60 ～ 80	150 ～ 250
小尾寒羊	90 ～ 95	45 ～ 49	260 ～ 280
湖羊	65 ～ 70	40 ～ 45	220 ～ 250

资料来源：调研数据。

4．肉羊良种繁育推广体系现状

近几年，为了积极探索推广新型肉羊生产模式，新疆积极开展肉羊杂交改良生产。新疆各地在政府的引导下，开展了不同的肉羊杂交试验，昌吉州、塔城地区等建立了萨福克羊与巴什拜羊、陶赛特羊与巴什拜羊、萨福克羊与哈萨克羊、陶赛特羊与哈萨克羊的杂交生产模式；阿克苏地区建立了萨福克羊与多浪羊、萨福克羊与新疆卡拉库尔羊的杂交生产模式；新疆畜牧科学院畜牧研究所在昌吉市建立了萨福克羊与阿勒泰大尾羊、陶赛特羊与阿勒泰大尾羊、陶赛特羊与细毛羊的杂交生产模式，在鄯善县建立了杜泊羊与当地羊的杂交生产模式。近年来，养殖企业和合作社引进湖羊和小尾寒羊的种公羊与当地品种进行杂交，以期获得多胎基因，增加肉羊的繁殖率。杂交后代羔羊生长较快，产肉多，同时尾脂明显减少，育肥效果明显。在同等饲养条件下，杂交羔羊5月龄体重比地方品种羔羊体重增加5～8千克/只。

（四）典型区域肉羊组织化程度现状分析

典型区域肉羊养殖规模化和组织化程度处于较低水平，散户养殖、家庭养殖仍然占据较大比重。从调查的298户样本中发现，肉羊组织化程度随着养殖规模的增大而提高，其中散养户养殖规模集中在300只以内，养殖小区、联户经营、合作社和企业带动下的养殖规模均在300只以上；但同时，肉羊规模化、组织化主体所占比重却随着养殖规模的增大而减小（表3-7）。养殖小区、联户经营、合作社和企业带动模式下的肉羊养殖仍然需要进一步的政策支持和科学引导，从而提升整体肉羊养殖水平和经济效益。

表3-7　样本户肉羊主要养殖模式

按存栏数分	户数（户）	比重（%）	主要养殖模式
1～30只	60	20.13	散养户
31～100只	82	27.52	散养户
101～300只	117	39.26	散养户
301～500只	18	6.04	牧区散养户，养殖小区（场）
501～1 000只	10	3.36	牧区联户经营，农区养殖场、合作社
1 000只以上	11	3.69	牧区联户经营，农区养殖场、合作社、企业
合计	298	100	—

资料来源：调研数据。

三、新疆肉羊产业的主要生产方式

新疆天然草场面积辽阔，总面积5 725.87万公顷，可利用草场面积4 800万公顷。全疆共有87个县（市），其中，牧业县22个，半农半牧县16个，农业县49个；草原畜牧业主要分布在牧业县和半农半牧业县，以牛、羊和马等草食家畜的养殖为主；草原畜牧业生产方式主要为："放牧＋补饲"和"放牧＋舍饲"，"全舍饲"的生产方式主要在农区。2014年，新疆畜牧业产值604.2亿元，仅占农业产值的23.8%，位居全国第19位。

（一）牧民生产生活状况

1. 牧民户数及人口情况

新疆牧业户数和人口不断增加。2014年牧业户数为41.59万户，牧业人口数为160.29万；全区2014年牧业户数比1990年牧业户数增长了311.53%；牧业人口数量2014年比1990年增长了175.74%。户均人口数由1990年的6人减少到4人（表3-8）。

表3-8　1990—2014年新疆牧民人口状况

年份	牧业户数（户）	牧业人口（人）	户均人口（人/户）
1990	101 059	581 316	6
2014	415 888	1 602 943	4

资料来源：《2015年新疆统计年鉴》。

2. 草食家畜存栏状况

新疆放牧牲畜主要以羊、牛、马、驴、骡、骆驼等草食家畜为主，1990年年末牲畜存栏数为3 406.69万头（只），其中羊（绵羊、山羊）存栏数为2 830.81万只，占牲畜总存栏数的83.10%；2014年年末牲畜存栏数为4 459.86万头（只），其中羊（绵羊、山羊）存栏数为3 883.98万只，占牲畜总存栏数的87.09%；2014年年底牲畜存栏量比1990年增加了30.91%（表3-9）。

表3-9　1990—2014年新疆牲畜存栏情况

单位：万头（只）

年份	羊	牛	马	驴	骡	骆驼	合计
1990	2 830.81	338.22	104.58	112.96	2.69	17.43	3 406.69
2014	3 883.98	383.85	89.42	85.71	0.92	15.98	4 459.86

资料来源：《2015年新疆统计年鉴》。

（二）草原畜牧业生产方式及转变过程分析

近年来，新疆草原畜牧业在不断加大牧民定居和人工种草力度，采取"两减、两转移"的办法，将多余的牲畜转移到农区，剩余劳动力转移到第二、三产业，推进以人工种草为主的饲草料保障体系建设，草原畜牧业生产方式由四季游牧、靠天养畜，向暖季放牧、冷季舍饲和全舍饲方式转变；由自给半自给型向商品化转变，由数量型向质量、效益型转变；由一家一户小规模经营向适度规模经营转变。目前，新疆草原畜牧业生产方式主要有"放牧＋补饲""放牧＋舍饲"和"全舍饲"三种。

1. "放牧＋补饲"生产方式

"放牧＋补饲"是牧区的主要生产方式。该生产方式经营管理粗放，农牧结合不密切，饲草供应季节性波动大，易受灾害性天气的威胁，家畜生产力水平低而不均衡。"放牧＋补饲"的生产方式，牧民主要采取的是四季游牧的形式，即牧民夏季在夏牧场放牧，春秋季在春秋牧场放牧，冬季在冬牧场放牧，这种生产方式主要依靠天然草场放牧，一般在草场草料不充足的情况下才会补充一些饲草料，以确保家畜能够安全度过；这种生产方式饲草料成本较小，但是抵抗自然灾害的能力较弱。随着新疆牧民定居工程项目的实施，大多数牧民由过去的游牧生活方式转变为定居生活方式，同时，畜牧业生产方式随着牧民生活方式的转变而转变，由"放牧＋补饲"逐渐向"放牧＋舍饲"转变。

2. "放牧＋舍饲"生产方式

"放牧＋舍饲"的生产方式是当前新疆牧区和半农半牧区的牧民普遍采用的一种生产方式。新疆四季草场分布范围广，每年牧民在各季节草场之间转场，往往是辛苦一个夏天喂得不错的牲畜膘情，一次转场就掉很多膘，再经过一个冬天，牲畜只能勉强存活，一般一只羊要掉膘7～10千克，牧民的损失难以估量。随着大多数牧民的定居以及棚圈的建设，牧民生产方式逐渐由四季放牧向暖季放牧、冷季舍饲的生产方式转变；"放牧＋舍饲"的生产方式有效解决了冬牧场饲草料不足的问题，同时从根本上解决了牲畜夏季放牧增膘、冬季转场掉膘的情况，并且有效保护了冬牧场的草地资源。定居水平比较高的牧民定居点冷季舍饲比例高达40%以上。

3. "全舍饲"生产方式

"全舍饲"的生产方式是农区畜牧业主要的生产方式。全舍饲的生产方式能够充分实现农牧结合、较为细致的经营管理，畜牧业生产水平较高。全舍饲比放牧的生产方式优越，首先，牲畜在舍饲条件下可免受自然灾害袭击；其次，农区的种植业为畜牧业发展提供充足饲草料资源，畜牧业反过来又为种植业发展提供畜肥和动力资源，构成一种良性循环的生产体系；最后，农区比牧区更接近畜产品消费市场，但是舍饲圈养成本较高，肉类产品的食用口感比放牧的差。

4. 生产方式的转变过程

"放牧＋补饲""放牧＋舍饲"和"全舍饲"这三种畜牧业生产方式中，随着休牧、轮牧和禁牧等政策的实施，四季放牧生产方式的地位正在削弱，合理利用和保护现有的天然草场，保护生态环境是国家和自治区的重点工程；因此，"放牧＋舍饲"是将来畜牧业发展的主要生产方式。从目前来看，"放牧＋补饲"的生产方式在新疆仍占据着主导地位，随着牧民定居水平的不断提高，"放牧＋舍饲"的生产方式逐步被定居牧民所接受，将会成为定居牧民的主要生产方式，牧民通过"种草养畜、农牧并举"的方式发展畜牧业，实现农牧业平衡发展和牧民可持续性定居的目标。"全舍饲"生产方式的比重不大，主要以农区育肥为主，自繁自育养殖为辅。随着牲畜生产方式的转变，畜牧业的经营模式也发生了改变，由原来的小规模牧户散养逐渐向集约化、规模化和组织化的生产经营模式转变。

四、畜群结构模型的建立及经济效益测算

肉羊的品种不同，其生产方式、生产性能和经济效益有着较大差异。分析不同生产方式、不同品种肉羊生产经济效益不仅是农牧民关心的问题，也是各级行业部门比较关注的问题。我们通过大量的调查研究发现，以新疆现有的肉羊品种为研究对象，建立畜群结构模型，测算不同生产方式、不同肉羊品种的生产经济效益，可以为农牧民提供一套简便易行的经济效益测算方法，同时，为行业、部门制定肉羊产业发展政策提供参考。

（一）畜群结构模型的建立

1．建立模型的目的

用畜群结构模型作为工具，对研究、推广活动进行评价。建立畜群结构模型的目的是评价肉羊生产的管理、政策、价格、技术进步等对肉羊生产的经济效益的影响。同时，还将为肉羊生产提供一些有价值的信息，为农牧民选择肉羊生产方式和品种具有一定的参考和指导意义。

2．建立模型的要求

本模型是以畜群结构为基础建立的，模型中的畜群规模、畜群结构、繁殖成活率、羊的品种、死亡、价格和成本等因素都是可变的。

3．模型的假设条件

本模型建立的假设条件是畜群规模从年初到年终保持不变，畜群规模以存栏的生产母羊数、后备母羊和公羊数为基础；而出售数是在一定的死亡率和淘汰率水平上，根据那些没有必要作为后备羊来维持原有畜群规模的淘汰羔羊、淘汰母羊、淘汰公羊

的数量确定的。

4．模型的操作使用

畜群结构模型是在Excel中建立的，具有操作简单、方便实用、可视化强等优点，参数列是根据肉羊的不同生产水平进行输入，畜群结构和收入支出及指标分析是根据生产指标计算生成的。生产费用是根据不同生产方式、不同肉羊品种、不同生产水平、不同饲养标准、饲料价格、人工费用、折旧费用等实际生产指标计算所得。

（二）对放牧生产方式进行经济效益测算分析

新疆草原畜牧业的生产方式归纳为以下三种：①四季放牧生产方式；②四季放牧+冷季补饲生产方式；③暖季放牧+冷季舍饲生产方式。

参数选择：①羊群结构：基础生产母羊1 000只，种公羊按30只配置，后备母羊220只，母羊年淘汰更新率20%；②生产水平：根据生产方式不同有所差异；③肉羊品种：主要以阿勒泰大尾羊、哈萨克羊、巴什拜羊等适合放牧的新疆本地羊为主。

1．四季放牧生产方式的经济效益测算分析

四季放牧是指没有任何补饲的纯放牧状态，目前纯放牧生产方式已经很少见了。这种生产方式的生产水平较低，母羊空胎率较高，羊死亡率较高，冬春季掉膘严重，牧民生活条件艰苦，但生产成本最低。一般情况下，产羔率90%，羔羊死亡率6%，生产母羊和育成羊死亡率3%（不包括被狼咬死等极端自然灾害情况），其经济效益测算分析见表3-10和表3-11。

表3-10　纯放牧繁育羊群技术经济效益分析

生产参数	单位	参数	畜群结构	数量	年出售数
种公羊数	只	30	公羊	30	6
生产母羊数	只	1 000	母羊	1 000	184
产羔率	%	90	羔羊	900	

（续）

生产参数	单位	参数	畜群结构	数量	年出售数
死亡率—羔羊	%	6	断奶羊	846	
—育成羊	%	3	断奶母羊	423	210
—生产母羊	%	3	育成母羊	213	
—羯羊	%	0	断奶公羊	410	404
—公羊	%	0	育成公羊	6	
出售年龄—母羊	岁	6.5	年末存栏合计	1 249	804
—公羔	岁	0.5			
—母羔	岁	0.5	经济效益分析	数量	占比（%）
剪毛量—母羊	千克	1.5	销售收入合计	559 456	
—羯羊	千克	2	出售活羊收入（元）	559 455.6	100
—育成羊	千克	1.5	—出售公羔收入（元）	283 017	
—公羊	千克	2	—出售母羔收入（元）	146 720	
活羊出售价格—公羔	元/只	700	—出售母羊收入（元）	128 518.6	
—母羔	元/只	700	出售公羊收入（元）	1 200	
—母羊	元/只	700	出售副产品收入（元）	0	0
—公羊	元/只	200	生产费用（元）	160 409.1	
			纯利润（元）	399 047	
羊毛出售价格	元/千克	0	比较统计分析		
羊毛出售数量	千克	1 892.1	销售收入/单位产品（元）	696.27	
			销售收入/生产母羊	559.46	
羊粪出售价格	元/吨	0	纯利润/单位产品（元）	496.63	
羊粪出售数量	吨	920.5	纯利润/生产母羊	399.05	
			成本/单位产品（元）	199.64	
			成本/生产母羊	160.41	

表3-11　单位饲养费用计算

项目	单位	种公羊	生产母羊	育成羊	育肥羔羊
羊数量	只	30	1 000	219	614
混合精料	千克/（只·日）	0	0	0	0
单价	元/千克	2.5	2.2	2.2	2.2
饲养天数	天				
精料费用	元/只	0	0	0	0
混合干草	千克/（只·日）	1.2	1.2	1	0.8
单价	元/千克	1	1	1	1
饲养天数	天				
混合干草费用	元/只	0	0	0	0
青贮	千克/（只·日）	0	0	0	0
单价	元/千克	0.35	0.35	0.35	0.35
饲养天数	天				
青贮费用	元/只	0	0	0	0
转场费	元/只	10	10	5	
燃料动力费	元/只				
疫病防治费	元/只	10	10	8	5
配种费	元/只				
人工费用	元/只	150	100	50	30
单位费用	元/只	170	120	63	35
生产总费用	元	5 100	120 000	13 797	21 490

由表3-10和表3-11计算得出，单位产品销售收入为696.27元，每只生产母羊的销售收入为559.46元，单位产品生产成本为199.64元，每只生产母羊的生产成本为160.41元，单位产品盈利496.63元，每只生产母羊盈利399.05元。

2．四季放牧+冷季补饲生产方式的经济效益测算分析

四季放牧+冷季补饲是指当年4—11月放牧，12月至第二年4月，白天放牧，晚上补饲草料。一般情况下，肉羊的繁殖率为95%，羔羊死亡率为5%，生产母羊和育成羊死亡率为3%（不包括被狼咬死等极端自然灾害情况），其经济效益分析见表3-12和表3-13。

表3-12　四季放牧+冷季补饲经济效益测算分析

生产参数	单位	参数	畜群结构	数量	年出售数
种公羊数	只	30	公羊	30	6
生产母羊数	只	1 000	母羊	1 000	184
产羔率	%	95	羔羊	950	
死亡率—羔羊	%	5	断奶羊	903	
—育成羊	%	3	断奶母羊	451	238
—生产母羊	%	3	育成母羊	213	
—羯羊	%	0	断奶公羊	438	432
—公羊	%	0	育成公羊	6	
出售年龄—母羊	岁	6.5	合计	1 249	859
—公羔	岁	0.5			
—母羔	岁	0.5	经济效益分析	数量	占比（%）
剪毛量—母羊	千克	1.5	销售收入合计	598 412	
—羯羊	千克	2	出售活羊收入（元）	598 412.35	100
—育成羊	千克	1.5	—出售公羔收入（元）	302 198.75	
—公羊	千克	2	—出售母羔收入（元）	166 495	
活羊出售价格—公羔	元/只	700	—出售母羊收入（元）	128 518.6	
—母羔	元/只	700	出售公羊收入（元）	1 200	
—母羊	元/只	700	出售副产品收入（元）	0	0
—公羊	元/只	200	生产费用（元）	287 577	
			纯利润（元）	310 835	
羊毛出售价格	元/千克	0	比较统计分析		
羊毛出售数量	千克	1 892.1	销售收入/单位产品（元）	696.51	
			销售收入/生产母羊	598.41	
羊粪出售价格	元/吨	0	纯利润/单位产品（元）	361.79	
羊粪出售数量	吨	927.2	纯利润/生产母羊	310.83	
			成本/单位产品（元）	334.72	
			成本/生产母羊	287.58	

表3-13 单位饲养费用计算

项目	单位	种公羊	生产母羊	育成羊	育肥羔羊
羊数量	只	30	1 000	219	670
混合精料	千克/（只·日）	0.4	0.3	0.3	0.6
单价	元/千克	2.5	2.2	2.2	2.2
饲养天数	天	150	150	150	
精料费用	元/只	150	99	99	0
混合干草	千克/（只·日）	0	0	0	0
单价	元/千克	1	1	1	1
饲养天数	天				
混合干草费用	元/只	0	0	0	0
青贮	千克/（只·日）	0	0	0	0
单价	元/千克	0.35	0.35	0.35	0.35
饲养天数	天				
青贮费用	元/只	0	0	0	0
转场费	元/只	10	10	5	
燃料动力费	元/只				
疫病防治费	元/只	10	10	8	5
配种费	元/只				
人工费用	元/只	150	100	50	30
单位费用	元/只	320	219	162	35
生产总费用	元	9 600	219 000	35 478	23 450

由表3-12和表3-13计算得出，单位产品销售收入为696.51元，每只生产母羊的销售收入为598.41元，单位产品生产成本为334.72元，每只生产母羊的生产成本为287.58元，单位产品盈利361.79元，每只生产母羊盈利310.83元。

3．暖季放牧＋冷季舍饲生产方式的经济效益分析

暖季放牧＋冷季舍饲是指当年4—9月放牧，9—11月在定居点附近的农田茬地放牧。12月至来年4月进行舍饲养殖，一般情况下，肉羊繁殖率为97%，春羔羊死亡率为3%，生产母羊和育成羊死亡率为2%，其经济效益分析见表3-14和表3-15。

表3-14 四季放牧+冷季舍饲经济效益测算分析

生产参数	单位	参数	畜群结构	数量	年出售数
种公羊数	只	30	公羊	30	6
生产母羊数	只	1 000	母羊	1 000	196
产羔率	%	97	羔羊	970	
死亡率—羔羊	%	3	断奶羊	941	
一育成羊	%	2	断奶母羊	470	255
一生产母羊	%	2	育成母羊	216	
一羯羊	%	0	断奶公羊	461	455
一公羊	%	0	育成公羊	6	
出售年龄—母羊	岁	6.5	合计	1 252	912
一公羔	岁	0.5			
一母羔	岁	0.5	经济效益分析	数量	占比（%）
剪毛量—母羊	千克	1.5	销售收入合计	725 663	
一羯羊	千克	2	出售活羊收入（元）	725 663.2	100
一育成羊	千克	1.5	一出售公羔收入（元）	364 032.8	
一公羊	千克	2	一出售母羔收入（元）	203 880	
活羊出售价格—公羔	元/只	800	一出售母羊收入（元）	156 550.4	
一母羔	元/只	800	出售公羊收入（元）	1 200	
一母羊	元/只	800	出售副产品收入（元）	0	0
一公羊	元/只	200	生产费用（元）	507 985.4	
			纯利润（元）	217 678	
羊毛出售价格	元/千克	0	比较统计分析		
羊毛出售数量	千克	1 895.4	销售收入/单位产品（元）	796.05	
			销售收入/生产母羊	725.66	
羊粪出售价格	元/吨	0	纯利润/单位产品（元）	238.79	
羊粪出售数量	吨	933.2	纯利润/生产母羊	217.68	
			成本/单位产品（元）	557.26	
			成本/生产母羊	507.99	

表3-15　单位饲养费用计算

项目	单位	种公羊	生产母羊	育成羊	育肥羔羊
羊数量	只	30	1 000	222	710
混合精料	千克/（只·日）	0.4	0.3	0.3	0.6
单价	元/千克	2.5	2.2	2.2	2.2
饲养天数	天	150	150	150	
精料费用	元/只	150	99	99	0
混合干草	千克/（只·日）	1.2	1.2	1	0.8
单价	元/千克	1	1	1	1
饲养天数	天	150	150	150	
混合干草费用	元/只	180	180	150	0
青贮	千克/（只·日）				
单价	元/千克	0.35	0.35	0.35	0.35
饲养天数	天				
青贮费用	元/只	0	0	0	0
转场费	元/只	10	10	5	
燃料动力费	元/只				
疫病防治费	元/只	10	10	8	5
配种费	元/只				
人工费用	元/只	150	100	50	30
单位费用	元/只	500	399	312	35
生产总费用	元	15 000	399 000	69 264	24 850

由表3-14和表3-15计算得出，单位产品销售收入为796.05元，每只生产母羊的销售收入为725.66元，单位产品生产成本为557.26元，每只生产母羊的生产成本为507.99元，单位产品盈利238.79元，每只生产母羊盈利217.68元。

（三）全舍饲生产方式进行经济效益测算分析

肉羊全舍饲生产方式根据畜群结构模型对各指标的要求，对各指标进行理论赋值。

（1）羊群结构。基础生产母羊1 000只，后备母羊220只，母羊年淘汰更新率20%。

（2）生产水平。全封闭圈舍，机械饲喂、机械清粪，人工授精配种。羔羊2月龄断奶，育肥到6月龄活重45千克出栏。

（3）棚圈折旧费与人工费。棚圈折旧费是根据统一标准，对种公羊、生产母羊、育成羊和育肥羊的饲养情况，分别公摊棚圈折旧费。人工费根据对种公羊、生产母羊、育成羊和育肥羊不同的饲养管理数和期限计算，见表3-16。

表3-16　全舍饲生产方式下的棚圈折旧费和人工费参数

序号	指标	指标计算依据	指标值（元/只）
1	种公羊折旧费	棚圈按每平方米600元计算，使用年限为15年，每只羊占地3米²	120
2	生产母羊折旧费	棚圈按每平方米600元计算，使用年限为15年，每只羊占地2米²	80
3	育成羊折旧费	棚圈按每平方米600元计算，使用年限为15年，每只羊占地1.5米²	30
4	育肥羊折旧费	棚圈按每平方米600元计算，使用年限为15年，每只羊占地0.8米²	10.7
5	种公羊人工费	按每人管理种公羊200只，年工资30 000元计算	150
6	生产母羊人工费	按每人管理生产母羊300只，年工资30 000元计算	100
7	育成羊人工费	按每人管理育成羊300只，年2批，年工资30 000元计算	50
8	育肥羊人工费	按每人管理育肥羊300只，年育肥3批，年工资30 000元计算	30

在农业县，根据全舍饲生产方式下的肉羊繁殖率的不同，对肉羊经济效益进行测算。肉羊全舍饲生产方式因饲草料、人工成本、折旧费等不同，其生产技术水平的高低是影响肉羊养殖效益的关键，以下分别按繁殖率为110%、150%和200%进行经济效益测算。

1．全舍饲肉羊（繁殖率110%）的成本效益分析

新疆北疆地区饲养的地方肉羊品种（阿勒泰羊、巴什拜羊、哈萨克羊等）均有明显季节性发情的繁殖特性，发情季节一般集中在每年的9—11月，而且一年一产，繁殖率低（一般在100%～110%）。实际调查中没有全舍饲的样本，一般都是采取放牧加补饲、暖季放牧+冷季舍饲生产方式。

根据畜群结构模型测算，肉羊繁殖率为110%的情况下，羔羊死亡率按2%、成母羊死亡率按1%计算，活羊销售价格为800元/只，淘汰公羊销售价格为200元/只，则肉羊单位产品销售收入为841.36元，每只生产母羊的销售收入为894.06元，单位产品生产成本为1 424.05元，每只生产母羊的生产成本为1 513.24元，单位产品亏损582.68元，每只生产母羊亏损619.18元（表3-17和表3-18）。由上述分析可以看出，地方品种的繁殖率低，如果不进行多胎选育，紧靠单胎繁育进行全舍饲饲养是不可行的。

表3-17　全舍饲繁育羊群技术经济效益分析

生产参数	单位	参数	畜群结构	数量	年出售数
种公羊数	只	30	种公羊	30	6
生产母羊数	只	1 000	母羊	1 000	208
产羔率	%	110	羔羊	1 100	
死亡率—羔羊	%	2	断奶羊	1 078	
—育成羊	%	1	断奶母羊	539	321
—生产母羊	%	1	育成羊	218	
—羯羊	%	0	断奶公羊	534	528
—公羊	%	0	育成公羊	6	
出售年龄—母羊	岁	6.5	合计	1 254	1 063
—公羔	岁	0.5			
—母羔	岁	0.5	经济效益分析	数量	占比（%）
剪毛量—母羊	千克	1.5	销售收入合计	894 061	
—羯羊	千克	2	出售活羊收入（元）	846 505.6	94.68
—育成羊	千克	1.5	—出售公羔收入（元）	422 088	
—公羊	千克	2	—出售母羔收入（元）	256 960	

（续）

生产参数	单位	参数	畜群结构	数量	年出售数
活羊出售价格—公羔	元/只	800	一出售母羊收入（元）	166 257.6	
一母羔	元/只	800	出售公羊收入（元）	1 200	
一母羊	元/只	800	出售副产品收入（元）	47 555.135	5.32
一淘汰公羊	元/只	200	生产费用（元）	1 513 237.612	
			纯利润（元）	−619 177	
羊毛出售价格	元/千克	0	比较统计分析		
羊毛出售数量	千克	1 898.7	销售收入/单位产品（元）	841.36	
			销售收入/生产母羊	894.06	
羊粪出售价格	元/吨	50	纯利润/单位产品（元）	−582.68	
羊粪出售数量	吨	951.1	纯利润/生产母羊	−619.18	
			成本/单位产品（元）	1 424.05	
			成本/生产母羊	1 513.24	

表3-18 单位饲养费用计算

项目	单位	种公羊	生产母羊	后备母羊	育肥羔羊
羊数量	只	30	1 000	224	849
混合精料	千克/（只·日）	0.5	0.35	0.35	0.4
单价	元/千克	2.5	2.2	2.2	2.2
饲养天数	天	365	365	365	120
精料费用	元/只	456.25	281.05	281.05	105.6
混合干草	千克/（只·日）	1.2	1.2	1	0.8
单价	元/千克	1	1	1	1
饲养天数	天	365	365	365	120
混合干草费用	元/只	438	438	365	96
青贮	千克/（只·日）	1	1	1	0.8
单价	元/千克	0.35	0.35	0.35	0.35
饲养天数	天	365	365	365	120
青贮费用	元/只	127.75	127.75	127.75	33.6

(续)

项目	单位	种公羊	生产母羊	后备母羊	育肥羔羊
折旧费用	元/只	120	80	30	10
燃料动力费	元/只	5	5	3	1
疫病防治费	元/只	10	10	8	5
配种费	元/只		0		
人工费用	元/只	150	100	50	30
单位费用	元/只	1 307.00	1 041.8	864.8	281.2
生产总费用	元	39 210	1 041 800	19 371.52	238 738.8

2．全舍饲肉羊（繁殖率150%）的成本效益分析

萨福克羊的特点是早熟、生长发育快、体格大。我国从20世纪70年代起先后从澳大利亚、新西兰等国引进黑头萨福克羊，主要分布在新疆、内蒙古、北京、宁夏、吉林、河北和山西等省（自治区）。该品种羊常年发情，繁殖率为140%～160%。下面按繁殖率150%、断奶羔羊死亡率2%、母羊死亡率1%对萨福克羊进行全舍饲的成本效益测算分析。

根据畜群结构模型计算，肉羊繁殖率为150%的情况下，羔羊死亡率按2%，成母羊死亡率按1%计算，活羊销售价格为1 000元/只，淘汰公羊销售价格为200元/只，单位产品销售收入为1 031.04元，每只生产母羊的销售收入为1 497.77元，单位产品生产成本为1 243.07元，每只生产母羊的生产成本为1 805.77元，单位产品亏损212.02元，每只生产母羊亏损308元，也就是说单纯饲养萨福克羊的羊场在目前的价格水平状态下仍处于亏损状态（表3-19和表3-20）。

表3-19　全舍饲繁育羊群技术经济效益分析

生产参数	单位	参数	畜群结构	数量	年出售数
种公羊数	只	30	公羊	30	6
生产母羊数	只	1 000	母羊	1 000	208
产羔率	%	150	羔羊	1 500	
死亡率—羔羊	%	2	断奶羊	1 470	

（续）

生产参数	单位	参数	畜群结构	数量	年出售数
—育成羊	%	1	断奶母羊	735	517
—生产母羊	%	1	育成羊	218	
—羯羊	%	0	断奶公羊	728	722
—公羊	%	0	育成公羊	6	
出售年龄—母羊	岁	6.5	合计	1 254	1 453
—公羔	岁	0.5			
—母羔	岁	0.5	经济效益分析	数量	占比（%）
剪毛量—母羊	千克	1.5	销售收入合计	1 497 767	
—羯羊	千克	2	出售活羊收入（元）	1 447 872	96.67
—育成羊	千克	1.5	—出售公羔收入（元）	721 650	
—淘汰公羊	千克	2	—出售母羔收入（元）	517 200	
活羊出售价格—公羔	元/只	1 000	—出售母羊收入（元）	207 822	
—母羔	元/只	1 000	出售公羊收入（元）	1 200	
—母羊	元/只	1 000	出售副产品收入（元）	49 895.375	3.33
—公羊	元/只	200	生产费用（元）	1 805 767	
			纯利润（元）	−307 999	
羊毛出售价格	元/千克	0	比较统计分析		
羊毛出售数量	千克	1 898.7	销售收入/单位产品	1 031.04	
			销售收入/生产母羊	1 497.7674	
羊粪出售价格	元/吨	50	纯利润/单位产品（元）	−212.02	
羊粪出售数量	吨	997.9	纯利润/生产母羊	−308.00	
			成本/单位产品（元）	1 243.07	
			成本/生产母羊	1 805.77	

表3-20　单位饲养费用计算

项目	单位	种公羊	生产母羊	后备母羊	育肥羔羊
羊数量	只	30	1 000	224	1 239
混合精料	千克/（只·日）	0.6	0.5	0.5	0.5

（续）

项目	单位	种公羊	生产母羊	后备母羊	育肥羔羊
单价	元/千克	2.5	2.2	2.2	2.2
饲养天数	天	365	365	365	120
精料费用	元/只	547.50	401.5	401.5	132
混合干草	千克/（只·日）	1.2	1.2	1	0.8
单价	元/千克	1	1	1	1
饲养天数	天	365	365	365	120
混合干草费用	元/只	438	438	365	96
青贮	千克/（只·日）	1	1	1	0.8
单价	元/千克	0.35	0.35	0.35	0.35
饲养天数	天	365	365	365	120
青贮费用	元/只	127.75	127.75	127.75	33.6
折旧费用	元/只	120	80	30	10
燃料动力费	元/只	5	5	3	1
疫病防治费	元/只	10	10	8	5
配种费	元/只		0		
人工费用	元/只	150	100	50	30
单位费用	元/只	1 398.25	1 162.25	985.25	307.6
生产总费用	元	41 947.5	1 162 250	220 696	381 116.4

3．全舍饲肉羊（繁殖率250%）的成本效益分析

以农区舍饲为主的地方品种绵羊大都常年发情，一年两产或两年三产，一产多胎。如浙江的湖羊、山东的小尾寒羊以及新疆南疆地区的多浪羊、策勒黑羊等。目前新疆各地从江苏、山东、甘肃等地引进了湖羊、小尾寒羊，如果饲养管理水平较高，达到两年三产，一产二胎或三胎，繁殖率达到250%以上是比较普遍的，但湖羊和小尾寒羊对管理水平要求较高。

以湖羊为例，按繁殖率为250%、羔羊死亡率为6%、成母羊和育成羊死亡率为1%进行经济效益测算。从表3-21可知，活羊的销售价格为800元/只，淘汰公羊的价格为

200元/只，单位产品销售收入为798.45元，每只生产母羊的销售收入为1 859.02元，单位产品生产成本为914.52元，每只生产母羊的生产成本为2 129.26元（表3-22），单位产品亏损116.07元，每只生产母羊亏损270.25元。由此可见，在目前的价格水平状态下，湖羊的养殖也是亏损的，只有提高销售价格和饲养管理水平，保持较高繁殖成活率，才能使肉羊舍饲养殖取得高效益。

表3-21　全舍饲繁育羊群技术经济效益分析

生产参数	单位	参数	畜群结构	数量	年出售数
种公羊数	只	30	公羊	30	6
生产母羊数	只	1 000	母羊	1 000	208
产羔率	%	250	羔羊	2 500	
死亡率—羔羊	%	6	断奶羊	2 350	
—育成羊	%	1	断奶母羊	1 175	957
—生产母羊	%	1	育成羊	218	
—羯羊	%	0	断奶公羊	1 163	1 157
—公羊	%	0	育成公羊	6	
出售年龄—母羊	岁	6.5	合计	1 254	2 328
—公羔	岁	0.5			
—母羔	岁	0.5	经济效益分析	数量	占比（%）
剪毛量—母羊	千克	1.5	销售收入合计	1 859 018	
—羯羊	千克	2	出售活羊收入（元）	1 859 017.6	100.00
—育成羊	千克	1.5	—出售公羔收入（元）	925 800	
—公羊	千克	2	—出售母羔收入（元）	765 760	
活羊出售价格—公羔	元/只	800	—出售母羊收入（元）	166 257.6	
—母羔	元/只	800	出售公羊收入（元）	1 200	
—母羊	元/只	800	出售副产品收入（元）	0	0.00
—淘汰公羊	元/只	200	生产费用（元）	2 129 262.9	
			纯利润（元）	−270 245	
羊毛出售价格	元/千克	0	比较统计分析		

（续）

生产参数	单位	参数	畜群结构	数量	年出售数
羊毛出售数量	千克	1 898.7	销售收入/单位产品（元）	798.45	
			销售收入/生产母羊	1 859.02	
羊粪出售价格	元/吨	0	纯利润/单位产品（元）	−116.07	
羊粪出售数量	吨	1 103.0	纯利润/生产母羊	−270.25	
			成本/单位产品（元）	914.52	
			成本/生产母羊	2 129.26	

表3-22　单位饲养费用计算

项目	单位	种公羊	生产母羊	后备母羊	育肥羔羊
羊数量	只	30	1 000	218	2 114
混合精料	千克/（只·日）	0.5	0.6	0.4	0.5
单价	元/千克	2.5	2.2	2.2	2.2
饲养天数	天	365	365	365	120
精料费用	元/只	456.25	481.8	321.2	132
混合干草	千克/（只·日）	1.2	1.2	1	0.8
单价	元/千克	1	1	1	1
饲养天数	天	365	365	365	120
混合干草费用	元/只	438	438	365	96
青贮	千克/（只·日）	1	1	1	0.8
单价	元/千克	0.35	0.35	0.35	0.35
饲养天数	天	365	365	365	120
青贮费用	元/只	127.75	127.75	127.75	33.6
折旧费用	元/只	120	80	30	10
燃料动力费	元/只	5	5	3	1
疫病防治费	元/只	10	10	8	5
配种费	元/只		0		
人工费用	元/只	150	100	50	30
单位费用	元/只	1 307.00	1 242.55	904.95	307.6
生产总费用	元	39 210	1 242 550	197 279.1	650 266.4

4. 全舍饲肉羊（繁殖率350%）的成本效益分析

以湖羊为例，对繁殖率为350%、羔羊死亡率为10%、成母羊和育成羊死亡率为1%的全舍饲多胎肉羊进行经济效益测算。从表3-23可知，活羊的销售价格为800元/只，淘汰公羊的价格为200元/只，单位产品销售收入为798.85元，每只生产母羊的销售收入为2 495.82元，单位产品生产成本为787.33元，每只生产母羊的生产成本为2 459.84元（表3-24），增大了饲草料的投入比例，单位产品盈利11.51元，每只生产母羊盈利35.98元。由此可见，在目前的价格水平状态下，适当增加饲草料投入，提高繁殖成活率，加强饲养管理，是肉羊舍饲养殖取得高效益的关键。

表3-23　全舍饲繁育羊群技术经济效益分析

生产参数	单位	参数	畜群结构	数量	年出售数
种公羊数	只	30	公羊	30	6
生产母羊数	只	1 000	母羊	1 000	208
产羔率	%	350	羔羊	3 500	
死亡率—羔羊	%	10	断奶羊	3 150	
—育成羊	%	1	断奶母羊	1 575	1 357
—生产母羊	%	1	育成羊	218	
—羯羊	%	0	断奶公羊	1 559	1 553
—公羊	%	0	育成公羊	6	
出售年龄—母羊	岁	6.5	合计	1 254	3 124
—公羔	岁	0.5			
—母羔	岁	0.5	经济效益分析	数量	占比（%）
剪毛量—母羊	千克	1.5	销售收入合计	2 495 818	
—羯羊	千克	2	出售活羊收入（元）	2 495 817.6	100.00
—育成羊	千克	1.5	—出售公羔收入（元）	1 242 600	
—公羊	千克	2	—出售母羔收入（元）	1 085 760	
活羊出售价格—公羔	元/只	800	—出售母羊收入（元）	166 257.6	
—母羔	元/只	800	出售公羊收入（元）	1 200	
—母羊	元/只	800	出售副产品收入（元）	0.00	0.00

（续）

生产参数	单位	参数	畜群结构	数量	年出售数
一淘汰公羊	元/只	200	生产费用（元）	2 459 842	
			纯利润（元）	35 975	
羊毛出售价格	元/千克	0	比较统计分析		
羊毛出售数量	千克	1 898.7	销售收入/单位产品（元）	798.85	
			销售收入/生产母羊	2 495.82	
羊粪出售价格	元/吨	0	纯利润/单位产品（元）	11.51	
羊粪出售数量	吨	1 198.5	纯利润/生产母羊	35.98	
			成本/单位产品（元）	787.33	
			成本/生产母羊	2 459.84	

表3-24　单位饲养费用计算

项目	单位	种公羊	生产母羊	后备母羊	育肥羔羊
羊数量	只	30	1 000	224	2 910
混合精料	千克/（只·日）	0.5	0.7	0.4	0.5
单价	元/千克	2.5	2.2	2.2	2.2
饲养天数	天	365	365	365	120
精料费用	元/只	456.25	562.1	321.2	132
混合干草	千克/（只·日）	1.2	1.2	1	0.8
单价	元/千克	1	1	1	1
饲养天数	天	365	365	365	120
混合干草费用	元/只	438	438	365	96
青贮	千克/（只·日）	1	1	1	0.8
单价	元/千克	0.35	0.35	0.35	0.35
饲养天数	天	365	365	365	120
青贮费用	元/只	127.75	127.75	127.75	33.6
折旧费用	元/只	120	80	30	10
燃料动力费	元/只	5	5	3	1
疫病防治费	元/只	10	10	8	5

（续）

项目	单位	种公羊	生产母羊	后备母羊	育肥羔羊
配种费	元/只		0		
人工费用	元/只	150	100	50	30
单位费用	元/只	1 307.00	1 322.85	904.95	307.6
生产总费用	元	39 210	1 322 850	202 708.8	895 116

（四）肉羊不同生产方式的经济效益比较

1．牧区肉羊生产模式效益比较

牧区肉羊不同生产模式生产效益分析，从成本、销售收入和利润三个方面进行比较。从表3-25可以看出，肉羊单位产品成本暖季放牧+冷季舍饲的最高，为557.26元/只，较四季放牧的199.64元/只高出357.62元/只，成本差距较大；单位产品销售收入暖季放牧+冷季舍饲的较高，为796.05元/只，较四季放牧的696.27元/只高出99.78元/只，销售收入差距较小；而单位产品净利润四季放牧的最高，为496.63元/只，较暖季放牧+冷季舍饲的238.79元/只高出257.84元/只（图3-5和图3-6）。

表3-25　牧区肉羊生产模式的效益比较

单位：元/只

经济指标	四季放牧（纯放牧）	暖季放牧+冷季补饲	暖季放牧+冷季舍饲
单位产品成本	199.64	334.72	557.26
其中：生产母羊成本	160.41	287.58	507.99
单位产品销售收入	696.27	696.51	796.05
其中：生产母羊销售收入	559.46	598.41	725.66
单位产品净利润	496.63	361.76	238.79
其中：生产母羊净利润	399.05	310.83	217.68

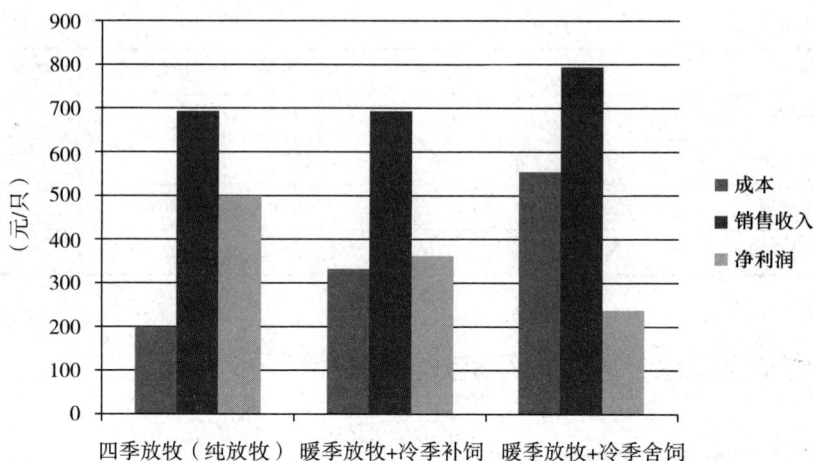

图3-5　牧区肉羊不同生产模式生产效益比较

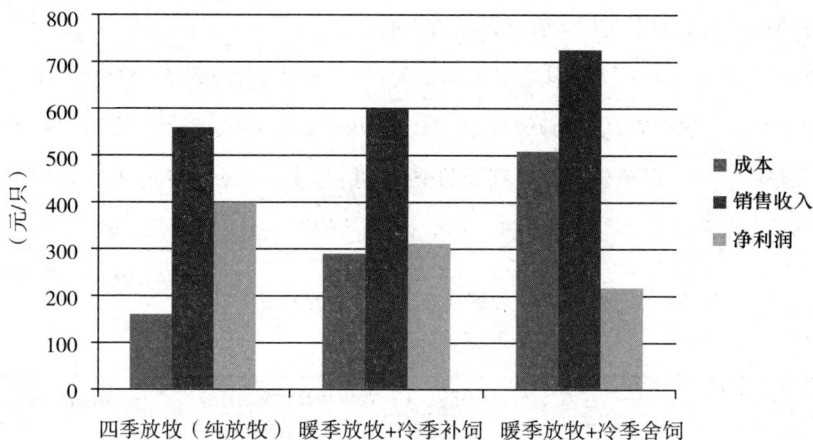

图3-6　牧区生产母羊不同生产模式生产效益比较

2．农区肉羊全舍饲生产模式效益比较

农区全舍饲肉羊的生产效益，在其他条件（死亡率、饲草料量、销售价格等）不发生变化、只有繁殖率变化的情况下进行分析。随着肉羊的繁殖率从110%增加到350%，全舍饲肉羊的单位产品净利润由亏损582.68元/只增加到盈利11.51元/只；生产母羊的净利润由亏损619.18元/只增加到盈利35.98元/只（表3-26）。图3-7和图3-8从成本、销售收入和利润三个方面进行比较。

表3-26　农区肉羊全舍饲生产模式的效益比较

单位：元/只

经济指标	繁殖率110%	繁殖率150%	繁殖率250%	繁殖率350%
单位产品成本	1 424.05	1 243.07	914.52	787.33
其中：生产母羊成本	1 513.24	1 805.77	2 129.26	2 459.84
单位产品销售收入	841.36	1 031.04	798.45	798.85
其中：生产母羊销售收入	894.06	1 497.77	1 859.02	2 495.82
单位产品净利润	−582.68	−212.02	−116.07	11.51
其中：生产母羊净利润	−619.18	−308	−270.25	35.98

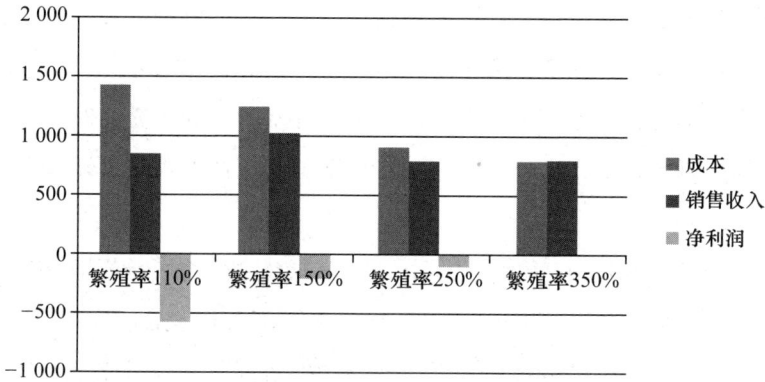

图3-7　农区肉羊全舍饲生产模式生产效益比较

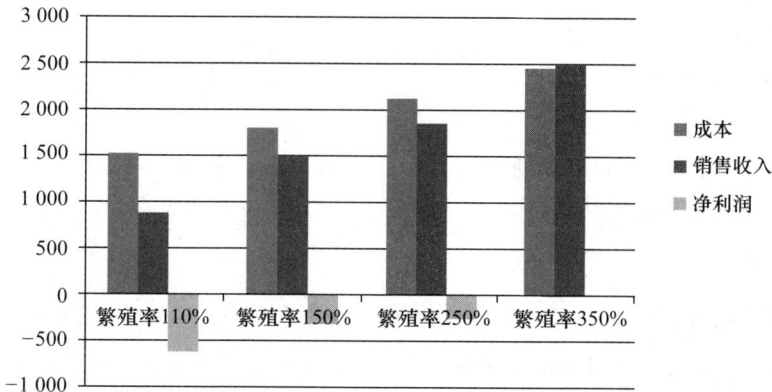

图3-8　农区生产母羊全舍饲生产模式生产效益比较

五、畜群结构模型经济效益的实证分析

肉羊养殖生产成本是构成肉羊生产经济效益的主要组成部分，由于肉羊生产方式不同，生产成本会有较大的差异。生产成本是农牧民出售肉羊的最低价格界限，也是农牧民进行简单再生产的必要前提。通过实地调研可知，肉羊生产方式的不同，决定了肉羊死亡率、繁殖成活率和肉羊饲养费用的差异；肉羊的品种不同，决定了肉羊的繁殖率、个体重量以及销售价格的差异。通过对肉羊生产经济效益各指标的研究，采用畜群结构模型，根据不同生产方式进行测算肉羊生产的经济效益。

牧区肉羊养殖主要包括三种生产方式，分别是"纯放牧""放牧+补饲"和"放牧+舍饲"；农区肉羊养殖的主要生产方式为："茬地放牧+舍饲"和"全舍饲"；半农半牧区肉羊养殖的主要生产方式为："放牧+补饲"和"放牧+舍饲"，半农半牧区与牧区和农区的生产方式重叠，不再重复测算。

（一）典型户的选择

本研究数据来源为在新疆选取的23个样本县（市），其中，北疆地区包括14个县（市），南疆地区包括9个县（市）；样本县（市）中牧业县有9个、半农半牧业县有5个、农业县有9个。

典型户选择依据：本研究实证分析中选择的典型户，主要考虑以下几个方面：①该养殖户的肉羊生产数据的完整性；②肉羊养殖期限一般选择养殖3年以上的养殖户；③无特殊原因导致肉羊养殖大幅变化（如疾病、灾害等）；④具有代表性的养殖户。全疆共调研样本农牧户298户，其中北疆地区194户，南疆地区104户。

（二）牧区肉羊生产经济效益实证分析

新疆牧区肉羊生产方式主要以"放牧＋补饲"和"放牧＋舍饲"的养殖方式为主，本研究实证分析主要分析了以上两种养殖方式的经济效益。

1."放牧＋补饲"生产方式的经济效益实证分析

放牧＋补饲是牧民目前的主要养殖方式，牧民因其冬草场的位置和自然条件不同，补饲的时间长短也有差异。有的牧民冬草场条件好，补饲的时间就短；有的冬草场条件差，补饲时间就长，一般补饲时间在60～150天。另外，牧民距离各季节草场的远近不同，转场所需的时间和费用差异也较大，有的转场距离仅有10～30千米，有的要长达200～300千米。

（1）典型牧户肉羊养殖基本情况。样本户中，有12户补饲天数在60天左右，只有在产羔前后进行补饲；有4户补饲天数在90天左右，有5户补饲天数能达到120天，主要原因是牧民所处的草场位置不同、自然条件不同造成的差异。

以特克斯县喀拉托海乡牧民托哈塔尔拜为例，该牧户以饲养哈萨克羊为主，采用"放牧＋补饲"的生产方式，因冬草场条件较好，每年只在3—4月产羔期间进行补饲。2015年初存栏羊能繁母畜数为153只，种公羊4只，繁殖率为95%，年内羔羊死亡数为5%，生产母羊死亡率3%，年内出栏数为133只（含自食），平均出售价格为800元/只，淘汰公羊出售价格为200元/只。

（2）典型牧户肉羊生产费用分析。根据调查并计算可知，该牧户在"放牧＋补饲"生产方式下，种公羊单位生产费用为230元/只，生产母羊单位生产费用为159.6元/只，育成羊104.96元/只，羔羊35元/只，单位饲养费用计算见表3-27。

表3-27 单位饲养费用计算

项目	单位	种公羊	生产母羊	育成羊	育肥羔羊
羊数量	只	4	153	34	104
混合精料	千克/（只·日）	0.4	0.3	0.28	0.6

（续）

项目	单位	种公羊	生产母羊	育成羊	育肥羔羊
单价	元/千克	2.5	2.2	2.2	2.2
饲养天数	天	60	60	60	
精料费用	元/只	60	39.6	36.96	0
混合干草	千克/（只·日）	0	0	0	0
单价	元/千克	1	1	1	1
饲养天数	天				
混合干草费用	元/只	0	0	0	0
青贮	千克/（只·日）				
单价	元/千克	0.35	0.35	0.35	0.35
饲养天数	天				
青贮费用	元/只	0	0	0	0
转场费	元/只	10	10	10	
燃料动力费	元/只				
疫病防治费	元/只	10	10	8	5
配种费	元/只				
人工费用	元/只	150	100	50	30
单位费用	元/只	230	159.6	104.96	35
生产总费用	元	920	24 418.8	3 568.64	3 640

　　（3）典型牧户肉羊生产经济效益计算。通过畜群结构模型计算可知（表3-28），该牧户肉羊单位产品销售收入为796.4元，生产母羊销售收入为694.86元；肉羊单位产品成本为244.08元，生产母羊成本为212.96元；肉羊单位产品纯利润为552.33元，生产母羊纯利润为481.91元。

表3-28 典型牧户"放牧＋补饲"繁育羊群技术经济效益分析

生产参数	单位	参数	畜群结构	数量	年出售数
种公羊数	只	4	公羊	4	0.8
生产母羊数	只	153	母羊	153	29
产羔率	%	95	羔羊	145.35	
死亡率—羔羊	%	5	断奶羊	138	
—育成羊	%	0	断奶母羊	69	35
—生产母羊	%	3	育成母羊	34	
—羯羊	%	0	断奶公羊	69	68
—公羊	%	0	育成公羊	1	
出售年龄—母羊	岁	6.5	合计	191	133
—公羔	岁	0.5			
—母羔	岁	0.5	经济效益分析	数量	占比（%）
剪毛量—母羊	千克	1.5	销售收入合计	106 314	
—羯羊	千克	2	出售活羊收入（元）	106 314	100.00
—育成羊	千克	1.5	—出售公羔收入（元）	54 593	
—公羊	千克	2	—出售母羔收入（元）	28 305	
活羊出售价格—公羔	元/只	800	—出售母羊收入（元）	23 256	
—母羔	元/只	800	出售公羊收入（元）	160	
—母羊	元/只	800	出售副产品收入（元）	0	0.00
—淘汰公羊	元/只	200	生产费用（元）	32 582.5	
			纯利润（元）	73 731	
羊毛出售价格	元/千克	0	比较统计分析		
羊毛出售数量	千克	289.59	销售收入/单位产品（元）	796.40	
			销售收入/生产母羊	694.86	
羊粪出售价格	元/吨	0	纯利润/单位产品（元）	552.33	
羊粪出售数量	吨	142.6	纯利润/生产母羊	481.91	
			成本/单位产品（元）	244.08	
			成本/生产母羊	212.96	

2.“放牧＋舍饲”养殖方式的经济效益实证分析

“放牧＋舍饲”的养殖方式是指暖季放牧，冷季舍饲。放牧时间为每年的5—11月，12月至第二年4月在定居点舍饲，同时还可利用农区茬地放牧1～2个月，随着牧民定居工程的推进，定居点基础设施逐步完善，采用这种放牧＋舍饲生产方式的牧民数量在逐渐增加。还有一些牧民没有冬草场，只能采用暖季放牧、冷季舍饲的养殖方式。调查样本中有10户牧民的舍饲时间为120天。

（1）典型牧户肉羊养殖基本情况。以尼勒克县克蒙乡牧民熬杰为例，该牧户以饲养哈萨克羊为主，采用“放牧＋舍饲”饲养方式，每年只在1—4月（120天）进行舍饲。2015年初羊存栏能繁母畜数为220只，种公羊6只，繁殖率为96%，年内羔羊死亡数为3%，生产母羊死亡率2%，年内出栏数为198只（含自食）。

（2）典型牧户肉羊生产费用分析。该牧户在“放牧＋舍饲”生产方式下，种公羊单位生产费用434元/只，生产母羊单位生产费用343.2元/只，育成羊262.2元/只，羔羊35元/只，单位饲养费用计算见表3-29。

（3）典型牧户肉羊生产经济效益计算。通过畜群结构模型计算可知（表3-30）：该牧户肉羊单位产品销售收入为796.37元，每只生产母羊的销售收入为718.31元，单位产品生产成本为485.08元，每只生产母羊的生产成本为437.53元，单位产品纯利润为311.30元，每只生产母羊纯利润为280.78元。

表3-29　单位饲养费用计算

项目	单位	种公羊	生产母羊	育成羊	育肥羔羊
羊数量	只	6	220	49	154
混合精料	千克/（只·日）	0.4	0.3	0.3	0.6
单价	元/千克	2.5	2.2	2.2	2.2
饲养天数	天	120	120	120	
精料费用	元/只	120	79.2	79.2	0
混合干草	千克/（只·日）	1.2	1.2	1	0.8
单价	元/千克	1	1	1	1
饲养天数	天	120	120	120	

(续)

项目	单位	种公羊	生产母羊	育成羊	育肥羔羊
混合干草费用	元/只	144	144	120	0
青贮	千克/(只·日)				
单价	元/千克	0.35	0.35	0.35	0.35
饲养天数	天				
青贮费用	元/只	0	0	0	0
转场费	元/只	10	10	5	
燃料动力费	元/只				
疫病防治费	元/只	10	10	8	5
配种费	元/只				
人工费用	元/只	150	100	50	30
单位费用	元/只	434	343.2	262.2	35
生产总费用	元	2 604	75 504	12847.8	5 390

表3-30 典型牧户"放牧+舍饲"繁育羊群技术经济效益分析

生产参数	单位	参数	畜群结构	数量	年出售数
种公羊数	只	6	公羊	6	1.2
生产母羊数	只	220	母羊	220	43
产羔率	%	96	羔羊	211.2	
死亡率—羔羊	%	3	断奶羊	205	
—育成羊	%	2	断奶母羊	102	55
—生产母羊	%	2	育成母羊	47	
—羯羊	%	0	断奶公羊	100	99
—公羊	%	0	育成公羊	1	
出售年龄—母羊	岁	6.5	合计	275	198
—公羔	岁	0.5			
—母羔	岁	0.5	经济效益分析	数量	占比（%）
剪毛量—母羊	千克	1.5	销售收入合计	158 028	
—羯羊	千克	2	出售活羊收入（元）	158 027.776	100

（续）

生产参数	单位	参数	畜群结构	数量	年出售数
一育成羊	千克	1.5	一出售公羔收入（元）	79 346.688	
一公羊	千克	2	一出售母羔收入（元）	44 000	
活羊出售价格—公羔	元/只	800	一出售母羊收入（元）	34 441.088	
一母羔	元/只	800	出售公羊收入（元）	240	
一母羊	元/只	800	出售副产品收入（元）	0	0
一公羊	元/只	200	生产费用（元）	96 255.73	
			纯利润（元）	61 772	
羊毛出售价格	元/千克	0	比较统计分析		
羊毛出售数量	千克	415.548	销售收入/单位产品（元）	796.37	
			销售收入/生产母羊	718.31	
羊粪出售价格	元/吨	0	纯利润/单位产品（元）	311.30	
羊粪出售数量	吨	205.1	纯利润/生产母羊	280.78	
			成本/单位产品（元）	485.08	
			成本/生产母羊	437.53	

（三）农区肉羊生产经济效益实证分析

农区肉羊生产主要以"全舍饲"生产方式为主，因此，本研究农区肉羊生产经济效益计算只对全舍饲生产方式下的肉羊品种的典型养殖户进行实证分析。"全舍饲"肉羊养殖以大体型肉用羊（如萨福克羊）和多胎羊（如湖羊和小尾寒羊）为主，以下主要分析萨福克羊、湖羊、小尾寒羊与其他羊杂交的经济效益。

1. 萨福克羊种羊场的养殖效益分析

昌吉州玛纳斯县包尔头镇玛纳斯新澳肉用羊专业合作社，2005年引进萨福克羊50只，引进价格600～750元/只。2015年萨福克羊种公羊为12只，生产母羊为360只，繁殖率为150%；2015年出售周岁种公羊156只，平均价格为5 250元/只；出售148只周岁种母羊，平均价格为3 500元/只，主要销往甘肃及新疆，作为种畜使用；淘汰种公羊200元/只，淘汰母羊和育肥淘汰羔羊每只售价为1 100元/只，作为肉用。萨福克羊种羊场的饲养费用较高，主要是饲草料费用和劳动力成本较高，但种羊的销售价格较高，效益比较可观，生产费用见表3-31。

表3-31 萨福克种羊场肉羊饲养费用

项目	单位	种公羊	生产母羊	后备母羊	周岁羊
羊数量	只	12	360	81	446
混合精料	千克/(只·日)	0.6	0.5	0.5	0.5
单价	元/千克	2.5	2.2	2.2	2.2
饲养天数	天	365	365	365	365
精料费用	元/只	547.50	401.5	401.5	401.5
混合干草	千克/(只·日)	1.2	1.2	1	0.8
单价	元/千克	1	1	1	1
饲养天数	天	365	365	365	365
混合干草费用	元/只	438	438	365	292
青贮	千克/(只·日)	1	1	1	0.8
单价	元/千克	0.35	0.35	0.35	0.35
饲养天数	天	365	365	365	365
青贮费用	元/只	127.75	127.75	127.75	102.2
折旧费用	元/只	120	80	30	10
燃料动力费	元/只	5	5	3	1
疫病防治费	元/只	10	10	8	5
配种费	元/只		0		
人工费用	元/只	150	100	50	30
单位费用	元/只	1 398.25	1 162.25	985.25	841.7
生产总费用	元	16 779	418 410	79 805.25	375 398.2

注：计算周期为定型期的经济年度（365天）。

根据畜群结构模型计算可知（表3-32），萨福克种羊单位产品销售收入为3 049.62元/只，生产母羊单位销售收入4 430.10元/只；单位产品生产成本为1 701.82元/只，生产母羊单位成本为2472.19元/只；单位产品纯利润1347.80元/只，生产母羊纯利润为1957.91元/只。

表3-32　萨福克种羊场养殖经济效益分析

生产参数	单位	参数	畜群结构	数量	年出售数
种公羊数	只	12	公羊	12	2.4
生产母羊数	只	360	母羊	360	75
产羔率	%	150	羔羊	540	
死亡率—羔羊	%	2	断奶羊	529	
—育成羊	%	1	断奶母羊	265	186
—生产母羊	%	1	育成羊	78	
—羯羊	%	0	断奶公羊	262	260
—公羊	%	0	育成公羊	2	
出售年龄—母羊	岁	6.5	合计	453	523
—公羔	岁	0.5			
—母羔	岁	0.5	经济效益分析	数量	占比（%）
剪毛量—母羊	千克	1.5	销售收入合计	1 594 837	
—羯羊	千克	2	出售活羊收入（元）	1 576 876.21	98.87
—育成羊	千克	1.5	—出售种公羊收入（元）	817 595.1	
—公羊	千克	2	—出售种母羊收入（元）	521 337.6	
活羊出售价格—种公羊	元/只	5 250	—出售淘汰母羊收入（元）	123 259.752	
—种母羊	元/只	3 500	出售淘汰公羊收入（元）	114 683.76	
—淘汰母羊	元/只	1 100	出售副产品收入（元）	17 960.895	1.13
—淘汰公羊	元/只	200	生产费用（元）	889 989.5	
			纯利润（元）	704 848	
羊毛出售价格	元/千克	0	比较统计分析		
羊毛出售数量	千克	686.41	销售收入/单位产品（元）	3 049.62	
			销售收入/生产母羊	4 430.10	
羊粪出售价格	元/吨	50	纯利润/单位产品（元）	1 347.80	
羊粪出售数量	吨	359.2	纯利润/生产母羊	1 957.91	
			成本/单位产品（元）	1 701.82	
			成本/生产母羊	2 472.19	

注：计算周期为定型期的经济年度（365天）。

2．小尾寒羊养殖户（场）的效益分析

（1）巴里坤县蒲生畜牧养殖专业合作社。哈密市巴里坤县火石泉山南开发区，蒲生畜牧养殖专业合作社，以全舍饲的生产方式养殖小尾寒羊。2015年养殖小尾寒羊种公羊31只、生产母羊1 580只、后备母羊344只、育肥羔羊1 683只，繁殖率为140%，羔羊死亡率1%。

从表3-33可知，小尾寒羊种公羊的单位生产费用为1 763.25元，生产母羊的单位成本为1 322.85元，后备母羊的单位成本为985.25元，育肥羔羊的单位成本为334元。

表3-33　小尾寒羊养殖户生产费用（巴里坤县）

项目	单位	种公羊	生产母羊	后备母羊	育肥羔羊
羊数量	只	31	1 580	344	1 683
混合精料	千克/（只·日）	1	0.7	0.5	0.6
单价	元/千克	2.5	2.2	2.2	2.2
饲养天数	天	365	365	365	120
精料费用	元/只	912.50	562.1	401.5	158.4
混合干草	千克/（只·日）	1.2	1.2	1	0.8
单价	元/千克	1	1	1	1
饲养天数	天	365	365	365	120
混合干草费用	元/只	438	438	365	96
青贮	千克/（只·日）	1	1	1	0.8
单价	元/千克	0.35	0.35	0.35	0.35
饲养天数	天	365	365	365	120
青贮费用	元/只	127.75	127.75	127.75	33.6
折旧费用	元/只	120	80	30	10
燃料动力费	元/只	5	5	3	1
疫病防治费	元/只	10	10	8	5
配种费	元/只	0			
人工费用	元/只	150	100	50	30
单位费用	元/只	1 763.25	1 322.85	985.25	334
生产总费用	元	54 660.75	2 090 103	338 926	562 122

注：计算周期为定型期的经济年度（365天），下同。

2015年共出售小尾寒羊2 002只，其中，淘汰种公羊6只，出售价格为200元/只，淘汰母羊313只，出售价格为850元/只，母羔羊678只，出售价格为760元/只，出售公羔1 006只，出售价格为800元/只。由畜群结构模型计算可知（表3-34），小尾寒羊单位产品销售收入为792.41元/只，单位生产母羊销售收入为1 004.10元/只；单位产品生产成本为1 521.42元/只，生产母羊单位成本为1 927.88元/只；单位产品亏损729.02元/只，单位生产母羊亏损923.78元/只。由此可见，在上述生产水平、销售价格和饲草料费用状态下，全舍饲小尾寒羊处于严重亏损状态。

表3-34　小尾寒羊养殖户经济效益分析（巴里坤县）

生产参数	单位	参数	畜群结构	数量	年出售数
种公羊数	只	31	公羊	31	6.2
生产母羊数	只	1 580	母羊	1 580	313
产羔率	%	140	羔羊	2 212	
死亡率—羔羊	%	8	断奶羊	2 044	
—育成羊	%	1	断奶母羊	1 022	678
—生产母羊	%	2	育成羊	344	
—羯羊	%	0	断奶公羊	1 012	1 006
—公羊	%	1	育成公羊	6	
出售年龄—母羊	岁	6.5	合计	1 961	2 002
—公羔	岁	0.5			
—母羔	岁	0.5	经济效益分析	数量	占比（%）
剪毛量—母羊	千克	1.5	销售收入合计	1 586 478	
—羯羊	千克	2	出售活羊收入（元）	1 586 477.794	100.00
—育成羊	千克	1.5	—出售公羔收入（元）	804 419.648	
—公羊	千克	2	—出售母羔收入（元）	515 143.2	
活羊出售价格—公羔	元/只	800	—出售母羊收入（元）	265 674.946	
—母羔	元/只	760	出售公羊收入（元）	1 240	
—淘汰母羊	元/只	850	出售副产品收入（元）	0	0.00
—淘汰公羊	元/只	200	生产费用（元）	3 046 049	

（续）

生产参数	单位	参数	畜群结构	数量	年出售数
			纯利润（元）	−1 459 571	
羊毛出售价格	元/千克	0	比较统计分析		
羊毛出售数量	千克	2 960.586	销售收入/单位产品（元）	792.41	
			销售收入/生产母羊	1 004.10	
羊粪出售价格	元/吨	0	纯利润/单位产品（元）	−729.02	
羊粪出售数量	吨	1 543.8	纯利润/生产母羊	−923.78	
			成本/单位产品（元）	1 521.42	
			成本/生产母羊	1 927.88	

（2）拜城县小尾寒羊养殖户。拜城县小尾寒羊某养殖户，以全舍饲的生产方式养殖小尾寒羊。2015年养殖小尾寒羊种公羊4只、生产母羊300只、后备母羊65只、育肥羔羊870只，繁殖率为330%，羔羊死亡率5%，繁殖成活率较高。

从表3-35可知，小尾寒羊生产费用与巴里坤县蒲生畜牧养殖合作社的生产费用相当，即小尾寒羊种公羊的单位生产费用为1 763.25元，生产母羊的单位成本为1 322.85元，后备母羊的单位成本为985.25元，育肥羔羊的单位成本为334元。

表3-35　小尾寒羊养殖户生产费用（拜城县）

项目	单位	种公羊	生产母羊	后备母羊	育肥羔羊
羊数量	只	4	300	65	870
混合精料	千克/（只·日）	1	0.7	0.5	0.6
单价	元/千克	2.5	2.2	2.2	2.2
饲养天数	天	365	365	365	120
精料费用	元/只	912.50	562.1	401.5	158.4
混合干草	千克/（只·日）	1.2	1.2	1	0.8
单价	元/千克	1	1	1	1
饲养天数	天	365	365	365	120
混合干草费用	元/只	438	438	365	96
青贮	千克/（只·日）	1	1	1	0.8

（续）

项目	单位	种公羊	生产母羊	后备母羊	育肥羔羊
单价	元/千克	0.35	0.35	0.35	0.35
饲养天数	天	365	365	365	120
青贮费用	元/只	127.75	127.75	127.75	33.6
折旧费用	元/只	120	80	30	10
燃料动力费	元/只	5	5	3	1
疫病防治费	元/只	10	10	8	5
配种费	元/只		0		
人工费用	元/只	150	100	50	30
单位费用	元/只	1 763.25	1 322.85	985.25	334
生产总费用	元	7 053	396 855	64 041.25	290 580

该养殖户2015年共出售小尾寒羊930只，其中，淘汰种公羊1只，出售价格为200元/只，出售淘汰母羊59只，出售价格为850元/只，出售母羔405只，出售价格为760元/只，出售公羔465只，出售价格为800元/只。由畜群结构模型计算可知（表3-36），小尾寒羊单位产品销售收入为785.26元/只，生产母羊单位销售收入为2 433.78元/只；单位产品生产成本为816.03元/只，生产母羊单位成本为2 529.17元/只；单位产品亏损30.78元/只，单位生产母羊亏损95.39元/只。由此可见，在生产水平、销售价格和饲草料费相当的情况下，提高小尾寒羊的繁殖成活率，能增加单位产品纯利润，但该养殖户在繁殖率为330%、羔羊死亡率5%的情况下，仍然处于亏损状态。

表3-36　小尾寒羊养殖户经济效益分析（拜城县）

生产参数	单位	参数	畜群结构	数量	年出售数
种公羊数	只	4	公羊	4	0.8
生产母羊数	只	300	母羊	300	59
产羔率	%	330	羔羊	990	
死亡率—羔羊	%	5	断奶羊	941	
—育成羊	%	1	断奶母羊	470	405
—生产母羊	%	2	育成羊	65	

（续）

生产参数	单位	参数	畜群结构	数量	年出售数
—羯羊	％	0	断奶公羊	466	465
—公羊	％	1％	育成公羊	1	
出售年龄—母羊	岁	6.5	合计	370	930
—公羔	岁	0.5			
—母羔	岁	0.5	经济效益分析	数量	占比（％）
剪毛量—母羊	千克	1.5	销售收入合计	730 134	
—羯羊	千克	2	出售活羊收入（元）	730 134.21	100.00
—育成羊	千克	1.5	—出售公羔收入（元）	371 798	
—公羊	千克	2	—出售母羔收入（元）	307 731.6	
活羊出售价格—公羔	元／只	800	—出售母羊收入（元）	50 444.61	
—母羔	元／只	760	出售公羊收入（元）	160	
—淘汰母羊	元／只	850	出售副产品收入（元）	0	0.00
—淘汰公羊	元／只	200	生产费用（元）	758 749.84	
			纯利润（元）	−28 616	
羊毛出售价格	元／千克	0	比较统计分析		
羊毛出售数量	千克	557.61	销售收入/单位产品	785.26	
			销售收入/生产母羊	2 433.78	
羊粪出售价格	元／吨	0	纯利润/单位产品（元）	−30.78	
羊粪出售数量	吨	359.1	纯利润/生产母羊	−95.39	
			成本/单位产品（元）	816.03	
			成本/生产母羊	2 529.17	

3．湖羊养殖户（场）的经济效益分析

博州温泉县扎勒木特乡温泉县新牧牧业有限公司，2015年养殖种公羊10只、生产母羊230只、后备母羊50只、育肥羔羊399只，繁殖率为220％，羔羊死亡率为10％，育成羊和生产母羊死亡率均为2％。

从表3-37可知，该公司湖羊种公羊的单位生产费用为1 763.25元，生产母羊的单位成本为1 242.55元，后备母羊的单位成本为985.25元，育肥羔羊的单位成本为334

元，湖羊的生产成本与小尾寒羊的生产成本相差不大，养殖方式相似。

表3-37 湖羊养殖场（户）生产费用

项目	单位	种公羊	生产母羊	后备母羊	育肥羔羊
羊数量	只	10	230	50	399
混合精料	千克/（只·日）	1	0.6	0.5	0.6
单价	元/千克	2.5	2.2	2.2	2.2
饲养天数	天	365	365	365	120
精料费用	元/只	912.50	481.8	401.5	158.4
混合干草	千克/（只·日）	1.2	1.2	1	0.8
单价	元/千克	1	1	1	1
饲养天数	天	365	365	365	120
混合干草费用	元/只	438	438	365	96
青贮	千克/（只·日）	1	1	1	0.8
单价	元/千克	0.35	0.35	0.35	0.35
饲养天数	天	365	365	365	120
青贮费用	元/只	127.75	127.75	127.75	33.6
折旧费用	元/只	120	80	30	10
燃料动力费	元/只	5	5	3	1
疫病防治费	元/只	10	10	8	5
配种费	元/只		0		
人工费用	元/只	150	100	50	30
单位费用	元/只	1 763.25	1 242.55	985.25	334
生产总费用	元	17 632.5	285 786.5	49 262.5	133 266

2015年出售淘汰种公羊2只，出售价格为200元/只，出售淘汰母羊45只，出售价格为800元/只，出售母羔羊178只，出售价格为760元/只，出售公羔221只，出售价格为800元/只。由畜群结构模型计算可知（表3-38），湖羊的单位产品销售收入为781.35元，单位生产母羊的销售收入为1 516.04元；单位产品生产成本为1 088.20元，单位生产母羊的生产成本为2 111.42元；单位产品亏损306.86元，单位生产母羊亏损595.39元。

由此可见，在此生产水平、销售价格和饲草料费用水平下，舍饲湖羊处于严重亏损。

表3-38 湖羊养殖场（户）经济效益分析

生产参数	单位	参数	畜群结构	数量	年出售数
种公羊数	只	10	公羊	10	2
生产母羊数	只	230	母羊	230	45
产羔率	%	220	羔羊	506	
死亡率—羔羊	%	10	断奶羊	455	
—育成羊	%	2	断奶母羊	228	178
—生产母羊	%	2	育成羊	50	
—羯羊	%	0	断奶公羊	223	221
—公羊	%	1	育成公羊	2	
出售年龄—母羊	岁	6.5	合计	292	446
—公羔	岁	0.5			
—母羔	岁	0.5	经济效益分析	数量	占比（%）
剪毛量—母羊	千克	1.5	销售收入合计	348 689	
—羯羊	千克	2	出售活羊收入（元）	348 688.512	100.00
—育成羊	千克	1.5	—出售公羔收入（元）	176 916.8	
—公羊	千克	2	—出售母羔收入（元）	135 365.12	
活羊出售价格—公羔	元/只	800	—出售母羊收入（元）	36 006.592	
—母羔	元/只	760	出售公羊收入（元）	400	
—淘汰母羊	元/只	800	出售副产品收入（元）	0	0.00
—淘汰公羊	元/只	200	生产费用（元）	485 627.749	
			纯利润（元）	−136 939	
羊毛出售价格	元/千克	0	比较统计分析		
羊毛出售数量	千克	443.382	销售收入/单位产品（元）	781.35	
			销售收入/生产母羊	1 516.04	
羊粪出售价格	元/吨	0	纯利润/单位产品（元）	−306.86	
羊粪出售数量	吨	243.0	纯利润/生产母羊	−595.39	
			成本/单位产品（元）	1 088.20	
			成本/生产母羊	2 111.42	

4．萨福克羊与小尾寒羊杂交养殖户的经济效益分析

塔城地区塔城市也门勒乡康源养殖专业合作社采取萨福克羊与小尾寒羊杂交方式养殖，这种方式利用了萨福克羊的多肉型和小尾寒羊的多胎型，以期繁育多肉多胎型肉羊。2015年该合作社养殖萨福克种公羊60只，小尾寒羊的生产母羊1 400只，繁殖率为200%，羔羊死亡率为10%，育成羊的死亡率为3%，生产母羊的死亡率为4%，该合作社繁殖成活率较低。

从表3-39可知，萨福克羊与小尾寒羊杂交的肉羊舍饲养殖方式，生产成本相对较高，萨福克种公羊的生产成本为2 055.25元/只，小尾寒羊生产母羊的生产成本为1 536.38元/只，后备母羊的生产成本为976.13元/只，育肥羔羊的生产成本为343元/只。

表3-39　萨福克羊与小尾寒羊杂交的肉羊饲养费用

项目	单位	种公羊	生产母羊	后备母羊	育肥羔羊
羊数量	只	60	1 400	299	2 171
混合精料	千克/（只·日）	1	0.8	0.5	0.6
单价	元/千克	2.5	2.5	2.5	2.5
饲养天数	天	365	365	365	120
精料费用	元/只	912.50	730	456.25	180
混合干草	千克/（只·日）	2	1.5	1	0.8
单价	元/千克	1	1	1	1
饲养天数	天	365	365	365	120
混合干草费用	元/只	730	547.5	365	96
青贮	千克/（只·日）	1	0.5	0.5	0.5
单价	元/千克	0.35	0.35	0.35	0.35
饲养天数	天	365	365	365	120
青贮费用	元/只	127.75	63.875	63.875	21
折旧费用	元/只	120	80	30	10
燃料动力费	元/只	5	5	3	1
疫病防治费	元/只	10	10	8	5
配种费	元/只		0		

（续）

项目	单位	种公羊	生产母羊	后备母羊	育肥羔羊
人工费用	元/只	150	100	50	30
单位费用	元/只	2 055.25	1 536.38	976.13	343
生产总费用	元	123 315	2 150 932	291 862.87	744 653

根据调研可知，2015年该合作社出售活羊2 426只，其中淘汰公羊12只，出售价格为500元/只；生产母羊243只，出售价格为850元/只；公羔1 210只，出售价格为800元/只，母羔961只，出售价格为780元/只。根据畜群结构模型计算可知（表3-40），肉羊的单位产品销售收入为795.60元，生产母羊的单位销售收入为1 378.93元；单位产品生产成本为1 364.39元，生产母羊的单位生产成本为2 364.77元；单位产品亏损568.79元，生产母羊单位亏损985.83元；由此可见，萨福克羊与小尾寒羊杂交仍处于亏损状态。

表3-40 小尾寒羊与萨福克羊杂交的肉羊养殖经济效益测算

生产参数	单位	参数	畜群结构	数量	年出售数
种公羊数	只	60	公羊	60	12
生产母羊数	只	1 400	母羊	1 400	243
产羔率	%	200	羔羊	2 800	
死亡率—羔羊	%	10	断奶羊	2 520	
—育成羊	%	3	断奶母羊	1 260	961
—生产母羊	%	4	育成羊	299	
—羯羊	%	0	断奶公羊	1 222	1 210
—公羊	%	1	育成公羊	12	
出售年龄—母羊	岁	6.5	合计	1 771	2 426
—公羔	岁	0.5			
—母羔	岁	0.5	经济效益分析	数量	占比（%）
剪毛量—母羊	千克	1.5	销售收入合计	1 930 509	

（续）

生产参数	单位	参数	畜群结构	数量	年出售数
一羯羊	千克	2	出售活羊收入（元）	1 930 508.82	100.00
一育成羊	千克	1.5	一出售公羔收入（元）	968 160	
一公羊	千克	2	一出售母羔收入（元）	749 767.2	
活羊出售价格—公羔	元/只	800	一出售母羊收入（元）	206 581.62	
一母羔	元/只	780	出售公羊收入（元）	6 000	
一淘汰母羊	元/只	850	出售副产品收入（元）	0	0.00
一淘汰公羊	元/只	500	生产费用（元）	3 310 671.03	
			纯利润（元）	−1 380 162	
羊毛出售价格	元/千克	0	比较统计分析		
羊毛出售数量	千克	2 692.14	销售收入/单位产品（元）	795.60	
			销售收入/生产母羊	1 378.93	
羊粪出售价格	元/吨	0	纯利润/单位产品（元）	−568.79	
羊粪出售数量	吨	1 446.1	纯利润/生产母羊	−985.83	
			成本/单位产品（元）	1 364.39	
			成本/生产母羊	2 364.77	

六、典型区域肉羊经济效益差异化影响因素分析

肉羊经济效益差异化的影响因素有很多，从内部到外部，从生产到销售，从供给到需求，从技术到市场，同时还有一些不确定因素的存在，几乎涵盖了自然及社会经济各方面的因素。本部分依据典型区域肉羊养殖实地调研和搜集整理数据，从成本、技术、市场、主体等层面入手，分析诸多要素对肉羊经济效益的差异化影响。

（一）成本因素

1．饲草料成本波动

新疆农区肉羊养殖的饲草料成本和人工成本均比内地高，肉羊养殖成本高，市场竞争力弱。饲草料是肉羊养殖不可或缺的，饲草料的价格波动对养殖成本的影响尤为明显。利用畜群结构模型计算分析，在全舍饲生产方式下，以肉羊产羔率300%为例，在肉羊数量、销售价格、肉羊死亡率等其他因素不变，只有混合干草的价格发生变化时，计算肉羊的经济效益的变化情况。混合干草每增加或减少0.1元/千克，肉羊经济效益就会发生变化；当饲草价格由0.5元/千克增加到1元/千克和1.5元/千克时，肉羊的单位产品纯利润分别减少了139.14元/只和278.28元/只；肉羊单位产品纯利润随饲草价格变化情况见表3-41和图3-9。

表3-41 饲草价格变化对肉羊经济效益的影响

饲草价格（元/千克）	单位产品羊的纯利润（元/只）	生产母羊的纯利润（元/只）
0.5	86.65	243.98
0.6	58.82	165.62
0.7	30.99	87.26
0.8	3.16	8.90
0.9	−24.67	−69.45
1	−52.49	−147.81
1.1	−80.32	−226.17
1.2	−108.15	−304.53
1.3	−135.98	−382.88
1.4	−163.81	−461.24
1.5	−191.63	−539.60

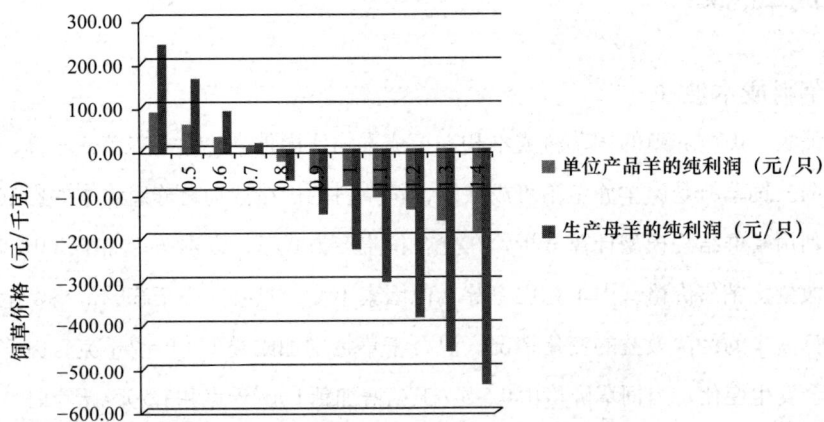

图3-9 饲草价格变化对肉羊经济效益的影响

2．人工成本波动

近年来，随着养殖规模的扩大，用工结构也有一些变化，加之年轻一代逐步脱离畜牧业，家庭用工逐渐减少，雇工成本逐渐增加。根据调查数据可知，目前农牧民组织化经营均有雇工（代牧）情况，其人工成本（工资）相差较大，其成本差异也非常明显（表3-42和图3-10）。

表3-42　劳动力费用增减变化对经济效益的影响

人工成本增减（%）	单位产品羊的纯利润（元/只）	生产母羊的纯利润（元/只）
50	−86.95	−244.84
40	−80.06	−225.43
30	−73.17	−206.03
20	−66.28	−186.62
10	−59.39	−167.22
0	−52.49	−147.81
−10	−45.60	−128.41
−20	−38.71	−109.00
−30	−31.82	−89.60
−40	−24.93	−70.19
−50	−18.04	−50.79

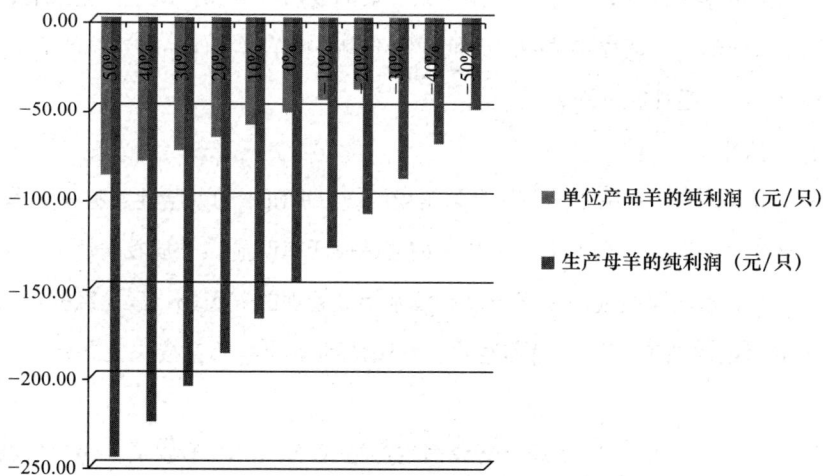

图3-10　人工成本变化对肉羊经济效益的影响

3．其他成本波动

肉羊养殖过程中除了饲草料、人工管理成本外，还有运输、防疫、水电等费用的开支，这些成本的波动也影响着养殖效益的变化。比如燃料动力费、技术服务等价格上升使得运输、防疫等成本增加。以调查区域防疫费用情况为例，防疫费用（防疫＋技术服务）的成本在8～15元，这其中除了防疫国家补贴外，技术服务费用则由当地自定，区域间不等，按照技术服务费用1～3元/只的差异，这就意味着每500只左右的羊群，仅仅防疫服务费用就要损失1只羊的收益。

（二）技术因素

1．多胎性、产肉性和产毛性

从技术层面上来讲，经济效益的价值转换体现在畜产品的三个方面上：多胎性、产肉性和产毛性。从多胎性来看，同样母本，单胎和多胎明显影响后期的商品畜的产量和畜产品的市场交易。根据调查发现，从多胎率排序上看，杜泊羊＞萨福克羊＞陶赛特羊，杜泊羊多胎率可达到1.8胎，萨福克羊多胎率为1.5胎，陶赛特羊多胎率为1.2胎；从杂交成活率上来看，杜泊羊和湖羊杂交后的成活率更高。从产肉上来看，同等养殖周期下，杜泊羊、萨福克羊的产肉量更优于陶赛特羊等其他品种；从产毛上来看，中国美利奴羊的产毛性能更强。

2．繁殖成活率

肉羊经济效益的一个基本的前提是繁殖成活。以调研中的多胎性繁殖成活率为例，其高低水平差异体现在三个方面：一是舍饲繁殖成活率明显高于放牧转场；二是技术管理水平高的养殖场繁殖成活率高于没有技术指导管理的养殖场；三是经验丰富牧户养殖的羊群繁殖成活率高于一般养殖户。繁殖成活率的高低直接决定并影响其经济效益。

通过畜群结构模型计算分析，全舍饲生产方式下，在肉羊数量、销售价格、生产成本等其他因素不变，只有羔羊死亡率发生变化时，计算肉羊的经济效益的变化情况。羔羊死亡率每增加或减少5%，肉羊经济效益将会发生显著变化；当羔羊死亡率由5%增加到25%和40%时，肉羊的单位产品纯利润分别减少了139.63元/只和306.12元/只；肉羊单位产品纯利润随羔羊死亡率变化情况见表3-43和图3-11。

表3-43　羔羊死亡率对肉羊经济效益影响

羔羊死亡率（%）	单位羊的纯利润（元/只）	生产母羊的纯利润（元/只）
5	147.08	414.14
10	118.03	314.74
15	85.55	215.34
20	48.96	115.94
25	7.45	16.54
30	−40.04	−82.86
35	−94.91	−182.26
40	−159.04	−281.66

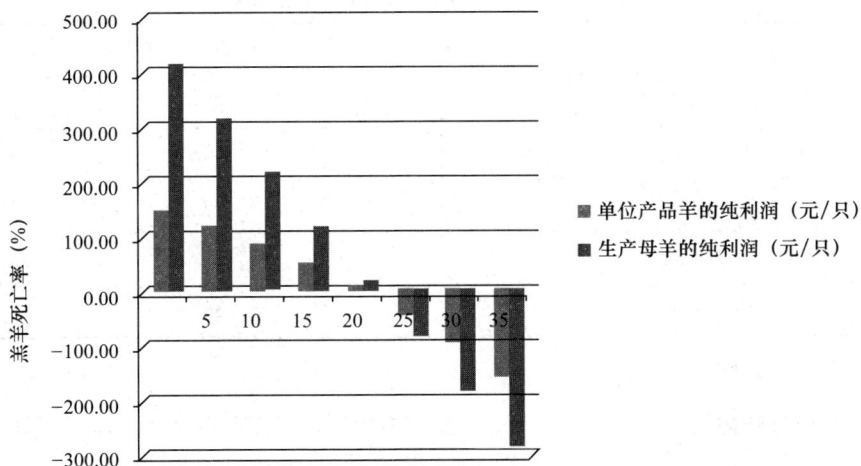

图3-11　羔羊死亡率对肉羊经济效益影响

（三）市场因素

1. 价格波动

价格是价值的具体体现，是市场波动最直观的反应，是市场供需变化的必然结果，供过于求时，价格低于价值；供小于求时，价格又高于价值。另外，价格往往对于供给需求反应具有滞后性。价格是直接影响经济收益的风向标。近年来羊肉价格一路上扬，尤其是2006—2013年，羊肉价格以18.71%的年均增长率快速增长，羊肉价格从2006年的18.62元/千克上涨至2013年的61.88元/千克，但2013年年底到2014年上半年，新疆、甘肃、内蒙古、宁夏等省区接连暴发小反刍兽疫，对整个肉羊产业造成了较大冲击。2014年下半年羊肉价格同比增幅放缓，2014年年底到2015年羊肉价格持续下跌。截至2015年6月，国内羊肉平均价格已经下降到60.54元/千克，新疆羊肉价格已经下跌至48.47元/千克，每千克羊肉价格较全国、内蒙古、河北和河南平均水平分别低12.07元、0.70元、5.15元和8.06元（表3-44）。

表3-44　2015年不同区域内羊肉价格变动

区域	羊肉价格（元/千克）
新疆	48.47
全国	60.54
内蒙古	49.17
河北	53.62
河南	56.53

数据来源：调研资料整理所得。

通过畜群结构模型计算分析，全舍饲生产方式下，在肉羊数量、羔羊死亡率、生产成本等生产性指标不发生变化，只有销售价格发生变化时，计算肉羊的经济效益的变化情况。肉羊的销售价格每增加或减少50元/只时，肉羊经济效益将会发生变化；当活羊销售价格由700元/只增加到900元/只和1 100元/只时，肉羊的单位产品纯利润分别增加了199.55元/只和399.10元/只；肉羊单位产品纯利润随活羊销售价格变化情况见表3-45和图3-12。

表3-45　活羊销售价格变化对经济效益影响

活羊销售价格（元/只）	单位产品羊的纯利润（元/只）	生产母羊的纯利润（元/只）
700	−181.29	−483.41
750	−131.40	−350.39
800	−81.52	−217.36
850	−31.63	−84.34
900	18.26	48.69
950	68.15	181.72
1 000	118.03	314.74
1 050	167.92	447.77
1 100	217.81	580.79

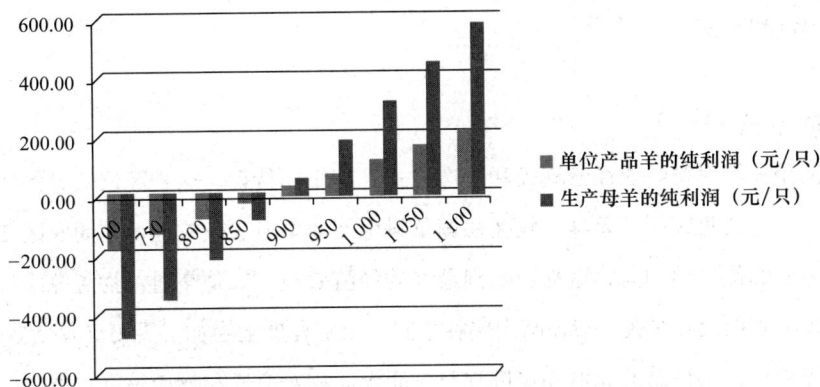

图3-12　活羊销售价格变化对经济效益影响

2.品牌增值

品牌价值是品牌管理要素中最为核心的部分，也是一个品牌区别于同类竞争品牌的重要标志。品牌的价值关键体现在差异化价值的竞争优势上，品质差异化是品牌价值差别的核心，而技术是一切品质的终极决定因素。调查发现，基于华凌、福润德等企业订单式生产的肉羊，无论从活畜还是加工产品上，其价值增值均很明显。比如，伊吾县北牧合作社与企业合作打造的"途阔"羊肉已经远销国内外，当地入社农牧民还获得"二次返利、分红"的增值效益。调研发现，"途阔"羊肉基于欧盟EC认证和欧盟有机饲草料种植认证、有机羊养殖认证、分割羊肉有机认证，产品已远销到沿海各大城市的超市和港澳台地区。其品牌增值部分保障了该品牌下关联养殖户肉羊销售价格稳定，同时还能高于当期市场价7～8元/千克销售，相对于其他养殖户而言，明显减小了由于价格下跌等市场波动因素造成的经济效益损失。

3."互联网+"模式

一些区域开始探索物联网、互联网、APP客户端等技术平台和手段的整合，实现"羊圈"到"餐桌"可视化管理，让客户远程管理和监控食物生产过程，使得消费更加精准、高效和传动。新疆已建成4个国家级电子商务示范基地、6个自治区级电子商务示范基地，形成了以乌鲁木齐为中心、覆盖南北疆地区的电子商务示范基地体系。探索农村电商交易和精准扶贫路径效果显现，经济效益增幅度明显高于以往。

（四）主体因素

1. 区位差异

区位差异使得畜牧业经营模式和生产方式具有不同特征。这种区位差异体现在三个方面：一是农牧区区位差异。牧区在饲草料生产成本方面较农区低，而农区在养殖和销售方面的优势很明显，这都影响到最终的经济效益。二是交通、物流等区位要素差异。牧区面积大且多数分布在高山峡谷之间，一定程度上增加了买卖双方交易成本，影响牧民外部市场信息的获取和议价收益；而农区相对交通和物流等更加便利，买卖交易时效性和对市场反应性更强。三是生产型和消费型产业区位差异。经济增长、社会发展和城市建设的影响，一部分区域基于逐步扩大畜牧产业的发展和产业导向，产生了"从无到有、到优""以消费引生产"的区域，这些区域以市场为导向，以订单方式促使其转变为"消费型"肉羊养殖区域（表3-46）。

表3-46　不同类型区域肉羊经济效益区位影响比较

类型	生产型	消费型
区位	牧区	农区
代表县市	特克斯县	乌苏市
特点	散户养殖、组织化程度低 议价能力弱、自发销售 经济效益波动较大	集中规模养殖、组织化程度高 议价能力强、订单销售 经济效益波动基本不大

数据来源：调研资料整理所得。

2．组织化程度

组织化、规模化经营是增强主体竞争优势、缩减生产经营成本和增加收入的最终目的。提高牧民组织化程度和转变牧民生产经营方式在提升经营效益和牧民增收方面作用明显。通过调查数据，比较一般牧户、经验丰富牧户和专业养殖合作社2013—2015年三年间肉羊销售情况。从表3-47可以看出，2013—2015年肉羊售价平均价格高低依次为专业养殖合作社（1 000元）、经验丰富牧户（800元）、一般牧户（716元），专业化养殖合作社肉羊销售具有明显优势。

表3-47　2013—2015年不同经营主体肉羊售价比较

单位：元/只

经营主体	2013年	2014年	2015年	平均价格
一般牧户	800	700	650	716
经验丰富牧户	900	800	700	800
专业养殖合作社	1 100	1 000	900	10 00

数据来源：调研资料整理所得。

（五）其他因素

1．疫情等风险因素

从疫病防疫及风险的角度来看，不同养殖方式风险程度各不相同。大体来看，舍饲养殖的风险最小，放牧养殖的风险相对大一些，尤其是纯放牧的养殖方式近乎是靠天吃饭，不确定风险过高，也不便于开展管理工作。而在舍饲的条件下，技术、生产能力以及环境相对要好，各方面条件相对均衡和稳定，可极大提高肉羊养殖的繁殖成活率和市场销售效益。从2013年年底到2014年的上半年，我国新疆、甘肃、内蒙古、宁夏等省区接连暴发了较为严重的小反刍兽疫疫情，而后疫情逐渐扩展至全国20余个省份。确诊疫情后，为避免疫情的传播，政府对疫点内的羊进行扑杀，对疫区、受威胁区域进行封锁，各地活羊流动受到严格限制。在肉羊优势产区内，肉羊外销作为最大的销售渠道已成为肉羊产业主产区内重要的特征之一，部分主产县市70%以上的活羊要依靠向外销售来支撑产业发展。活羊流动受限，外销受阻，外部需求骤减，使发生疫情的区域活羊及羊产品价格下降。较早发生疫情的新疆、甘肃、内蒙古和宁夏也是羊肉价格发生同比下跌最早的省份。疫情暴发后，当地政府紧急采取措施，疫情逐步得到控制，但是疫病使肉羊存栏急剧下降、严重挫伤养羊户的养殖信心，给产业发展造成巨大冲击，直接表现为羊肉价格的大幅度持续性下跌。

2．外部不确定因素

中国经济增长开始逐步放缓，2012—2014年国内生产总值的增长率均小于8%，经济发展与居民收入增长均进入新的发展调整阶段。羊肉属于可选择性商品，收入弹性为正，价格弹性为负，而目前羊肉价格已经上涨至较高水平，单位价格基本上是禽肉和猪肉的3倍左右，居民羊肉消费会有所减少。主要表现在：①世界经济停滞不前，中国经济增长开始放缓，呈L型运行，商品市场普遍下行。②进口羊肉冲击。③替代商品（牛肉猪肉禽肉）价格下滑。④羊肉价格由高到低，不是一直在高位运行。新疆羊肉价格降幅相比较全国、内地畜牧大省羊肉价格下降幅度较大。同时，对于新疆非羊肉刚性消费人群，其禽肉和猪肉等替代品消费的增长削弱了羊肉需求量，特别是春节过后气温回升，这种变化将会更加明显。

七、研究结论与对策建议

（一）研究结论

1．新疆肉羊不同生产方式的优劣势分析

新疆肉羊的生产方式归纳起来主要有"放牧+补饲""放牧+舍饲"和"全舍饲"三种，也就是草原畜牧业游牧生产方式和全舍饲生产方式，通过畜群结构模型测算，分析肉羊产业的草原畜牧业生产方式和全舍饲生产方式的优劣势。

（1）新疆"草原放牧"肉羊生产方式优劣势分析

1）优势分析

①草原畜牧业是合理利用自然资源的生产方式：几千年来，新疆的游牧业之所以没有被农耕业所取代，主要是因为气候、水资源、土壤结构、植被群落及相关自然因素，不适宜耕作农业的发展。也就是说，在气候干旱寒冷、水资源贫乏、土壤沙质化的地区只有选择草原畜牧业，才能获得较高的、稳定的经济效益。新疆草地类型的不同，决定了牧民畜牧业生产方式。新疆天然草原最基本的利用方式是四季转场游牧，按不同的季节轮换利用，形成以春秋牧场、夏牧场和冬牧场为主的季节性牧场；新疆地方（不包括新疆生产建设兵团）可利用草场面积为4 600万公顷，其中，冬牧场的草原面积最大为1 847.80万公顷，占总面积的40.17%；春秋牧场的草原面积为1 711.53万公顷，占总面积的37.21%；夏牧场的草原面积为1 040.67万公顷，占总面积的22.62%。占可利用草场面积40%的冬草场为"放牧+补饲"提供了优越的自然条件，是饲养成本最低、经济效益好的首要条件。

②草原畜牧业是成本较低、经济效益最佳的生产方式：草原畜牧业通过草原生态系统所具有的物质循环、能量流动等生态功能有效发挥启动经济系统运转。牧民通过

简单的放牧劳动，利用畜群的繁殖机制，将牧草能量转换成畜产品，进入流通环节，最终实现价值转移增值。草原畜牧业只需要少量劳动力参与，是一种劳动节约型的最经济的生产方式，这也是牧民为什么放弃定居点优越的生活条件到条件非常艰苦的冬牧场放牧的主要原因。游牧是一种利用草场资源的特殊形式，游牧畜牧业在历史上一直是牧区的传统产业，如果合理安排放牧方式和严格控制放牧数量不但不会破坏草场，还能有效保护草原生态系统的平衡。在现在和将来"放牧＋补饲"仍然是新疆肉羊生产的主要经济活动和生产方式。因此，在新疆肉羊产业发展主要还是靠草原畜牧业来带动。

③草原畜牧业是最环保绿色的生产方式：随着人们生活水平和健康意识的不断提高，食物结构和营养水平的大幅度改善，对动物性食品的安全性要求越来越高。天然草场放牧生产的羊肉是绿色有机产品，这是任何全舍饲肉羊生产都无法比拟的。因此，新疆草原生产的绿色、优质羊肉深受新疆及全国人民喜爱，具有广阔的发展前景。

2）劣势分析

①草原畜牧业利用不当将造成草原退化，使用草原面积减少：新疆天然草场面积辽阔，资源丰富，但改革开放30多年来，因家庭承包草场规模下的放牧方式与草原生态系统之间存在矛盾，以小农经济的思想指导草原畜牧业经济；草原牧区人口增长过快，草原承载力不堪重负；草原退化、沙化、盐渍化趋势严重，草原生产力普遍下降。据有关资料显示，新疆可利用草场中有80%以上出现不同程度的退化，其中40%严重退化，产草量下降了30%～50%。很多冬牧场因为过度放牧，导致30%的草场不能利用。

②交通不便，生活和生产环境艰苦：在新疆由于草场随山地海拔高度不同而具有分带性，牧民世世代代形成了不同季节利用不同高度草场的迁徙游牧方式。因交通不便，转场过程中，牧民们携全家人组成驼队或马队，带着生活用品赶着羊群一起大转移，路程短的30～50千米，路程长的达300～500千米。

③受自然影响大，生产水平低：草原畜牧业完全受制于自然，发展牲畜处于"夏壮、秋肥、冬瘦、春死"，大灾大损失，小灾小损失。再就是经过长期四季游牧，生产母羊基本都是一年一胎。

④产品季节性强，很难做到全年均衡出栏：四季游牧肉羊的生产周期一般是在每年春天3—4月产羔，9—10月集中出栏，很难做到全年均衡出栏。

2．新疆"全舍饲"肉羊生产方式的优劣势分析

（1）优势分析

1）生产水平较高　新疆近年来从国外和区外多次引进萨福克羊、特克塞尔羊、杜泊羊和德国美利奴羊等肉羊品种，经过纯繁和杂交改良后，这些肉羊品种表现出比较优良的生产性能，其杂交后代的肉用性能有显著提高；近几年，有些养殖企业和合作社开始引进多胎肉用羊小尾寒羊和湖羊，主要目的是利用其强大的多胎性，提供所需的多胎遗传基因，提高肉羊的繁殖率。也有一些养殖企业和合作社，其生产水平很高，最高的繁殖率可以达到300%以上。

2）规模化、集约化经营　全舍饲生产方式以企业、合作社或家庭牧场饲养为主，适度规模，集约化经营，组织化程度较高。

3）全年均衡出栏　全舍饲生产方式可以做到常年均衡产羔，均衡育肥出栏，均衡供应市场。

（2）劣势分析

1）生产成本较高　农区肉羊生产的主要模式为舍饲圈养，一直以来，受国际粮食价格上涨和国内深加工消耗量增加等因素影响，主要饲料原料价格持续高价位运行，同时随着城市化的拉力和农村自身发展的推力，农村青壮年劳动力迅速向非农产业转移，导致肉羊养殖的机会成本增加，发展肉羊养殖的劳动力成本明显加大，致使肉羊的舍饲圈养成本不断增加。

2）缺乏统一规划　目前，多胎羊在新疆已具备一定的群体规模，从各地引种后饲养情况看，多胎羊的良好生产性能尚未充分显现，同时，部分养殖场引进多胎羊死亡率高、适应性差、羔羊成活率低等问题较为突出。农区肉羊品种混乱，引进品种只引不选；虽然不少地区开始从国外和内地引进肉羊的多胎品种，但在引种过程中缺乏专业技术人员指导，引入的肉羊品种良莠不齐，并且对肉羊的适应性评估较为欠缺；同时，引入的肉羊品种，由于没有系统的技术指导，养羊户还不能确立科学的杂交组合，形成乱交乱配的混乱局面，在多胎羊引种中普遍存在"重引进，轻选育"现象。

3）饲养管理水平低　肉羊生产中缺乏饲养标准，饲草料配比不科学，养殖户对肉羊的营养需求不了解，未掌握肉羊饲粮配比技术，饲养标准和营养参数的缺乏在很大程度上制约了肉羊产业的健康发展。

4）比山东省、江苏省生产成本高　主要是新疆青粗饲料成本比山东、江苏要高30%，人工成本高20%左右，精饲料成本基本持平，粗饲料成本较新疆高30%左右。山东、江苏等省母羊年均日饲喂成本约2元，而新疆一般都在3元左右。

5）与山东省、浙江省的消费习惯不同　山东省和浙江省都有消费乳羔的习惯。在山东省和浙江省小尾寒羊和湖羊母羊产羔后一般只留存2只健壮羊羔，其余直接屠宰，以每只100～200元价格出售。而新疆没有此习惯，导致多胎羊的养殖效益较低。

3．主要结论

（1）建立畜群结构模型，测算不同生产方式、不同肉羊品种的生产经济效益，可以为农牧民提供一套简便易行的经济效益测算方法，让农牧民在肉羊生产过程中，可进行事前、事中和事后分析，做到精准施策。

（2）通过畜群结构模型分析了新疆不同生产方式肉羊生产的经济效益，结论是"放牧+补饲"是最经济的生产方式，这也就不难理解牧民们为什么顶风冒雪、长途跋涉也要四季转场放牧的主要原因。

（3）从各地引入多胎羊的饲养情况看，多胎羊的良好生产性能尚未充分显现，大部分养殖场引进湖羊、小尾寒羊等多胎羊，死亡率高、适应性差、羔羊成活率低等问题较为突出。

（4）在目前的羊肉价格水平、饲草料价格水平和劳动力成本条件下，通过畜群结构模型测算，结果是新疆农区全舍饲养羊几乎全部处于亏损状态。

（二）提升肉羊生产经济效益的对策建议

肉羊产业是新疆现代畜牧业发展的主导产业，是新疆最具优势的传统产业之一。加快肉羊产业发展，是优化农业产业结构、保障市场供给的现实需要，也是培育新疆新的经济增长点、促进农业增效和农牧民增收的客观要求。

1．转变草原畜牧业发展方式，传承四季游牧生产方式

从经济的角度看，"放牧＋补饲"是最经济的生产方式，"放牧＋舍饲"次之，"全舍饲"最差。这就是尽管四季游牧辛苦，牧民依然选择它的原因。传承游牧制度，创新游牧制度，采用科学养畜、建设养畜，转变畜牧业发展方式，也是现代畜牧业发展的需要。转变畜牧业发展方式，要通过合理禁牧、休牧和草畜平衡政策的实施，在控制牧区放牧牲畜数量的条件下，肉羊产业的发展应坚持以"自繁自育为主，引进为辅"，在改良和发展本地特色优势肉羊品种的前提下，政府应提供技术指导并引导养殖户引进高品质肉羊品种，淘汰劣质肉羊品种，扩大良种数量，提高单体质量。通过品种改良，提纯复壮，提质增效，发挥内部潜力，从外延扩大再生产向内涵扩大再生产转变，摒弃片面追求牲畜头数的扩张型增长方式，引导牧民合理利用草场。

2．以草原畜牧业转型为契机，引导牧民走联户经营、合作经营的发展道路

20世纪80年代初，农村改革的实质就是变集体经营为家庭经营，这种做法在全国农村实施后，取得了比较好的效果。新疆牧区也效仿农区建立起了牲畜折价归户承包、包畜到户和包群到户等多种形式的联产承包责任制，他们忽略了牧区游牧生产比较注重协同劳动，将人畜草作为和谐统一的整体，如果把它们割裂开来，不利于合理利用草场资源。联户经营模式就在草场承包责任制推进过程中，牧民通过自发联合实现的以社会为基础的草场资源共管模式。在这种内生制度下，联合经营体内的成员可共同使用集体内部的草场资源，并取得各自权属之下的牲畜收入；成员们需要通过相互缔约来实现牲畜存栏量的限制，并可通过草场转包或租赁来实现草场使用权的转让。通过草原畜牧业转型政策的实施，鼓励和引导牧民以地缘或血缘关系为纽带，两个或两个以上牧户按照自愿、平等、互利的原则，将所承包的草场和牲畜进行联户经营和合作经营，以达到提高劳动效率和增加牧民收入的目标。

3．规范引种行为，优化品种选育和良种繁育

充分发挥对口行政管理部门的职责，与引进省区农牧部门建立稳定的业务联系，有计划地组织引种；坚决防止从散户临时收购引进，以避免劣质母羊引进造成不必要的损失。引种尽量避开夏季高温、冬季严寒两季，同时，尽量缩短调运时间，以减少

应急反应。建议有计划地在南疆地区布局建设湖羊三级繁育体系，并保持体系运行的相对封闭性，尽快实现自繁扩增，减少区外调入量。新疆多浪羊、策勒黑羊具有较高的繁殖性能，立足本土品种选育，紧抓品种选育，扎实做好地方多胎（多羔）羊的育种改良工作。

4．提高肉羊科学饲养的水平，加大肉羊生产实用技术推广和人才培训力度

鉴于目前区内多胎羊调入量较大，鼓励支持区内多胎羊养殖场、区内畜牧科研单位开展多胎羊疫病综合防治、饲草料配方饲喂、设施环境调控等方面进行试验研究，尽快摸索出一套适宜新疆湖羊养殖的饲养管理技术。开展专业技术人员、规模养殖场（户）、养殖专业合作社带头人培训和技术推广工作，主要推广肉羊高效增产、颗粒饲料生产加工调制、日粮配方饲喂、疫病综合防治等实用技术。结合自治区现代农牧业人才支撑工程，对乡、村专业技术人员进行系统培训。结合肉羊标准化规模养殖场（小区）建设，建成和完善肉羊实用技术推广培训基地，开展农牧民实用人才培养工作。创新肉羊技术推广服务方式，建立由区、地、县三级畜牧兽医技术推广机构分片包干开展技术服务的机制，尽快建成一批科技推广示范县、示范乡镇、示范村，大幅提高肉羊科技进村入户率。

5．大力推进肉羊产业化经营，形成肉羊标准化、规模化发展的集聚优势

扶持肉羊产业龙头企业和养殖合作社使其发展规模养殖，政府必须有计划、有组织地为畜牧业龙头企业和养殖合作社提供各类扶持政策和资金资助，引导和帮助合作社带动农牧户发展肉羊规模化养殖，从而促进牧民增收。引导和扶持农牧企业、养殖大户、肉羊营销大户牵头成立养殖专业合作组织通过联户经营实现规模化养殖和专业化分工。结合草原畜牧业转型示范工程建设，积极发展牧区草畜入股企业（合作社）、牧民养殖合作社和家庭牧场，促进畜牧业生产方式转变和生产经营主体转型，培育成功转型的肉羊生产主体，提高牧区肉羊生产的组织化程度。支持区内外企业通过并购、注资、控股、上市融资等形式创建大型企业集团，尽快形成肉羊生产规模化发展的产业集聚优势。鼓励各地创建绿色有机羊肉品牌，提高新疆牛羊肉产品国内外市场竞争力。

6. 进一步完善肉羊补贴政策，健全和完善羊肉储备体系，保证羊肉均衡供应

为了抵抗肉羊产业养殖风险，应对肉羊养殖产业加大政策引导和资金扶持力度。第一，合理配置和保护性开发利用现有资源，对肉羊品种引进、改良和商品杂交工作进行补贴。第二，为加快恢复和增加能繁母羊的数量，应对产羔母羊给予适当补贴。第三，要结合畜牧业生产特性，制订简单、可行、易于操作且符合农牧民实际的信贷和保险产品，建立畜牧产业化再保险和灾害风险分散机制，增强农牧民抵御风险的能力和肉羊养殖的积极性。第四，要加快肉羊优势产业带的建设，提高肉羊生产的区域集中度，将散养模式在区域内进行集中，提高农牧民进入市场的组织化程度，通过区域肉羊生产的稳定增长，来保障肉羊产业的安全发展。

肉羊出栏季节性较强，价格变化较大。要进一步完善羊肉储备库及活羊储备体系，让其发挥蓄水池的作用，及时调整羊肉供应量，平抑羊肉价格。在建立储备库的资金方面，可以采取向国家争取一些、自治区补贴一些、各地方政府自筹一些的方法。在已有储备库的地区，要适当扩大现有的储备容量，加大调解力度，保障市场供应。在建立储备库的同时，建立起比较完备的储备运行制度，确保储备体系更好地运行。

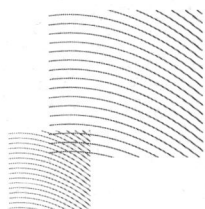

第四部分

伊犁河谷畜牧业发展研究

一、研究概述

（一）研究背景和意义

1. 研究背景

伊犁河谷广袤的天然草原是新疆畜产品的重要生产基地。伊犁州直属11个县市拥有可利用天然草原面积为313.76万公顷，农业耕地面积为59.33万公顷，人口290.26万人。土地肥沃，水资源丰富，自然降水丰厚，适宜玉米等粮食作物种植，发展畜牧业条件优越。但是，由于牧区人口不断增长的压力促使牲畜饲养量不断增长，草场超载过牧引发的草地退化问题日趋显现。随着我国市场经济体制的不断完善和畜牧业市场化程度的不断提升，伊犁河谷草原畜牧业可持续发展面临诸多矛盾与困难。包括畜牧业生产方式与草原生态系统之间的矛盾；小规模分散生产与产业化经营之间的矛盾；牧户与市场之间利益联结、牧民参与能力弱化与权益保障之间的矛盾等。因此，在主动适应经济增长新常态的前提下，深入调查研究伊犁河谷现代畜牧业的发展路径和发展模式，可为伊犁河谷现代畜牧业发展奠定基础。

本研究以转变畜牧业发展方式为主线，以畜牧业增效、农牧民增收为重点，加快构建具有伊犁河谷特色的现代农牧业产业体系，推进伊犁河谷由农牧业大区向农牧业强区转变。做大做强牛羊产业，加快发展马产业，适度发展猪禽产业，加大品种改良、标准化养殖小区建设、牧民定居、饲草料基地建设和动物防疫体系建设力度，推进传统畜牧业向现代畜牧业转型，形成伊犁河谷畜牧业发展新格局，打造全国知名的优质畜产品生产基地，促进农牧民大幅增收，提升伊犁河谷畜牧业的核心竞争力。

2. 研究意义

全面贯彻落实党的十八大和十八届三中全会精神，坚持"资源开发可持续、生态环境可持续"的发展理念，以市场为导向，以机制创新为动力，以畜牧业增效、农牧民增收为核心，推进养殖业分散经营向规模化、标准化、产业化经营转变、推进原料生产向终端产品生产的转变，大力改造提升传统畜牧业，加快发展现代畜牧业，努力实现现代畜牧业跨越发展；坚持做大做强养牛业、稳定发展养羊业、加快发展养马业、适度发展猪禽养殖业、发展生态高效养蜂业，实现"畜群畜种结构合理化、牲畜品种良种化、生产经营产业化、疫病防治网络化"；打造伊犁马、新疆褐牛、哈萨克羊和优质天然草原"四大"产业品牌；建设全疆最大优质牛羊肉、乳品、猪禽和饲草料加工"四大"优势产业基地；推进牧民定居后续产业、标准化规模养殖、饲草饲料基地、农牧民素质教育等四大工程建设，加快动物疫病防控体系、畜禽良种繁育体系、畜产品质量安全监管体系、草原建设与保护体系建设。全力把畜牧业打造成伊犁河谷经济社会发展的优势产业、农业农村经济的主导产业和农牧民增收致富的支柱产业，推进伊犁河谷由畜牧大州向畜牧强州发展。

（二）研究思路

坚持"创新、协调、绿色、开放、共享"的发展理念，以畜牧业提质增效、保障市场供应、农牧民持续稳定增收为核心，始终坚持"生态优先、立草为业、品种优良、优质安全"的总目标，以科技为先导，在持续做大的基础上、不断做强，重点突出天然草原有机牛羊肉品牌建设与质量提升工程，农区继续拓展肉牛、奶牛、马产业、特色养殖等产业发展空间，以科技创新为引领，突破产业发展瓶颈，规范畜牧产业经营秩序和畜产品品牌商品化经营。把畜牧业打造成伊犁河谷经济社会发展的优势产业、农村经济的主导产业和农牧民增收致富的支柱产业。"十四五"末，草原畜牧业全面实现草畜平衡；农区畜牧业和草原畜牧业协调发展，分散养殖基本转向规模化生产经营、畜牧业原料生产向终端商品化生产转变加速、质量效益型畜牧业发展模式定型；新疆褐牛、哈萨克羊（肉用品系）、伊犁马和伊犁草原产业品牌享誉全国，伊犁河谷基本实现畜牧业现代化。

（三）研究方法与技术路线

1. 研究方法

（1）采用统计分析、全面调查与抽样调查相结合的方法。对伊犁河谷区域宏观经济发展调查采用的是统计分析；对不同县市调查采用的是全面调查；对牧区牧户的调查主要采取的是抽样调查。

（2）采用定量与定性分析相结合的方法。该研究定量分析主要是开展各县市畜牧业发展的规模等进行评价。定性分析主要是对伊犁河谷畜牧业产业发展进行SWOT分析等。

（3）采用静态分析与动态分析相结合的方法。静态分析重点是针对伊犁河谷畜牧业发展现状的分析。动态分析重点是分析2020年和2025年畜牧业产业发展状况等。

2. 技术路线

研究技术路线见图4-1。

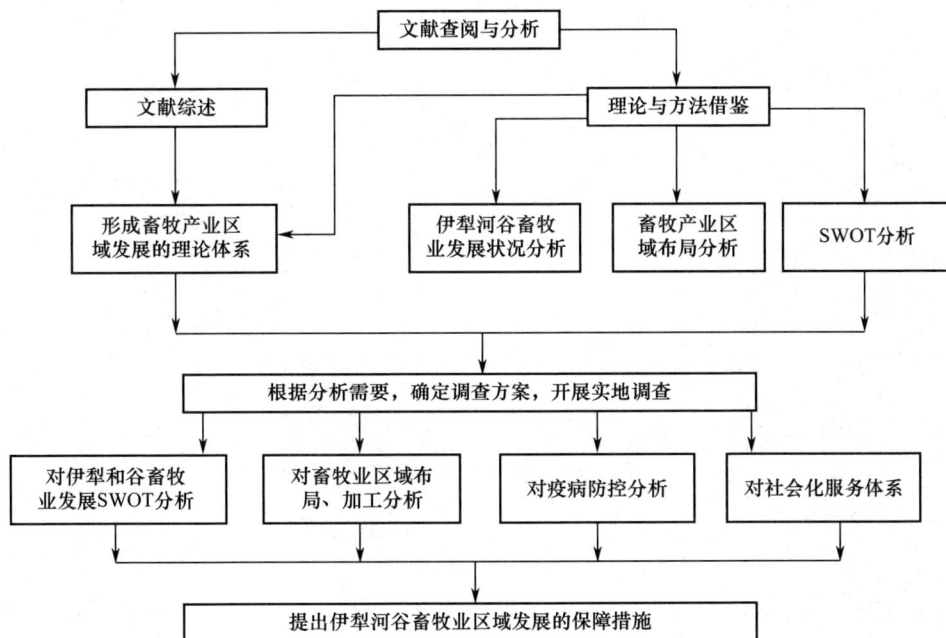

图4-1 技术路线

（四）研究范围

本研究范围以伊犁州直属11个县（市）为基准，重点区域是伊犁河谷区域。

二、伊犁河谷畜牧产业发展现状分析

（一）自然资源状况

1．地理位置及土地资源状况

伊犁州直位于中国天山山脉西部，三面环山，地处北纬42°14′～44°50′，东经80°09′～84°56′。东西长360千米、南北最宽处275千米，土地面积5.64万千米^2；幅员辽阔，土地肥沃，水土光热资源丰富，草原植被广袤，有着畜牧业发展得天独厚的自然资源优势。拥有可利用天然草原面积313.76万公顷，农业耕地面积59.33万公顷（其中，水浇地面积为46万公顷、旱地约13.33万公顷）；粮食种植面积约36.67万公顷。

2．气候光热条件

伊犁河谷地处欧亚大陆腹地，远离海洋，属大陆性温带气候。由于特有的自然地理条件，河谷降水充沛，成为较湿润的半干旱地区。然而由于地形复杂，气候特征又表现出明显的地带性差异，可分为伊犁河谷平原、喀什河谷、巩乃斯河谷、特克斯河谷及昭苏盆地五个气候区。

（1）农业区。伊犁河谷平原区，包括伊宁县、伊宁市、霍城县、察布查尔县和巩留县西部。该区气候温和，降水较少。年平均气温7.4～9.1℃。年平均降水量205.8～257.5毫米，年平均蒸发量1 410.1～1 887毫米，年平均无霜期150～179天，为温和、半干旱区，这个区域农业生产水平高，农作物秸秆丰富，农区畜牧业发达。

（2）半农半牧区。喀什河谷、巩乃斯河谷、特克斯河谷丘陵区，包括尼勒克县、新源县东部、特克斯县和巩留县东部。气候冬暖夏凉，积雪丰厚，降水较多，而热量资源较差。属温凉半湿润区。年平均气温 5.3 ~ 8.1℃，最高气温范围 36.7 ~ 39.8℃，最低气温范围 -33.4 ~ -39.9℃。年平均降水量为 256.6 ~ 479.7 毫米，蒸发量 1 258.8 ~ 1 471.8 毫米，无霜期 103 ~ 150 天，是伊犁州直主要的牧区。

(3) 重点牧区。昭苏盆地，冬寒夏凉，气温较低，春秋相连、冬长无夏，山区多雷雨，年平均气温 2.9℃，最高气温 33.5℃，最低气温 -40.1℃，降水量 512.1 毫米，蒸发量 1 259.2 毫米，无霜期 97 天，此区热量较差，种植作物单一，最适宜畜牧业发展。

3．水资源状况

伊犁州直水系分布极广，其密度居全疆首位。据统计，有大于 10 千米以上的河流 105 条，水资源总量为 146.4 亿米^3，其中地表水资源量为 143.9 亿米^3，地下水资源量为 73.8 亿米^3，地表水与地下水资源重复量为 71.29 亿米^3；人均水资源量为 4 903.9 米^3/人。

(二) 草地状况和饲草料状况

1．天然草场状况

伊犁州天然草原面积为 347.29 万公顷，可利用天然草地 313.76 万公顷，分别占新疆的 6.0% 和 6.58%。伊犁河谷天然草原与全疆其他地区相比有以下几个特点：一是产量高，全州天然草原平均单产为 410.5 千克，折合于干草 103.3 千克。由于单产高，草原的载畜能力相对较高，平均载畜量为 0.52 公顷，其中夏草场的载畜量为 0.33 公顷。二是品质优良，中等以上的草原达 94%，在牧草种类的构成上世界公认的优良牧草伊犁河谷几乎都有，如羊茅、苇状羊茅、鸭茅、早熟禾、鹅观草、白羊草、红豆草、红三叶、野苜蓿、木地肤等成型面积相当大。三是草层高，草被盖度大。四是牧草种类多，种质资源丰富，有 84 科，452 属，1 243 种，约占全疆植物总数的 37%。五是山区天然草原上放牧畜牧业具有不可替代性。伊犁河谷山区占土地总面积的 75% 左右，天然草原集中于此。由于水热失调，即低山区热量够但缺水，中山区以上水多但热量不够，种植业和林业都不是很适合，最适合发展畜牧业。

伊犁河谷草原垂直分布比较明显，从冰川以下为高寒草甸类、山地草甸类、山地草甸草原类、山地草原类、山地荒漠类、平原荒漠类、平原低地草甸类、平原沼泽类，共有八大类型、238个草场类型。伊犁河谷天然草地类型多、品质好、生产力高，并且独特的自然环境孕育了那拉提、唐布拉、喀拉峻、库尔德宁、巴拉克苏、喀日坎特、托乎拉苏等举世闻名的大草原。伊犁河谷各县市可利用天然草原类型见表4-1。

表4-1　伊犁州直可利用天然草原现状

单位：万公顷

地区	高寒草甸	山地草甸	高寒草原	山地草原	山地荒漠	平原荒漠	平原低地草甸	平原沼泽	合计
伊宁市	—	—	0.07	0.08	0.07	1.78	—	—	2.01
奎屯市	—	—	—	—	—	3.33	—	—	3.33
霍尔果斯市	1.12	1.14	—	0.49	0.66	1.89	—	0.01	5.30
伊宁县	0.57	10.65	3.64	4.19	1.84	6.57	0.57	0.26	28.28
霍城县	2.14	5.09	2.68	3.81	0.81	7.71	0.89	0.21	23.35
察布查尔县	1.74	2.75	1.96	3.32	—	13.10	4.76	0.35	27.98
巩留县	3.17	5.88	3.34	5.26	—	4.66	2.38	—	24.69
新源县	4.20	15.23	9.55	6.14	1.28	3.48	5.64	0.39	45.93
特克斯县	8.63	14.32	9.15	7.57	2.11	—	0.67	—	42.45
尼勒克县	13.12	21.08	5.78	14.38	3.69	2.56	0.56	0.13	61.30
昭苏县	8.69	10.51	13.66	13.69	—	—	2.37	0.22	49.13
合计	43.38	86.64	49.83	58.94	10.47	45.09	17.86	1.57	313.76

注：各县市草地类型面积属行政区面积，跨地州、跨县市面积未统计在内，直属牧场在各县行政区内。

2．饲草料状况

伊犁州直的饲草料资源主要是人工种植的苜蓿、青贮玉米，以及农作物秸秆（如小麦秸秆、玉米秸秆和水稻秸秆等）。2015年伊犁州直苜蓿种植面积达到1.37万公顷，产量为17.85万吨；小麦种植面积为18.38万公顷，产量为105.80万吨；玉米种植面积为13.58万公顷，产量为165.70万吨；水稻种植面积为1.72万公顷，产量为11.34万吨。

（三）畜群资源状况

1．畜种结构

伊犁州直养殖畜种以草食家畜牛、羊和马为主。2015年年末，伊犁州直牲畜存栏 668.81万头，其中，牛存栏133.86万头，占牲畜总存栏数20.01%；绵羊存栏434.24万只，占牲畜总存栏的64.93%；山羊存栏23.01万只，占牲畜总存栏的3.44%；马存栏 40.23万匹，占牲畜总存栏的6.02%；猪存栏34.68万头，占牲畜总存栏的5.19%；驼、驴等存栏2.79万头，占牲畜总存栏的0.42%（图4-2）。

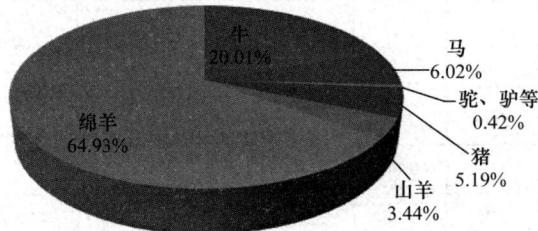

图4-2　2015年伊犁州直畜种结构

2．品种资源与生产方式

伊犁州直属县（市）畜牧业生产主要以牛、羊、马为主。经过长期的引进和培育，已逐渐形成了适合当地的地方品种资源。羊的主要品种为哈萨克羊，牛为新疆褐牛，马为伊犁马；伊犁州直属县（市）草地资源比较丰富，牧区和半农半牧区的生产方式为"放牧"和"放牧＋舍饲"，因此，牲畜品种主要为适宜放牧的品种，如哈萨克羊、新疆褐牛和伊犁马。农区畜牧业的生产方式主要为舍饲，引进的肉用品种羊、多胎羊和乳肉兼用品种牛，品种主要有湖羊、小尾寒羊等，萨福克羊、荷斯坦牛和西门塔尔牛等。

（四）畜牧业生产状况

1．牲畜年底存栏情况

2015年伊犁州直属县（市）牲畜年末存栏数为668.81万头（只），牲畜年底存栏最高的县是新源县，其次是伊宁县，最低的是奎屯市（表4-2和图4-3）。

表4-2　2015年伊犁州直属县（市）牲畜年末存栏数

单位：万头（只）

地区	马	牛	驼	驴骡	猪	绵羊	山羊	合计
奎屯市	0.01	0.24	0.00	0.00	2.76	1.84	0.13	4.98
伊宁市	0.41	4.26	0.03	0.19	2.40	15.04	1.03	23.46
伊宁县	3.01	20.07	0.12	0.37	12.26	55.96	6.43	98.22
霍城县	1.94	13.94	0.15	0.56	6.03	49.08	2.05	73.75
察县	1.63	7.00	0.00	0.49	2.64	31.06	2.16	44.98
昭苏县	9.65	16.83	0.03	0.01	1.26	66.82	1.20	95.80
特克斯县	5.30	14.58	0.03	0.03	0.74	50.56	2.46	73.70
巩留县	3.80	13.05	0.04	0.37	2.95	38.38	2.61	61.20
新源县	8.21	24.25	0.01	0.05	2.24	62.98	2.54	100.28
尼勒克县	6.27	19.64	0.28	0.03	1.40	62.52	2.30	92.44
合计	40.23	133.86	0.69	2.10	34.68	434.24	23.01	668.81

资料来源：伊犁州畜牧兽医局统计报表。

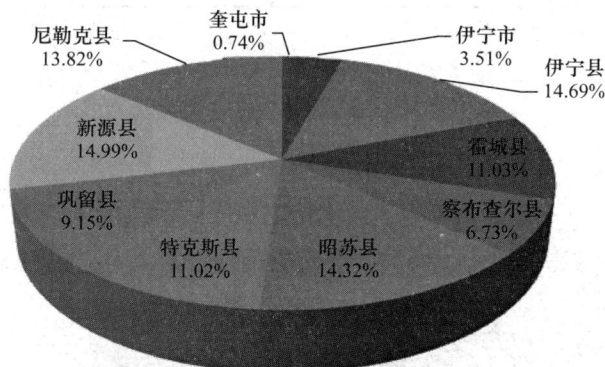

图4-3　2015年年底伊犁州直属县（市）牲畜存栏比重

2. 牲畜出栏状况

（1）牲畜出栏区域分布状况。2015年伊犁州直县（市）牲畜出栏数为631.22万头

（只），其中，伊宁县牲畜出栏数最多为108.8万头（只），占总出栏数的17.24%；奎屯市牲畜出栏数最少，为8.43万头（只），占牲畜总出栏数的1.34%（表4-3和图4-4）。

表4-3　2015年伊犁州直属县（市）牲畜出栏情况

地区	数量〔万头（只）〕	比重（%）
伊宁市	27.05	4.29
奎屯市	8.43	1.34
伊宁县	108.80	17.24
察布查尔县	46.28	7.33
霍城县	81.66	12.94
巩留县	55.90	8.86
新源县	103.64	16.42
昭苏县	61.82	9.79
特克斯县	57.18	9.06
尼勒克县	80.46	12.75
合计	631.22	100.00

资料来源：伊犁州畜牧兽医局统计数据。

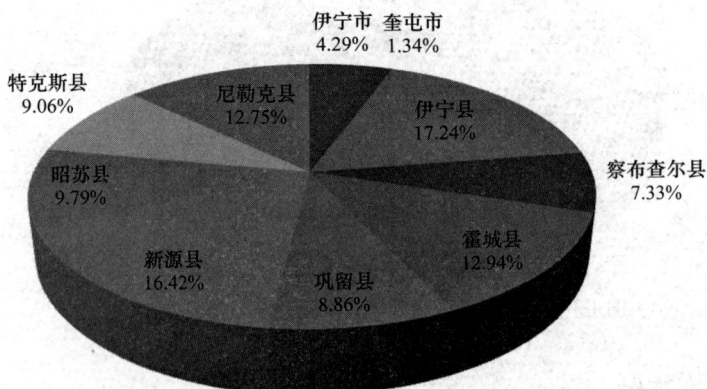

图4-4　2015年伊犁州直属县（市）牲畜出栏比重

（2）畜种出栏状况。2015年伊犁州直县（市）牲畜出栏数为631.22万头（只），其中，绵羊出栏数最多，为389.22万只，占总出栏数的61.66%；骆驼出栏数最少，为0.21万峰，占总出栏数的0.03%（表4-4和图4-5）。

表4-4　2015年牲畜出栏数县市和畜种分布情况

单位：万头（只）

地区	出栏数量	马	牛	驴骡	骆驼	猪	绵羊	山羊	羊单位折算	
									羊单位	年内羊单位
州直合计	631.22	22.59	92.80	1.45	0.21	102.10	389.22	22.85	1 012.860	506.430
奎屯市	8.43	0.00	0.44	0.00	0.00	5.85	2.10	0.04	4.332	2.166
伊宁市	27.05	0.44	4.00	0.12	0.02	6.51	14.80	1.16	38.868	19.434
伊宁县	108.80	1.34	19.99	0.33	0.06	25.82	56.21	5.05	169.650	84.825
霍城县	81.66	2.05	8.60	0.12	0.00	20.67	47.57	2.65	105.350	52.675
察布查尔县	46.28	0.85	5.50	0.67	0.00	12.50	24.00	2.76	60.818	30.409
昭苏县	61.82	3.63	8.71	0.01	0.01	3.13	45.31	1.02	111.556	55.778
特克斯县	57.18	2.65	8.88	0.01	0.01	1.84	41.51	2.28	103.734	51.867
巩留县	55.90	2.22	9.81	0.16	0.02	8.04	33.00	2.65	98.110	49.055
新源县	103.64	4.83	14.84	0.33	0.02	12.24	68.90	2.81	174.428	87.214
尼勒克县	80.46	4.58	12.03	0.02	0.08	5.50	55.82	2.43	146.014	73.007
羊单位合计	1 012.86	135.54	464.00	4.35	1.47	—	389.22	18.28	1 012.860	506.430

资料来源：伊犁州畜牧兽医局统计数据。

3. 畜产品产量状况

（1）畜产品种类状况。伊犁州直县（市）的肉产品种类主要包括牛肉、马肉、羊肉、猪肉、禽肉、骆驼肉和兔肉。2015年伊犁州直属县（市）肉类总产量为32.03万吨，奶类总产量为89.57万吨，禽蛋11.83万吨，绵羊毛1.46万吨，蜂蜜0.61万吨（表4-5和续表4-5）。

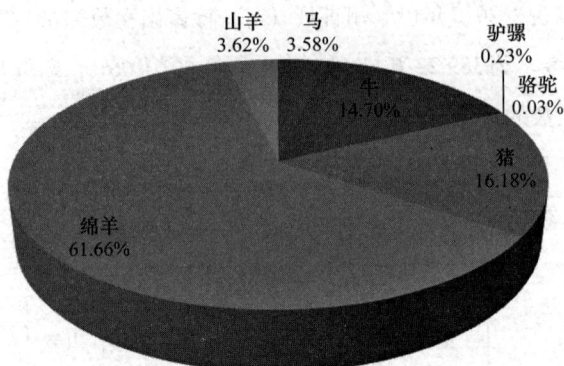

图4-5　2015年伊犁州直直属县（市）畜种出栏比重

表4-5　2015年伊犁州直属县市畜产品产量

单位：吨

地区	牛肉	马肉	骆驼肉	猪肉	羊肉	禽肉	兔肉	合计
伊宁市	5 600	652	33	3 580	3 002	1 889	—	14 756
奎屯市	230			4 095	380	399		5 104
伊宁县	27 986	1 943	96	15 492	10 314	6 525	—	62 356
察布查尔县	6 846	930	—	3 780	4 467	1 764	50	17 837
霍城县	11 610	3 075	—	12 402	8 960	9 960	13	46 020
巩留县	13 740	3 674	34	6 432	7 027	5 760	40	36 707
新源县	20 890	7 205	6	3 532	12 865	2 141	15	46 654
昭苏县	13 498	5 622	19	2 285	9 852	119		31 395
特克斯县	9 058	1 848	16	1 288	7 376	736	1	20 323
尼勒克县	16 268	6 521	128	3 398	10 971	1 868	—	39 154
合计	125 726	31 470	332	56 284	75 214	31 161	119	320 306

资料来源：《2016年新疆统计年鉴》。

续表4-5　2015年伊犁州直属县市畜产品种类

单位：吨

地区	奶类	绵羊毛	山羊绒	禽蛋	蜂蜜	鹿茸
奎屯市	185	26	0.22	286	0	0
伊宁市	51 200	578	2	5720	267	1.316
伊宁县	148 036	1 586	4.673	67670	74	0.618
霍城县	67 550	2 109	5.879	16470	161	0.16
察布查尔县	85 075	1 358	8.616	6601	0	0.7
昭苏县	66 555	1299	1.95	875	540	0.24
特克斯县	87 521	1340	2.5	1920	1250	0.082
巩留县	95 000	2000	5	6000	285	1.1
新源县	114 267	2054	4.18	8450	915	0.254
尼勒克县	180 266	2208	5.684	4320	2569	0.045
合计	895 655	14558	40.702	118312	6061	4.515

资料来源：伊犁州直畜牧局提供。

（2）肉产量分布状况。2015年伊犁州直属县市的肉产量最高的为伊宁县，占肉产量总数的19.47%；其次为新源县，占14.57%；最低的为奎屯市（图4-6）。肉类产量结构上来看，牛肉产量最高，占肉类产量总数的39.25%；其次为羊肉，占23.48%；最低的为禽肉，占9.73%（图4-7）。

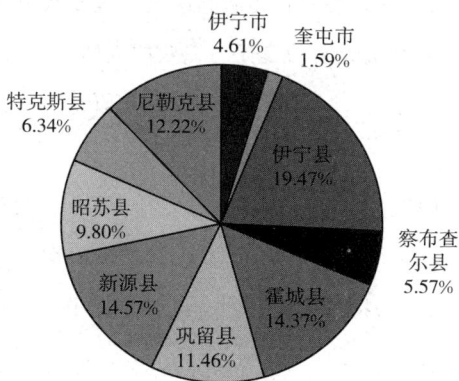

图4-6　2015年伊犁州直各县市肉产量比重

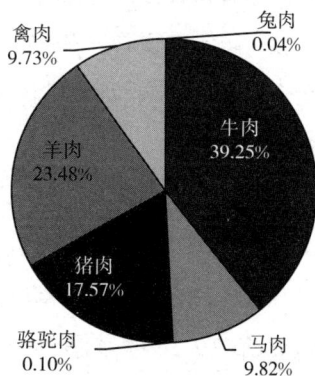

图4-7　2015年伊犁州直牲畜肉产量比重

（五）畜牧业产值状况

伊犁州直2015年农林牧渔业总产值249.25亿元，牧业总产值127.49亿元，牧业产值占大农业总产值的51.15%；牧业产值最高的是伊宁县，其次是新源县，最低的是奎屯市（图4-8）。

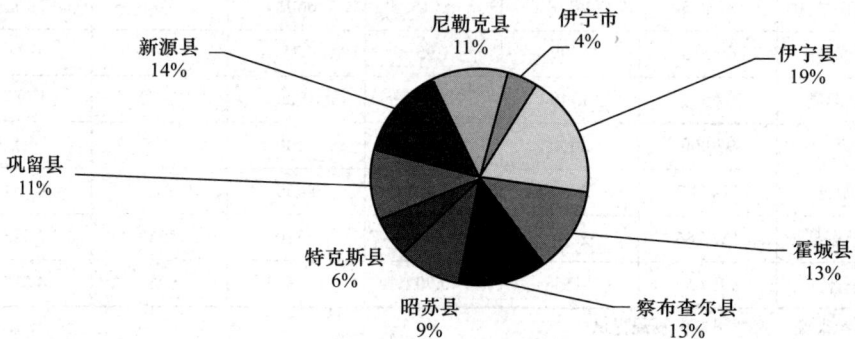

图4-8　伊犁州直各县市2015年牧业产值比重

（六）畜牧业生产服务组织机构和技术队伍

伊犁州直畜牧兽医局管理直属8县3市畜牧业，各县市畜牧兽医局管理本县市和所辖各乡镇（场）畜牧业。州畜牧兽医局下设有畜禽繁育改良站（畜牧研究所）、动物卫生监督所、动物疫病预防控制中心、草原工作站、治蝗灭鼠办公室、草原监理所等事业机构。

伊犁州直畜牧系统在编240人，其中，研究生学历15人，本科学历92人，大专学历82人，中专学历18人。高级职称人员34人；中级职称人员37人，初级职称人员21人。草原工作站、治蝗办、草原监理所70人；动物卫生监督所、动物疫控中心81人；畜禽改良站62人。

伊犁州直11个县市，在编人员657人。其中，研究生学历19人，大学本科学历

123人，大学专科297人，中专学历179人；高级职称人员36人，中级职称人员109人，初级职称人员195人。专业人员占51.75%。

伊犁州直有乡（镇、场）畜牧兽医站106个，在编949人。聘用村级防疫员（部分人员兼顾配种员、草原管护员的职能）1 398人。

三、伊犁河谷畜牧产业发展的SWOT分析

（一）发展优势

1．水土资源和气候条件优越

伊犁河谷素有"塞外江南"之誉，四季分明，气候宜人。由喀什河、巩乃斯河和特克斯河三大河流汇集而成的伊犁河，年径流量167亿米^3，伊犁河流出国境的年径流量约130亿米^3。境内河长458千米，流域面积5.6万米^2，降水丰富，谷地年降水量约300毫米，山地年降水量500～1 000毫米。集水区内山地面积占68%，是径流的重要来源。国境内的伊犁河段已建成各类永久性渠首64座，总引水能力达到853米^3/秒。先后新建、改建、扩建引水干渠164条，总长2 600多千米。灌溉覆盖能力明显增强，人工饲草料地开发水源有保障。

2．草地资源丰富

伊犁河谷草地资源丰富，草原总面积347.29万公顷，占流域内土地总面积的64%。其中，可利用草原面积为313.76万公顷。在可利用草原中，按季节可分为夏草场101.14万公顷，占可利用草原总面积的32.23%；冬草场83.66万公顷，占26.66%；春秋草场84.23万公顷，占26.85%；春秋冬草场38.87万公顷，占12.39%；四季草场5.86万公顷，占1.87%。草原资源的主要特点是：草原质量好、产草量高。优质草场占62%，以禾本科、豆科草类为主，品质和产量均居上乘，主要分布在流域内的中、高山和河谷滩地区域。优良级草场占30%以上，主要分布在低山。丘陵区以禾本科、蒿属草类为主，产草量较中、高山草场稍低，草质较好。

3．种植业资源丰富

耕地资源较为丰富，现有水浇耕地46万公顷、旱地13.33万公顷；粮食作物种植

面积36.67万公顷，农作物秸秆产量超过380万吨，人均占有量均居新疆之首，能为畜牧业提供短期季节性的饲草料。从2001年开始，国家在伊犁州直实施了天然草原恢复与建设项目、退牧还草工程及草原生态保护补助奖励机制等项目，人工草地的建设得到了较快的发展，州直人工种草保有面积8.73万公顷，主要种植的牧草有紫花苜蓿、红豆草、鸭茅。种植业资源与草地资源形成良好的优势互补。

4．畜种资源优势明显

伊犁河谷畜禽品种比较丰富，主要优势畜种有：哈萨克羊380万只、细毛羊23.2万只、新疆褐牛88万头、荷斯坦牛16.5万头、西门塔尔牛7.2万头、伊犁马40万匹、伊犁黑蜂2万多箱、天山马鹿2万余头；引进了英纯血等优良种马200余匹、萨福克羊300多只、湖羊2万余只等。

5．畜牧业发展的地缘和交通优势突出

伊犁州直周边接壤的国家是哈萨克斯坦，有霍尔果斯和都拉塔两个通商口岸，霍尔果斯市的成立增加了伊犁州直与哈萨克斯坦的经贸往来和经济合作交流机会。国家"一带一路"倡议为本地畜牧业发展迎来了新的市场机遇。畜产品、种畜、饲草饲料、人才交流等地缘优势突出，具备了畜牧业走出国门的通道条件。伊犁州直霍尔果斯市连接欧亚铁路、312国道公路终点，加上217国道横贯天山，畅通了伊犁河谷与南北疆的公路运输通道，"伊和"高速公路的建设又将进一步提升伊犁河谷与南疆的交通能力；两个空港机场，具备空中交通运输能力，为畜牧业发展奠定了良好的交通和物流基础条件。

6．畜产品品牌和市场声誉基础良好

伊犁河谷的畜产品在新疆乃至全国有着良好的市场声誉，历史上的伊犁"寨口"奶粉、伊犁毛毯享誉全国，新疆细毛羊、伊犁马、伊犁蜂蜜、马奶、伊犁熏马肉、熏马肠、熏牛肉、熏鹅、伊犁鸡蛋、伊犁天山马鹿、鹿茸等都是伊犁畜牧业和优质畜产品的良好品牌概念。伊犁熏马肠、马肉占新疆65%以上市场份额，伊犁州直禽蛋占据新疆35%以上市场份额，伊犁蜂蜜占据新疆40%以上市场份额，伊犁河谷已经成为新疆重要的畜产品生产基地，产品品牌和市场声誉基础良好。

7．畜牧业人才队伍体系健全

伊犁河谷悠久的草原畜牧业和多个优良的畜禽品种造就了一支理论水平高、技能优秀的畜牧专业技术队伍。这支队伍中包含了全国众多农牧院校的优秀才子，是伊犁河谷畜牧业持续稳定发展的强有力的技术骨干力量。伊犁州直畜牧系统拥有专业人员3 967人，占总人数的75%；副高职称50人、正高职称6人。同时，伊犁畜牧专科学校（现在的伊犁职业技术学院）坐落于伊宁市，这所专科学校为新疆培育了成千上万的畜牧业基层专业技术骨干，为新疆的畜牧业发展做出了卓有成效的贡献。一大批优秀师资力量纷纷投入到伊犁河谷畜牧业生产一线，建立了产学研实验基地，在实践中创造出了很多奇迹，共同研发和推广了许多有价值的科研技术成果，是伊犁河谷畜牧业发展的主体科技支撑力量。

8．畜牧产业基础雄厚

一是马产业快速发展，依托伊犁马品牌，产业声誉日趋兴旺。昭苏县、特克斯县、尼勒克县合计拥有基础伊犁马种群20多万匹，马产业基础雄厚。二是新疆褐牛肉牛产业稳步发展，品种资源优势突出，昭苏县、新源县、尼勒克县、特克斯县合计拥有符合品种要求的新疆褐牛种群50多万头，种源基础扎实，产业发展前景良好。三是肉羊产业基础巩固，适宜草原放牧饲养的哈萨克羊达380多万只，分布于伊犁河谷广袤的天然草原上，成为伊犁河谷有机羊肉的主导产业。四是黑峰产业资源基础丰富，黑蜂是伊犁河谷独有的地方蜂种，以尼勒克县、新源县、昭苏县、特克斯县为重点区域的蜂产业发展历史悠久，目前拥有黑峰种群2万余箱，新疆伊犁蜂蜜市场份额盘踞首位。五是猪禽产业久负盛名，伊宁县的禽蛋产业和霍城县的生猪产业长期雄踞乌鲁木齐市场，三分天下有其一，产品声誉长盛不衰。

（二）竞争劣势

1．农区秸秆转化率低，牧民定居点饲草料不足

畜牧业基础设施建设薄弱、天然草地退化严重，牧民定居点的饲草料地建设标准低，牧民养殖牲畜困难，饲草料不足的问题已经成为制约畜牧业发展的瓶颈。农区秸

秆转化程度较低，饲料加工企业缺乏，草产业和饲料产业发展滞后。长期以来，牧民习惯于放牧，由于打草运输劳动力不足，秋季储草数量有限，无法满足冬季舍饲圈养的饲草料需要，一定程度上影响和制约着牧民定居后续产业的发展，也直接影响和阻滞了草原畜牧业转型发展。

2. 畜禽品种资源基地建设慢，供种能力不足

伊犁州直良种繁育体系建设投资少，发展速度慢，种畜规模小。种畜生产的基础设施等条件薄弱，种畜供种能力不足，难以满足区域现代畜牧业发展要求，良种繁育体系还不健全。特别是新疆褐牛、哈萨克羊、伊犁马三个主要地方品种的良种繁育体系仍不健全。法定种群数量不确定，种畜选育不规范，种群生产性能不断退化。种畜产业化经营水平不高，畜禽种质资源的优化配置水平较低，良种繁育体系建设持续投资力度不够，良种繁育体系框架还需进一步补充和完善。

3. 畜牧业机械化水平较低，影响产业化发展

伊犁河谷适宜机械作业的天然草场面积有30万公顷，约占10%。目前机械播种牧草面积达5.06万公顷，其中松土补播面积1.40万公顷；机械收获牧草面积达到367.3万亩、收获牧草数量221.87万吨。但是，机械化作业水平还比较低，使用的牧草收获机械主要是以国产中、小型机具为主，品种较少，结构单一，技术含量较低，部分机具老化严重。特别是在农区秸秆收获储运、加工、储藏等方面的机械化水平还不高，大型的青贮机械、小型的裹膜青贮机械设备、秸秆粉碎加工颗粒成套机械设备等严重缺乏。

4. 基层技术队伍不稳定，技术推广服务力量不足

虽然全州的人才队伍体系建设较为完善，但基层技术队伍却不很稳定。取消防疫收费和草原管理费后，地方财政相关经费预算不足，基层技术服务人员集配种改良、动物防疫、兽医、草原管护等职能于一身，工作任务重、责任大、待遇低，在一定程度上影响了基层技术服务队伍的稳定性和工作积极性。受乡镇（场）以下技术推广服务站点设施设备老化、业务经费短缺、交通工具少、工作条件差、收入低等因素的影响，基层专业技术队伍很不稳定，技术水平和服务质量难以提升，极大地削弱了畜牧业的技术支撑作用。

（三）竞争机会

1．国家调整农牧产业发展机遇

党的十八届五中全会提出了"创新、协调、绿色、开放、共享"五大发展理念，将持续推进畜禽标准化规模养殖，加快推动饲料产业提质增效，提升奶业发展水平，加大粮改饲试点力度，抓好现代草牧业发展，加快推动农副资源饲料化利用，着力抓好草原生态保护，加强饲料质量安全风险监测，加强"瘦肉精"专项整治，加强生鲜乳质量安全监管，大力推进现代畜禽种业建设，强化畜牧业科技支撑，加强统计监测预警体系建设，强化形势分析和预警信息服务，加强畜牧业行业管理信息化建设，组织开展重大课题研究，全面研究落实草原改革任务，着力做好规划编制发布工作，加快完善法律法规体系，抓好计划财务基础性工作，强化畜牧业政风行风建设。伊犁河谷县（市）作为新疆畜牧产业发展的重要区域，依托国家农牧业结构调整框架，实现畜牧经济增长、河谷区域社会发展与生态环境保护协同发展。

2．畜产品生产供给突出

伊犁河谷区域作为新疆畜牧业大区，其未来在市场竞争中的机会仍旧突出。从畜产品市场生产供给量上看，全国2010—2014年肉类总产量从7 925万吨增长至8 707万吨，其中，猪肉产量净增601万吨，牛肉产量净增36万吨，羊肉产量净增30万吨。禽蛋产量净增129万吨。

新疆2010—2014年肉类总产量从122.05万吨增长至148.72万吨，其中，猪肉产量净增10.81万吨，牛肉产量净增3.69万吨，羊肉产量净增6.66万吨。禽蛋产量净增6.17万吨。很明显，新疆在肉类生产供给层面力量强劲，对全国牛肉、羊肉、猪肉及禽蛋生产供给的贡献率较高，伊犁河谷区域作为今后全国和新疆畜牧业生产供给的着力区和支柱区不可或缺。

3．城乡畜产品消费需求依然强劲

从新疆消费需求来看，2010—2014年新疆城镇居民人均肉禽及制品消费量净增2.85千克，年均增幅3.22%；其中猪肉人均消费量净增0.14千克，年均增幅0.47%；牛肉人均消费量净增1.25千克，年均增幅7.27%；羊肉人均消费量减少0.48千克，年均降幅1.24%；禽蛋人均消费量减少0.72千克，年均降幅1.14%。2010—2014年新疆农村居民人均肉禽及制品消费量净增2.84千克，年均增幅4.33%；其中猪肉人均消费量净增0.85千克，年均增幅16.11%；牛肉人均消费量净增1.48千克，年均增幅13.13%；羊肉人均消费量净增3.01千克，年均增幅7.35%；禽蛋人均消费量净增3.81千克，年均增幅17.55%。显然，城镇消费水平高于农村，但农村消费势头较强，对肉类的消费需求更高，农村消费市场的广阔、城镇消费市场的稳定为畜牧业发展奠定了坚实的基础。

4."丝绸之路经济带"发展机遇

"丝绸之路经济带"包含五大经济区，即中国经济区、俄罗斯东欧经济区、中东经济区、中亚经济区和南亚（中巴经济走廊）经济区。新疆处于五大经济区的交汇点，因此也就突显了新疆在建设"丝绸之路经济带"战略中的关键性地位。中央提出"丝绸之路经济带"，是新疆实现两大历史任务的重大战略发展机遇。伊犁河谷位于"丝绸之路经济带"东联西出重要衔接点，加快推动毗邻地区畜牧经济合作，充分发挥口岸经济圈的优势和导向作用。完善进口落地加工和出口两大区域优势建设，把握两个市场，把伊犁河谷畜牧优势产品外销出去，实现更优、更多的外汇价值。

（四）潜在威胁

1.草原退化严重，生态环境形势严峻

随着全球气温持续上升，尤其是春、夏季气温升高，干燥指数增大，生产季节的有效降水明显减少，使表土干燥、植物根系层土壤水分减少，干旱缺水草地面积不断扩大，植被因干旱而退化严重；虫鼠害和毒害草发生面积不断增加。以昭苏县为例通过检测数据显示，各类型草地均出现了不同程度退化，退化草地面积已达49.44万公顷，占可利用草场总面积的91.23%，产草量比20世纪80年代减少17.76%～44.56%（春秋草场产量下降41.96%，夏草场下降19.50%，冬草场下降21.12%）。虽然实施了

退牧还草工程，但因畜牧业基础设施建设薄弱、天然草地退化严重、饲草料基地建设不足等原因，畜牧业生产方式转变较慢，牧民转产难度大，落实草畜平衡阻力较大，致使生态保护与牧民增收矛盾突出。草地生态仍存在"局部改善、整体退化"的局面，退化范围与程度仍在不断扩大，依靠草原为生的广大牧民面临着畜牧业经济发展滞后的突出问题，并严重制约着区域社会经济全面健康可持续发展。

2. 存在重大动物疫病威胁，畜产品质量安全形势不容乐观

随着国家"一带一路"倡议的发展和建设领域的不断拓展，以及伊犁河谷旅游业的加速发展，动物及动物产品的流通愈加频繁，各种重大动物疫病的发生风险将会明显上升。目前，伊犁州、县、乡、村四级动物防疫体系基础设施建设相对滞后，兽医防疫装备水平比较落后，防疫员队伍也不稳定，加之农区散户饲养比例偏高，基础性免疫和病死动物无害化处理工作处于勉强应付状态等，都是引发重大动物疫病的隐患所在。受机构职能设置、人员配备、设施设备、技术条件、经费支撑等因素影响，对饲料、兽药等生产投入品经营与使用监管难度很大，动物检疫报检点建设滞后、定点屠宰场检疫检验设备简陋、检测化验设备缺乏等，畜产品质量安全存在隐患。

3. 国外竞争日益激励，竞争优势逐步弱化

肉类食品是一个长链产业，正处在由量向质的转型中，目前肉类产业发展主要需要解决产与销、供与求的矛盾。由于新疆地域广阔，人口众多，区域资源不平衡，尤其是在新兴市场经济下，产业结构差异大，市场建设不完善，信息阻隔不对称。所以，产业的发展还需要政府在宏观上给予多方面的大力扶持，包括经济、技术、信息方面的政策倾斜。从全国和新疆来看，对肉食进口规模依旧较大，区域内畜牧业竞争优势逐步弱化，伴随着世界贸易组织（WTO）部长级会议决定，2023年将全面取消农产品出口补贴以及食物援助。近年来，我国农产品进口不断增长，取消出口补贴或将使国际农产品价格升高，显然对于我国具有不利影响。我国应进一步加大对农业生产环节的补贴，促进科技进步，不断提高自身农业综合生产能力，确保农产品的保障。

四、伊犁河谷畜牧产业布局思路与目标

（一）产业布局的目的

合理确定不同区域畜牧业发展方向、牲畜结构和比例；按畜牧业生产合理的地域分工，科学确定每一区域畜牧业生产专业化方向，建设各种畜禽及其产品的商品化生产基地。

（二）产业布局的思路

积极推动农业种植结构调整转型，大力发展农区现代畜牧业，拓展养殖业经营模式；改造提升传统畜牧业，草原畜牧业全面实现草畜平衡；促进农区畜牧业和草原畜牧业协调发展，稳步提高畜牧业生产效益。推进分散养殖向规模化生产经营转变、推进原料生产向终端商品生产转变、推进规模数量型向质量效益型发展模式转变；坚持做大做强养牛业、稳定发展养羊业、加快发展养马业、适度发展猪禽养殖业、鼓励发展区域特色养殖业。打造新疆褐牛、哈萨克羊（肉用品系）、伊犁马和优质天然草原"四个全国第一"优势产业品牌；实现畜群畜种结构合理化、牲畜品种良种化、生产经营产业化、动物疫病防控网络化"四化"建设标准；大力推进畜禽良种繁育与标准化规模养殖、草原建设与保护、农牧民技能教育、畜产品质量安全监管、饲草料基地与防灾减灾工程、牧民定居及后续产业发展、养殖业污染治理与病死动物无害化处理"七大"工程建设。

（三）产业布局的原则

畜牧业产业布局必须遵循自然与经济规律：①要坚持因地制宜的原则，做到自然条件适宜、经济条件合理、技术条件可能；②要坚持发挥优势的原则，充分利用草场、畜种等自然资源和基础设施、劳动力等社会资源；③要坚持适当集中的原则，实现生产的区域化、专业化、社会化；④要坚持保护资源、统筹兼顾等原则，最终取得最大的经济效益、生态效益和社会效益。

（四）畜牧产业布局的总体目标

重点打造新疆褐牛（肉用品系）、哈萨克羊（肉用品系）、伊犁马和优质天然草原"四个全国第一"品牌；建成肉、奶、蛋、种马、生态草原"五大优势产业基地"；全面提升饲草料生产、畜产品生产加工、畜产品质量安全控制管理、动物疫病防控等保障能力建设；畜牧业产业化、机械化、信息化、集约化的管理与服务水平显著提高。

1. 经济指标

伊犁州直各类牲畜存栏总量稳定在750万头只，约合2 000万羊单位；减羊增牛、存栏增速减缓，到"十四五"开始调高大小畜比例、减增总量。牛存栏200万头（其中，优质奶牛存栏25万头）；羊存栏500万只（其中，细毛羊30万只）；马存栏45万匹；生猪存栏40万头，蛋鸡存栏3 000万羽。

出栏牛150万头、羊480万只、生猪200万头、禽类7 000万羽。肉产量达到65万吨，其中，牛肉24万吨、羊肉11万吨、鸡肉11万吨、猪肉15万吨、其他4万吨。禽蛋突破20万吨，牛奶140万吨，细羊毛2 300吨。

畜牧业产值达到260亿元，年均增速6%；占大农业总产值的50%以上，农牧民新增收入来自畜牧业的贡献额达到55%。基本实现畜牧业现代化，畜牧业发展和生产水平显著提高。

2．技术指标

（1）平均个体胴体重。牛达到160千克，羊达到24千克，生猪达到75千克，家禽达到1.7千克，马达到180千克。

（2）奶牛平均个体产奶量。荷斯坦牛达到7 000千克，西门塔尔牛达到4 800千克，新疆褐牛达到3 000千克。

（3）平均个体细羊毛产量。羊毛产量达到5千克/只。

（4）鸡蛋。鸡蛋平均达到16千克。

五、伊犁河谷畜牧产业结构规划与区域布局方案

（一）草产业发展区域布局

依据研究区域山盆地貌格局以及山地-绿洲-荒漠鲜明的垂直分带分布特征，伊犁州直天然草原面积347.29万公顷，可利用天然草地313.76万公顷，其中伊犁河谷310.43万公顷，奎屯市3.33万公顷。伊犁州直草原区划共分三个功能区。

1. 草原禁牧保护区

（1）面积及地点　该区域草原总面积45.09万公顷，涉及伊犁河谷除昭苏县、特克斯县外的8个县市和奎屯市（表4-6）。

表4-6　草原禁牧保护区面积

县市	面积（万公顷）
伊宁市	1.78
奎屯市	3.33
霍尔果斯市	1.89
伊宁县	6.57
霍城县	7.71
察布查尔县	13.10
巩留县	4.66
新源县	3.48
尼勒克县	2.56
合计	45.09

（2）区域现状。该区域草地类型为平原荒漠，分布在海拔580～980米，年降水量200～250毫米，土壤为灰钙土，生态脆弱，环境恶劣。植物主要为超旱生牧草、伊犁针茅、蒿类半灌木、三芒草、骆驼蓬、猪毛菜、盐爪爪、角果藜、樟叶藜、驼绒藜、假木贼、碱蓬、盐生草、葫芦巴、梭梭、沙拐枣、泡泡刺等。呈荒漠景观，草层高度25～50厘米，盖度10%～30%，亩产鲜草53.2千克，共8个组、22个草场型。目前利用方式为春秋放牧场，该区域退化严重，退化面积27.67万公顷，沙漠化趋势严重；霍城县和察布查尔县退化严重的部分地带已沙漠化，植被盖度只有10%左右。

（3）发展方向。该区域放牧利用价值较低，应坚持以生态保护为主，以禁牧为主要措施，逐步放弃放牧利用，促进草原休养生息，恢复植被。

2.草原畜牧业发展区

（1）面积及地点。本区域草原畜牧业发展面积1 058.85万公顷，草地类型共7个大类。涉及伊犁河谷8县2市（表4-7）。

表4-7　伊犁河谷草原畜牧业发展区面积

单位：万公顷

地区	高寒草甸	山地草甸	高寒草原	山地草原	山地荒漠	平原低地草甸	平原沼泽	合计
伊宁市	—	—	0.07	1.22	0.07	—	—	1.36
霍尔果斯市	0.98	0.81	—	7.30	0.66	—	0.01	9.76
伊宁县	0.57	8.38	2.97	62.87	1.84	0.57	0.26	77.46
霍城县	2.04	3.43	1.68	57.08	0.81	0.89	0.21	66.14
察布查尔县	0.74	1.68	1.56	49.87	—	4.76	0.35	58.96
巩留县	2.90	3.21	2.01	78.91	—	2.38	—	89.41
新源县	3.53	10.23	7.55	92.12	1.28	5.64	0.39	120.74
特克斯县	7.80	12.32	8.02	113.59	2.11	0.67	0.00	144.51
尼勒克县	11.79	18.08	4.45	215.73	3.69	0.56	0.13	254.43
昭苏县	7.35	9.14	11.66	205.34	0.00	2.37	0.22	236.08
合计	37.7	67.28	39.97	884.03	10.46	17.84	1.57	1 058.85

（2）区域现状。本区域是伊犁河谷主要的四季放牧场和割草场。各大类基本情况和利用现状如下：

高寒草甸类：分布于海拔2 400～3 300米，降水量500～800毫米，土壤质地为粗沙砾质，由于所处地带气候寒冷，植物群落结构简单，植株低矮。利用现状为夏季放牧场。主要健群种植物有：蒿草、线叶蒿草、苔草属的细果苔草、黑花苔草、准噶尔苔草、珠芽蓼、天山羽衣草、高山早熟禾，主要伴生种有山地糙苏、锦鸡儿、新疆方枝柏、高山唐松草、野胡萝卜、高山点地梅等20余科，150多种，草层高度5～25厘米，盖度75%～90%，鲜草平均亩产量为342.1千克，牧草可食率50%～70%，喜食牧草和可食牧草达90%以上，绝大部分草场为2等3级，共分9组、23个草场型。

山地草甸类：分布于海拔1 600～2 400米，降水量600～1 000毫米，是天山区降水最丰富的地区，土壤为黑钙土。山地草甸是伊犁天然草地的精华，具有面积大、分布广泛、植物种类多、牧草品质优良、营养丰富、适口性良好、产草量高等特点。利用现状为夏季放牧场、割草场。主要健群种植物有：鸭茅、细叶早熟禾、新疆鹅观草、大叶托吾、裂叶独活、酸模、山地糙苏、老观草、羽衣草、苔草、金老梅等，亚优势种有：片尖厚棱芹、地榆、牛至、红花车轴草、无芒雀麦、草地早熟禾、柴羊茅、苔草、党参等。草层高度25～80厘米，盖度85%～100%，亩产鲜草780千克，共分14个组、58个型。

山地草甸草原类：海拔1 100～2 600米，沿伊犁河谷地中山带前缘呈狭窄的带状分布，年平均降水量（350～500毫米），土壤以暗栗钙土为主。利用现状为冬季放牧场、割草场。主要健群种植物有：无芒雀麦、披碱草、猫尾草、小糠草、羊茅、针茅、早熟禾、鸭茅、万年蒿、鼠尾草、草原糙苏、黄花苜蓿、甘草。亚健群种有：新疆亚菊、大麻、红豆草、新塔花、狭叶青蒿、老观草、牛至、苔草、主要伴生种有委陵菜、天蓝苜蓿、苦豆子、勿忘草、青兰、千叶耆、顶羽菊、赖草、马莲、天山鸢尾、蓬子菜等。植物种类繁多，草层高度25～75千克，盖度75%～95%，亩产鲜草468千克。共分23个组、48个型。

山地草原类：海拔1 100～2 200米，年平均降水量350毫米，多分布于阳坡，热量丰富，土壤主要为栗钙土。利用现状为冬季放牧场、春秋放牧场。植物组成主要为旱生丛生禾草、蒿类小半灌木、灌木等，健群种有：针茅、白羊草、羊草、旱雀麦、草原苔草、细茎鸢尾、委菱菜、伊犁蒿、苦豆子、大籽蒿、万年蒿、木地肤、锦鸡儿、新疆亚菊、兔儿条、蔷薇等。亚健群种有：冰草、火绒草、红豆草、新塔花、千叶耆、无芒雀麦、大麻。主要伴生种有：蓬子菜、草原糙苏、牛至、黄花苜蓿、大戟、白头翁等，草层高度10～80厘米，盖度25%～50%，平均亩产鲜草152千克，共分13个组、39个草场型。

山地荒漠草原：海拔750～1 500米，年降水量250毫米左右，土壤为灰钙土。利用现状为春秋放牧场。主要健群种植物有：木地肤、伊犁蒿、博乐蒿、羊茅、针茅、锦鸡儿、角果藜、苦豆子、针叶苔草等。主要伴生种有：猪毛菜、莲子菜、顶羽菊、恰草、芨芨草、葫芦巴等。草层高度10～35厘米，盖度25%～45%，产草量100千克左右，春秋放牧，共8个组、10个草场型。

平原草甸类：分布在伊犁河谷冲积洪积平原扇缘低洼地，牧草除依靠天然降水生长外，主要受到地下水的制约，土壤主要为草甸土、淡栗钙土，局部有轻盐碱土。利用现状为四季放牧场、割草场。植物主要有：小糠草、小獐毛、布顿大麦、大叶补白草、委菱菜、红三叶、马莲、芨芨草、蒲公英、甘草、车前、盐生草、芦苇、拂子茅、盐生车前、猪毛菜、苔草、白三叶等。草层高度15～50厘米，盖度50%～85%，最高达90%～100%，亩产鲜草490千克，共分17个组、35个型。

平原沼泽类：分布在喀什河、巩乃斯河、特克斯河下游及伊犁河中下游的河漫滩和季节性积水地带，土壤为沼泽土。利用现状为四季放牧场、割草场。植物主要有：芦苇、拂子茅、苔草、灯心草、荆三棱、香蒲、莎草、水葱等。草层高度20～100厘米，产草量410千克，共分2个组、2个型。

（3）发展方向及措施。伊犁河谷山地植被垂直带结构明显，不同的草地类型间差异较大，应对不同类型草地进行保护和合理利用，提高利用效率，逐步将该区域建成草原生态环境优良、草原畜牧业生产优质高效的区域。

该区域将根据草地类型因地制宜地对草地进行保护和合理利用，采取休牧、划区轮牧、补播、人工种草、棚圈建设、草地改良等措施，全面实行草畜平衡制度。

3. 草原重要生态功能区

（1）面积及地点。本区域草原总面积34.92万公顷，涉及伊犁河谷的9个县市（表4-8）。

表4-8 伊犁河谷草原重要生态功能区

单位：万公顷

地区	重要生态功能区		实施禁牧的重要生态功能区						面积合计
			已纳入补奖项目		计划新增		天山申遗		
	地点	面积	地点	面积	地点	面积	地点	面积	
伊宁县	托乎拉苏	2.93	托乎拉苏	0.87	托乎拉苏	1.87	—	—	2.74
霍尔果斯市	莫乎尔	0.47	莫乎尔	0.47	—	—	—	—	0.47
霍城县	果子沟	2.77	果子沟	0.77	果子沟	2	—	—	2.77
巩留县	恰西、库尔德宁	4.27	恰西	1.94	—	—	库尔德宁	0.87	2.81
新源县	那拉提	7.67	那拉提	2.33	—	—	—	—	2.33
特克斯县	喀拉峻	3.97	喀拉峻	1.80	—	—	喀拉峻	1.73	3.53
尼勒克县	唐布拉	5.67	唐布拉	1.33	唐布拉	1.33	—	—	2.66
昭苏县	洪那海、巴拉克苏	4.70	洪那海、巴拉克苏	1.80	—	—	—	—	1.80
察布查尔县	琼博乐	2.47	—	1.13	—	—	—	—	1.13
合计		34.92	—	12.44		5.20		2.60	20.24

资料来源：伊犁州畜牧局提供。

（2）区域现状。该区域草地类型为高寒草甸、山地草甸和山地草甸草原（各类型现状如上所述），是伊犁主要的夏季放牧场。

（3）发展方向及措施。该区域最终逐步放弃放牧利用。植被恢复后，适宜割草的区域，待牧草种子成熟后进行刈割，为牲畜冷季舍饲提供饲草料。

4. 草原自然保护区

（1）面积及地点。建设草原自然保护区6个，其中续建1个、新建5个，总建设面积4.68万公顷（表4-9）。

表4-9 草原自然保护区建设区

县市	新建（个）	续建（个）	地点	总面积（万公顷）	核心区面积（公顷）
新源县	—	1	阿吾赞	1.33	1 066.67
昭苏县	1	—	昭苏马场	0.67	666.67
伊宁县	1	—	托平拉苏	0.67	666.67
尼勒克县	1	—	唐布拉	0.67	666.67
巩留县	1	—	恰西	0.67	666.67
特克斯县	1	—	喀拉峻	0.67	666.67
合计	5	5	合计	4.68	4 400.02

（2）建设内容。包括保护区管理机构办公场所及办公设备、配套生活设施、局部道路建设等。每个区域配套建设保护站点1个，每个站点建筑面积100米^2，配备办公、生活、电力、通信、交通、巡护、防火等设施设备；核心区建设封育围栏工程120千米。

（二）牛产业发展区域布局

"十三五"期间，继续坚持农区以荷斯坦奶牛为主、西门塔尔牛等兼用牛为辅；牧区以新疆褐牛为主、肉用牛为辅的牛品种区域布局。以加强完善良繁体系与冷链体系为抓手，以加快良种牛繁育基地建设为重点，大力推广现代高效的繁育技术，加快提高养牛业生产水平和经济效益，促进农牧民增收。到2020年年末，伊犁州直牛存栏达到160万头，年均递增3.5%，占草食家畜存栏的24.17%；其中，新疆褐牛存栏110万头，占68.75%；荷斯坦奶牛20万头，占12.5%；西门塔尔牛22万头，占13.75%；其他肉用牛及杂种牛8万头，占5%；牛的良种及杂交改良率达到78%。

1．肉牛产业布局

（1）新疆褐牛养殖生产区。重点选育生产性能好的新疆褐牛，提高牛的生产性能和出栏率。采用冷冻精液配种进行纯种繁育，培育种牛。建立科学的育种档案及数据库，建立优良的个体基因库。按照育种目标进行科学选种，并通过联接牧户的形式辐射整个项目区，以期提高褐牛的综合品质。对牧区不适宜设立配种站的区域用良种公畜进行自然交配。

良种繁育体系建设：立足现有基础，坚持以新疆褐牛本地品种选育、自繁自育为主，引进和培育新品种（系）为辅原则，整合利用好现有的新疆褐牛种群资源，应用美国、德国褐牛（乳用）品种冻精与本地新疆褐牛导入杂交，培育新疆褐牛乳用新品系；应用加系褐牛（肉用）品种冻精与本地新疆褐牛杂交，培育新疆褐牛肉用新品系。完成对现有4个新疆褐牛种牛场（繁育基地）的改扩建，完善基础设施；在现有条件较好的新疆褐牛养殖场基础上建成8个新疆褐牛种牛场（繁育基地），即新源县2个、昭苏县2个、尼勒克县1个、特克斯县1个、伊宁县1个、巩留县1个。建成新疆褐牛种牛场（繁育基地）12个，完善提高新疆褐牛良种繁育体系，新疆褐牛育种核心群成年母牛规模达到5 000头，年生产培育优质种公牛2 000头。

养殖规模：伊犁河谷"东五县"为新疆褐牛重点发展区域，正加快新疆褐牛规模养殖小区、养殖场和养殖大户（家庭牛场）建设。新建和改扩建新疆褐牛标准化规模养殖场100个，即：昭苏县20个、新源县20个、尼勒克县15个、特克斯具10个、巩留县10个、伊宁县10个、霍城县5个、察布查尔县5个、伊宁市3个、霍尔果斯市2个。其中存栏新疆褐牛1 000头和2 000头以上的各占一半，规模养殖占新疆褐牛存栏总量的15%以上。

（2）西门塔尔牛养殖生产区。良种繁育体系建设：以德系（弗莱维赫）和法系（蒙贝利亚）冻精改良为主，扩大基础良种生产母牛数量，提高现有西门塔尔牛的乳肉生产性能。加强优质饲草料供给和饲养管理。利用现有资源，完善建设5个西门塔尔牛良种繁育场，即：察布查尔县2个、巩留县1个、新源县1个、昭苏县1个，良种核心群成年母牛存栏4 000头，年生产培育优质种公牛2 000头。

养殖规模：以察布查尔县、霍城县、巩留县、新源县、昭苏县农区和城郊为西门塔尔牛重点发展区域。完善建设20个西门塔尔牛规模养殖场、养殖小区和合作社，加强配套设施建设，即察布查尔县5个、霍城县4个、巩留县4个、新源县3个、伊宁县

2个、尼勒克县1个、昭苏县1个；每个养殖场出栏良种西门塔尔牛1 000头以上，良种西门塔尔牛规模养殖达4万头以上，占西门塔尔牛存栏总量的18.2%。

2. 奶牛产业布局

伊犁河谷"西五县市"和巩留县、新源县城郊等农区为重点发展荷斯坦奶牛养殖，以适度规模化、集约化、养殖大户和养殖小区建设为重点，积极推广实施集中挤奶厅挤奶，以提高生鲜乳质量为核心，提高奶牛生产的养殖效益。加快对伊犁州直现有的8个荷斯坦奶牛标准化规模养殖小区（场）的改扩建，即伊宁市4个、察布查尔县3个、新源县1个。扶持新建32个荷斯坦奶牛标准化规模养殖小区（场），即在伊宁市2个、霍尔果斯市1个、伊宁县7个、霍城县6个、察布查尔县5个、巩留县4个、新源县4个、特克斯县3个，每个标准化规模养殖小区（场）存栏达到1 000头以上；伊犁州直共建成40个荷斯坦奶牛标准化规模养殖小区（场），荷斯坦奶牛规模养殖达到4万多头，占奶牛存栏量的20%以上；奶牛良种率达到90%以上。基本实现全混合日粮（TMR）饲养，挤奶厅挤奶，提高生鲜乳质量和标准化生产水平。

（三）羊产业发展区域布局

"十三五"期间，按照伊犁州直区域自然特点及农牧业发展现状，绵羊养殖分为4个区，即传统肉羊养殖区、细毛羊养殖区、半农半牧区肉羊经济杂交区、农区全舍饲多胎肉羊生产区。到2020年年末，伊犁州直羊存栏460万只，年均递增0.7%，占牲畜总存栏数的65.7%。

1. 哈萨克羊养殖生产布局

良种繁育体系建设：各县市大力开展哈萨克羊纯繁，加大哈萨克羊本地品种选育力度，有计划适当导入特克萨尔专用肉羊外血，改善哈萨克羊后躯发育不良、前胸狭窄、胴体含脂率过高、肉质分层的缺点；利用多胎羊基因提高哈萨克羊的繁殖成活率，全面提升养羊业经济效益。在特克斯县、昭苏县、新源县分别建立哈萨克羊育种核心群和扩繁群育种体系。重点登记注册育种核心群，实行固定育种核心群、种羊扩繁群登记分散管理制度，建立种羊培育生产补贴机制；建立哈萨克羊育种档案信息管理系统。到 2020 年年末，建成哈萨克羊种羊场（繁育基地）12 个，其中改扩建现有 2 个哈萨克羊种羊场（繁育基地），新建 10 个哈萨克羊种羊场（繁育基地），即新源县 2 个、昭苏县 2 个、巩留县 1 个、特克斯县 1 个、尼勒克县 1 个、伊宁县 1 个、霍城县 1 个、察布查尔县 1 个；每个哈萨克羊种羊场（繁育基地）核心群存栏 1 500 只以上，核心群总量达到 2 万只。

养殖规模：强化现有规模养殖小区（场）的配套设施建设，实现全负荷运转，力争达到零空棚目标。

2．细毛羊养殖生产布局

在现有基础上，继续坚持"保毛增肉"战略，以德国肉用美利奴羊等为父本杂交改良本地细毛羊，提高产肉量；在细毛羊集中连片区域引进优质细毛羊提高羊毛品质，生产方向从普通型细毛羊向细型细毛羊转化，以完善品种、类型结构为目的，加快专门化生产品种选育技术的研究与开发。

以巩乃斯种羊场为基础，保持现有规模，开展细毛羊育种推广工作，对察布查尔县、巩留县细毛羊繁育基地的核心群进行种质资源保护。

3．专用肉羊、多胎羊和山羊生产布局

（1）专用肉羊养殖生产布局　以新源县、巩留县、昭苏县、伊宁县、霍城县、察布查尔县等县牧区及农牧结合部为重点发展区域，引进萨福克羊、陶赛特羊、杜泊羊、特克赛尔羊等良种肉羊，以固定模式开展二元、三元或轮回等经济杂交；以级进杂交或育成杂交方式培育适合伊犁河谷的肉羊新品种（系）。到 2020 年年末，建成萨福克羊、杜泊羊等引进良种肉羊种羊场（繁育基地）5 个，其中改扩建 1 个，核心群存栏 1 500 只；新建 4 个，即霍城县 1 个、察布查尔县 1 个、新源县 1 个、伊宁县 1 个，每个种羊场（繁育基地）核心群存栏 900 只。

（2）多胎羊养殖生产布局。以伊宁市、伊宁县、霍城县、察布查尔县等县市农区为重点，利用国内外优质专用肉羊和哈萨克羊，开展多胎羊杂交生产，提高单位母羊产出。到 2020 年年末，建成多胎羊种羊场（良繁基地）5 个，其中改扩建 1 个，新建 4 个，即伊宁市 1 个、伊宁县 1 个、霍城县 1 个、察布查尔县 1 个；每个种羊场（良繁基地）核心群存栏 1 000 只。

（3）山羊养殖生产布局。继续以伊宁县喀拉亚尕奇乡、尼勒克县苏布台乡、巩留县阿克托别克乡、察布查尔县坎乡等传统山羊养殖区为发展重点，改善饲养环境，保持现有数量，提高羊群品质。

（四）马产业发展区域布局

"十三五"期间，继续以伊犁州直"东五县"为重点发展区域，引进英纯血马、阿哈捷金马、新吉尔吉斯马、奥尔洛夫马、阿拉伯马等世界优质轻型马种公马，实施伊犁马杂交改良，进行国产轻型运动马商品化生产，开展伊犁马竞赛型品系培育；同时建设马匹养殖小区、合作社实施孕马尿的收集。到2020年年末，伊犁州直马匹存栏达到42万匹，年递增0.8%，占牲畜存栏数的6%；马匹良种及改良率达到40%。

1．运动马养殖生产布局

以轻型骑乘马和国家礼宾马培育为重点，主要区域在昭苏县、特克斯县，占伊犁州直饲养量的70%以上。

（1）轻型马生产布局。以伊犁州直现有伊犁种马场、昭苏马场、昭苏县伊犁马繁育中心种马场为轻型马育种场，组建育种核心群，开展人工授精，杂交改良，为繁育群提供种源，育种核心群生产母马存栏2 000匹。"十三五"期间，新建轻型马育种场3个，即特克斯县1个、尼勒克县1个、伊宁县1个。以育种场为核心，辐射带动新源县、察布查尔县、特克斯县、尼勒克县和巩留县养马合作社、养殖大户为主的伊犁骑乘马良种繁育小群。繁育群生产母马存栏达到6 000匹。

（2）马术学校和马术夏令营。达到一体化建设，也可分开建设。在昭苏县、察布查尔县、新源县各建设1处，实施运动马调教训练、竞技马术运动员训练和青少年马术培训活动。

2．肉乳用马养殖生产布局

以伊犁种马场、昭苏马场为重点，组建1 000匹基础母马的育种群。同时在昭苏县、特克斯县、新源县、尼勒克县、巩留县、察布查尔县等地建立伊犁马繁育小群，在本品种选育提高的基础上，适当导入外血，提高伊犁马的生产性能。逐渐扩大伊犁马的群体规模，提高伊犁马的生产性能和知名度。到2020年年末，伊犁马存栏20万匹，占马匹存栏总数的48%。

（五）猪、禽产业发展区域布局

猪、禽业作为牛羊肉替代品建设工程，在解决人民菜篮子需求、促进农民丰产创收和农村劳动力就业等诸多方面发挥了不可或缺的重要作用。

1. 猪产业发展区域布局

良种繁育体系建设：以现有种猪场为基础，在伊宁县建成一个祖代原种猪核心育种场，年供种能力达到200头，成立种公猪精液供应站。

养殖规模："十三五"期间，继续以奎屯市、伊宁县、霍城县、新源县为发展重点，坚持强化统一"杜长大"商品肥猪三元杂交配套生产模式，优化猪群结构，不断增加"杜长大"三元杂交配套系瘦肉型猪的生产比重。引进加系、欧系的杜洛克、长白、大约克夏多品系原种猪纯种扩繁。到2020年年末，伊犁州直生猪存栏数保持在32万头，占牲畜存栏数的4.5%。

2. 家禽发展区域布局

蛋禽以繁育褐壳商品蛋鸡为主导，辅以白壳蛋鸡、粉壳蛋鸡，以强化伊宁县传统产区，加快伊宁市、霍城县、察布查尔县和巩留县等主产区建设。肉禽以增加禽肉生产数量为主，重点提高产品质量，调整优化生产方向，并结合生物治蝗和牧民定居工程着力发展草原牧鸡。以新源县为重点，大力发展三黄系列肉鸡品种。水禽（鹅、鸭）以特克斯县、巩留县、新源县、尼勒克县和昭苏县为重点发展区域。到2020年年末，蛋鸡存栏3 000万羽，肉鸡存栏1 200万羽，水禽（鹅、鸭）存栏100万羽。

（六）特色产业生产布局

选择优质天山马鹿、伊犁飞鹅、火鸡、白鹅、蛋鸭、肉鸽、土鸡、肉兔等作为主导品种，利用天然草场，采取原生态放养为主、结合庭院养殖的方式。主要区域：察布查尔县、伊宁县、新源县、霍城县、霍尔果斯市、特克斯县、巩留县、伊宁市郊区。

（七）地方种质资源保护及布局

1．哈萨克牛种质资源保护区建设

以尼勒克县为重点，建立哈萨克牛种质资源保护区，开展保种繁育工作。

2．细毛羊生产保护区建设

以巩留县、霍城县和尼勒克县为重点，建设细毛羊生产繁育基地。在农区及半农半牧区逐步推广以德美肉毛兼用细毛羊为主导改良细毛羊。

3．哈萨克马种质资源保护区建设

以尼勒克县和新源县为重点，建立哈萨克马种质资源保护区，进行哈萨克马纯种繁育工作。

4．新疆黑蜂养殖基地建设

以尼勒克县和新源县为重点，建立新疆黑蜂核心养殖区，同时以尼勒克县国家级黑蜂保种场为基础，进行种蜂扩繁、选育提高。

5．新疆飞鹅保种场及保护区建设

以特克斯县为重点，建设新疆飞鹅保种场，开展保种繁育工作。

6．伊犁白猪种质资源保护区建设

以伊宁县为重点，建立伊犁白猪种质资源保护区，组建伊犁白猪核心群，进行纯种扩繁工作。

六、伊犁河谷畜牧产业加工区域布局

依托资源、地缘优势，重点发展一批在周边国家有市场需求的外向型畜产品加工企业，努力开发高附加值、高档次、高科技含量的精深加工畜产品，实现粗加工向精深加工的转变，出口创汇取得新成效。大力推进畜产品产地初加工；做大做强畜产品加工领军企业；大力加强专用养殖基地建设；积极推进畜产品加工标准化体系建设，加强从养殖到加工的全产业链建设和全过程标准化管理，推行良好生产操作规范（GMP）、危害分析与关键点控制（HACCP）和ISO9000、ISO22000质量管理与控制体系，增加肉、蛋、奶、皮革、饲料等产品的附加值和综合利用水平，提升市场竞争力。

（一）畜产品加工区域布局

1．牛羊屠宰与加工

在伊宁市、察布查尔县、霍城县、新源县、昭苏县、特克斯县，建设有机牛羊肉加工生产企业。建成优质牛羊肉、马肉及其制成品生产和加工基地。

2．牛奶加工

鲜牛奶加工：主要分布于伊宁市、察布查尔县。

奶酪、干酪素、奶粉加工：主要分布于尼勒克县、昭苏县、新源县。

3．猪禽屠宰加工

重点区域：伊宁县、察布查尔县、霍城县。

4．禽蛋加工

主要区域：伊宁县。

5．蜂产品加工

重点区域：尼勒克县、新源县、昭苏县、特克斯县、霍城县。

以尼勒克县、新源县黑锋产业和昭苏县、特克斯县、新源县、尼勒克县山花蜂蜜特色产业为依托，开发和生产以中老年保健为主的蜂蜜、蜂王浆、花粉、蜂胶等产品。

（二）饲草料加工业

到"十三五"末，每个县（市）引进、建立1～2个大中型草产品加工企业，各乡镇建立小型的饲草料加工企业（合作社），以消化当地饲草料；在各县市建立1个饲草料交易市场，实现草产品经纪人全覆盖。

伊犁州直成立以饲草料加工企业（合作社）为主体的草业协会，建立信息平台，掌握市场动态，培育营销队伍，拓展产品销售渠道，优势互补，实现常态化的"北草南调"。

1．配方精饲料加工

重点以猪禽饲料和牛羊育肥配合饲料加工为主。

重点区域：伊宁县、新源县。

2．饲草颗粒加工

重点以生产牛羊育肥饲草颗粒料、母羊颗粒料、奶牛颗粒料、鱼颗粒料为主。

重点区域：伊宁县、巩留县、尼勒克县、新源县、特克斯县。

3．玉米等秸秆加工

重点以秸秆收获收集、粉碎压缩包装、配料压缩制颗粒商品化生产为主。

重点区域：伊宁县、巩留县、察布查尔县、霍城县、新源县、特克斯县。

4．青贮加工

重点以裹膜青贮商品化生产为主，局部采用窖池压制生产。

重点区域：伊宁县、霍城县、察布查尔县、新源县、巩留县、尼勒克县、特克斯县、昭苏县。

七、伊犁河谷动物疫病防控发展与建设

（一）动物疫病防控建设任务

全面建立与畜牧业发展相适应、有效保障养殖业生产安全、动物产品质量安全和公共卫生安全的动物疫病综合防控体系；动物疫病防控能力、应对突发重大动物疫情的处置能力、畜产品质量安全监控能力显著提高。

（二）防控指标

1．优先防治的动物疫病

一类疫病：优先控制口蹄疫、高致病性禽流感、小反刍兽疫、高致病性猪蓝耳病、猪瘟、新城疫。

二类疫病：优先控制布鲁氏菌病、奶牛结核病、狂犬病、包虫病、马鼻疽、马传染性贫血、沙门氏菌病、禽白血病、猪伪狂犬病、猪繁殖与呼吸综合征。

2．主要动物疫病防控指标

到2020年，口蹄疫A型、亚洲I型达到免疫无疫；口蹄疫O型、小反刍兽疫、高致病性禽流感、高致病性猪蓝耳病、猪瘟、新城疫达到国家控制标准；人畜共患的布鲁氏菌病、牛结核病、包虫病、狂犬病达到国家控制标准；消灭马鼻疽和马传染性贫血。

生猪、家禽、牛、羊发病率分别下降到5%、6%、4%、3%以下。

（三）动物疫病防控建设规划

重点突出动物疫病防疫能力、疫病监测能力、病害畜无害化处理能力、疫病防控扑灭能力、动物疫病交通检查执法能力建设。

"十三五"期间在昭苏县建成"马属动物免疫无规定疫病区"，"十四五"期间建成伊犁河谷"马属动物免疫无规定疫病区"和"昭苏县牛免疫无规定疫病区"。

到2025年，多种动物共患的O型、A型、亚洲I型口蹄疫以及小反刍兽疫均达到免疫无疫；种畜禽养殖场均实行疫病防控区域化管理；种畜禽高致病性禽流感、高致病性猪蓝耳病、猪瘟、新城疫、布鲁氏菌病、牛结核病、包虫病、狂犬病以及影响畜产品安全的主要动物疫病得到有效控制和净化。

（四）环境污染控制工程建设布局

"十三五"期间，以农区规模化养殖集聚区域为重点，突出抓好伊宁市、伊宁县、霍城县、察布查尔县的规模化养殖粪污处理工程建设。配套建设和完善已有规模化养殖场粪污处理系统；规模化养殖场和小区配套设计粪污处理系统同步建设。完成建设区域动物无害化处理场及配套相应设施设备，同时建立动物无害化处理科学的运行机制和管理体制。

"十四五"期间，伊犁州直各县市规模养殖全部实现粪污处理和无害化处理的达标验收。

（五）动物疫病防控建设工程

以控制重大动物疫病、保障公共卫生安全为目标，完善、巩固、提高和加强为基本原则，全面构建完善的动物疫病防控体系，进一步提高动物疫病防控、动物和动物产品安全监管水平，增强对重大动物疫情和动物产品安全风险评估、预警、应急反应和控制能力，保障本区域现代畜牧业持续、健康发展和公共卫生安全。

1．伊犁州直、县动物疾控中心与畜产品质量检测中心建设

到2025年，伊犁州直以及8县3市动物疾控中心、畜产品监测中心的仪器设备达到国内同级单位的先进水平，动物疫病诊断、监测以及畜产品质量监测基本步入自动化和程序化。

2．动物运输检查站建设

在2020年内，对担负着本区域90%以上动物进出运输检查、检疫的果子沟检查站、那拉提检查站、乔尔玛检查站的检疫、消毒和生活设施进行改造，使进出本区域的动物及其产品得到全天候的监控和管理，完成果子沟、乔尔玛、那拉提检查站改造，乡镇报检点与监测点标准化建设。到2025年，完成85%县、乡主要交通线路动物运输报检和监测点的标准化建设。

3．乡镇场兽医站建设

在2020年内，对本区域养殖业发达乡镇兽医站进行标准化建设和改造。同时在主要的规模化养殖场建立标准化的兽医室和病死畜无害化处理设施，确保动物疫情得到准确、快速诊断、防控和处理。乡镇场兽医站建设200个，每个站补贴5万元，合计1 000万元。

4．畜产品可追溯体系建设

在2020年内，健全动物标识及疫病可追溯体系。建立地区级数据库1个，作为区域动物标识及疫病可追溯系统的数据中心；分别改造8县3市115个乡镇、3个主要检查站动物标识及疫病可追溯系统，配置必要的数据采集仪器设备，建立数据采集终端，完成数据采集和传输，以便地区畜牧局和动物疫病监督所及时交接和掌握区域动物的流调和疫情。到2025年，使本地区95%以上的畜产品达到产地、养殖场、质量可追溯。

5．屠宰场检疫与无害化处理设施建设

在2020年内，改造和完善育肥牛羊量较大的霍城县、新源县、察布查尔县、伊宁市屠宰场检疫和病死畜及其病料无害化处理设施，使区域畜禽定点屠宰和检疫率达到95%。到2025年，在区域基本实现定点集中屠宰、检疫，使进出定点屠宰场的畜禽及

其畜产品实现可追溯信息化管理。

6．动物疫病区域化管理和无规定疫病区建设

在2020年内，分别在昭苏县、尼勒克县进行马病防控的区域化管理和马病无规定疫病区建设；在巩乃斯种羊场，进行羊病防控的区域化管理和无规定疫病区建设；到2025年，在昭苏县、尼勒克县建成和达到马病无规定疫病区的要求；在巩乃斯种羊场建成羊病无规定疫病区，在该地区所有种畜禽养殖场进行疫病防控区域化管理建设。

八、伊犁河谷畜牧产业社会化服务体系建设

（一）建设目标

畜牧业社会化服务体系建设要从畜牧业特征入手，建设覆盖全程、综合配套、便捷高效的社会化服务体系。服务过程实现产供销一体化；服务内容体现综合配套（包括政策、科技、信息、农资、资金等）；服务质量应方便、高效、快捷。建设功能完善、机制灵活、运转协调、农牧民信赖的基层畜牧业社会化服务体系。

（二）组织类型

公共服务机构、合作经济组织、涉农企业及其他社会力量。

（三）建设任务

建设以政府公共服务为主导，以农牧民专业合作组织为主体，以畜牧业龙头企业服务为骨干，以其他公益组织服务为补充的新型畜牧业社会化服务体系。

（四）建设内容

1. 技术推广服务体系建设

一要健全和完善州级、县级畜牧业技术推广中心和乡镇畜牧业技术服务站，推行村级科技员制度，逐步构建起"科技人员直接到户、良种良法直接进圈、技术要领直

接到人"的畜牧业科技推广新机制。

二要建立畜牧技术人员培训制度，使畜牧业科技队伍成为学习型队伍；建立健全考核制度，重点考核基层畜牧技术人员；建立激励机制，充分调动广大基层畜牧业技术推广人员工作的积极性、主动性和创造性。

三要运用多种方式加强对农牧民的技能培训，特别是要加强和壮大职业牧民队伍建设，注重针对性和实用性。在此基础上，应注重发挥村级服务站点和科技示范户的重要作用，使他们起到应用新技术、新成果的示范和带头作用。

四要充分发挥龙头企业、产业化经营组织、合作经济组织、专业技术协会和中介服务组织在畜牧业技术推广中的作用。

2. 畜牧业综合信息咨询服务网络建设

信息化是现代畜牧业的重要内容。新品种、新技术、供求、价格、预测等信息都是农牧民的需求热点，如何使信息及时、有效，已成为当前新型畜牧业社会化服务体系建设工作的紧迫任务。现阶段，可以通过整合利用现有党员干部远程教育培训室、农村信息站、农业农村工作网等载体，配备专业信息服务队伍，围绕农村信息需求多样化的实际，加强数据库建设，重点建设畜产品批发市场行情、农业科技成果、农村综合信息、科技人才、农业资源、农业企业、农业政策、项目开发，以及气象、水文、抗旱防汛等数据库，及时发布符合农牧民需求的信息资源，有效指导农牧民尽量做到"以需定产"，帮助企业做到"以求定供"。

建设畜牧业信息综合服务平台，加强畜牧业热线服务，服务网络延伸至乡镇、村、龙头企业、示范基地、种养大户，为生产经营者提供更加便捷、有效的信息咨询服务。通过座机、手机、QQ、微信以及在线视频等手段，"专家答疑"在线服务板块，整合各种力量，为农户提供全方位、全时段的农技服务。

3. 畜牧业生产资料流通服务网络建设

一是要建立以连锁经营为经营方式的新型畜牧业生产资料流通模式。从食品安全角度出发，引进在动物营养品、动物保健品领域有良好经营业绩，已经在畜牧业生产资料流通领域建成了完整的营销网络，具有资本、管理、技术以及人才等优势的企业，在伊犁河谷建立连锁经营服务网点。

二是要整合基层畜牧兽医站，发挥畜牧兽医总站的资源优势，发展现有经销商加盟，并吸引其他经销商加盟；扶持有技术的个人新办加盟店；发展养殖场、专业合作组织和经纪人联盟。通过连锁经营整合投入品经营组织，形成规范经营的现代流通网络。

4. 畜产品市场营销服务网络建设

发挥市场主体在构建新型畜牧业社会化服务体系中的示范作用和带动作用。引导龙头企业和合作组织树立服务意识，支持畜产品加工企业向优势产区聚集。延长畜牧业生产链，使畜牧业向第二、三产业延伸，使农牧民从产品的储藏、加工、流通、销售环节中获取更多的利益。鼓励市场主体采取保护价收购、利润返还等多种形式，与牧户建立紧密、合理的利益联结机制，使企业与农牧户成为责、权、利相一致的共同体，实现市场主体与农牧民的双赢。积极培育发展经纪人队伍和各类畜产品流通中介组织、协会，为牧民提供信息、运销等综合性服务。推行连锁经营、配送、贸工牧一体化经营等流通方式，大力发展专业批发市场和畜产品流通龙头企业，逐步实现现场交易、结算、仓储、运输、配送的智能化管理。

5. 畜牧业金融社会化服务体系建设

金融是经济的血液，畜牧业融资方式不活，转变畜牧业发展方式必然受到制约。因此，要大力发展适合新型畜牧业经营主体需要的小额信贷和微型金融服务，积极稳妥发展村镇银行、农村资金互助社等新型金融机构；规范发展小额贷款公司、融资性担保公司、典当行等具有金融服务功能的机构；依照"政府主导、财政扶持、市场运作、自愿参保"的原则，以商业保险公司为依托，探索畜牧业保险的新途径，对上规模的畜牧业产业可试行以村、镇、县、市为单位进行统保，降低畜牧业风险，采取多种措施，切实解决制约畜牧业发展的金融瓶颈，使新型畜牧业社会化服务体系建设取得实实在在的成效。

6. 畜牧业培训工程建设

通过科技培训实施畜牧业人才培养，结合当地政府就业技能培训、阳光工程培训、农民创业培训、科技之冬、科技巴扎等活动，多层次、多渠道、多形式地开展畜牧业科技培训。每年培训县市畜牧业领军人物100～200人次，培育一批具有一定科技素质、理念新、有技术、善管理、会经营的畜牧业从业骨干队伍；每年培训农牧民10万人次、培训基层技术人员5 000人次；提高基层队伍业务技能和服务水平。

九、伊犁河谷畜牧业区域产业发展的保障措施

（一）组织保障

1．建立协调高效管理机制，形成畜牧业发展合力

　　加强畜牧业体制改革、产业发展、政策落实、体制监管等方面的有机衔接，会同有关部门建立畜牧产业发展协调机制，对畜牧产业发展进行协调指导。进一步理顺各部门的权限和义务，各负其责相互配合通力合作，形成推进畜牧业产业发展的合力，促进现代畜牧业的健康发展。

　　成立伊犁州直现代畜牧业发展实施领导小组，组长由州党委、州政府主要领导担任，负责重大问题的协调和决策。实施领导小组的主要职责：一是协调实施各部门、单位之间的相互关系、配合与支持解决遇到的各种重大疑难问题，督察的实施、建设质量和进度；二是保证政策措施配套，资金及时到位和专款专用；三是抓紧畜牧业发展中所列项目的前期可研、实施方案编制等工作；四是建立激励、考核和责任制，切实增强工作的积极性、主动性和创造性，加强面向基层、面向农牧民服务的意识。

2．创新组织运行机制，加强合作经济组织建设

　　按照经济发展规律，建立"风险共担，利益共享"产业化经营机制，积极引导企业与农户以资产、资金入股建立区域牧业经济合作组织，把分散的养殖户组织起来理顺农企关系。重点扶持经营规模大、信誉程度高、运行质量好的畜产品生产企业和经销商，使其真正成为畜产品收购、饲料供应、疾病治疗、冻精配种、技术指导、畜产品加工等综合服务经济实体，提高畜牧业组织化程度和产业化经营水平。

（二）政策保障

1．转变生产方式、改善生活条件

坚持一切从实际出发，量力而行，有重点、有步骤地解决农牧民生产和生活中的实际困难，扶持农牧民增收的优势产业，开拓农牧民增收新领域，制订相关的保障性政策和措施，转变落后的生产方式，灵活运用政策解决实践中所遇到的难题。

2．扶持规模养殖场和养殖基地建设

实施扶大、扶优、扶强战略，大力扶持规模化养殖场和养殖基地，用项目资金倾斜政策支持其优先发展，充分发挥大户、基地和龙头企业示范带动作用，使项目成为孵化器，使项目资金成为助推器。完善用地政策，鼓励企业和农牧民在荒地建设规模饲养场和集约化饲养区，对符合政策的养殖场、养殖小区内用电，执行照明电价标准，用水按农业用水有关政策执行。

3．大力支持饲草饲料产业发展

大力支持饲草饲料产业发展，加快种植业结构调整，扩大饲料作物和优质牧草种植面积，建立优质饲草料基地，推广优质高产牧草种植技术，大力推广秸秆及农副产品的综合利用技术，对购置草料加工机械进行财政补贴，大力发展饲草料加工业开发专用浓缩饲料、预混料和育肥料；加快秸秆等非粮食饲料的开发，鼓励创办饲草料种植、加工、营销合作经济组织。加强饲料安全监管，建设安全、优质、高效的饲料生产网络。

4．发展畜产品加工业，提升畜牧业发展水平

进一步优化招商引资环境，加大招商引资力度，引导区内外企业通过并购、入股、控股、兴建等方式实行强强联合，形成大型畜牧业企业集团。增加畜牧种植、养殖、加工和畜产品流通产业链的资金投入，支持一批重大关键开发技术项目，促进具有自主品牌和知识产权的产品研发。充分利用优秀传统工艺技术与现代高新技术的组装、集成、配套，促进畜牧业新技术产业化和行业技术进步。广泛开展畜产品加工业科技的合作与交流，引进、消化吸收先进技术，充分利用国内外、区内外的科技资源。抓

紧实施人才、专利、技术标准战略，营造吸引人才的宏观环境和条件，培育畜产品加工业科技人才。调整产业结构和优化资源配置，用新技术、新工艺、新设备提升龙头企业，提升畜牧业发展水平。

土地行政主管部门优先安排建设用地计划指标，保证畜产品加工企业建设用地。鼓励国内外知名畜产品加工企业进驻伊犁州直县市投资发展畜产品加工业。

5．建立牲畜保险制度和畜牧业风险基金

按照"政府引导、群众自愿、市场化运作"的原则，开展牲畜保险试点工作，保险部门要积极配合畜牧部门开展牲畜保险试点，研究探索商业保险参与牲畜保险的机制和办法，切实保障养殖户与保险机构双方的利益。积极尝试畜牧业风险基金制度。畜牧业风险基金主要由畜产品加工企业赞助、养殖户投保、财政适当补贴等渠道筹集。畜牧业风险基金主要用于因不可抗拒的各种灾害造成牲畜死亡而给养殖户带来重大经济损失的补助。

6．发展无公害畜产品基地和绿色畜产品基地

依托环境、草料无污染优越条件，建立绿色无公害畜产品生产基地。积极注册商标和申报畜产品知名品牌，扩大招商引资影响，把伊犁河谷建设成为绿色畜产品基地。

结合"集约化畜禽养殖场大中型沼气工程"项目建设，通过对牲畜粪便的无害化处理，将清洁能源生产、无害化高效有机复合肥料生产和绿色畜产品基地建设有机结合，实现牲畜粪便的资源化综合利用。

（三）技术保障

1．建立健全畜牧业技术服务体系

建立健全畜牧兽医科技创新、技术推广、人才培训、信息中介服务体系。充分发挥各方面的积极性，有步骤、有重点地建设畜牧业生产基地，促进人才、技术、资金等资源向优势区域集中，引导畜牧业向优质、规模、产业集聚化方向发展。

畜牧、科技等部门要加强对畜牧业的技术服务和指导，提高养殖小区和规模养殖场的建设水平和生产管理水平，加强对基层畜牧配种改良站点的扶持和管理，加快标

准化配种改良站点建设步伐，推行配种技术人员持证上岗制，提高配种技术人员的业务水平。

加强饲草饲料服务体系建设，加快优质饲草种植技术的推广应用，搞好牲畜专用配合饲料、浓缩饲料和添加剂生产以及牲畜专用蛋白质饲料资源的开发利用。

积极培育扶持畜牧业产业化经营组织，加快养殖业协会、养殖专业经济合作组织发展，使养殖业协会、合作组织成为连接养殖户与企业、企业与政府的桥梁和纽带。

2．依靠科技进步，广泛运用先进实用技术

强化产业技术创新体系建设，促进畜牧业集聚式发展。积极支持科技创新工作，紧紧围绕畜牧业转型和畜牧产业发展关键技术问题，组织科技攻关，加强科技推广，有针对性地研究生产发展中的技术难题，保障现代畜牧业又好又快发展。注意生态和经济效益科研成果的应用，积极推广良种繁育、科学饲养技术、疫病防治技术、饲草饲料青贮、优质高产饲料等先进技术，运用先进技术提升畜牧业的整体技术水平。

3．加快培养畜牧专业人才

制订《农牧民技能培训和专业人才培养规划》，充分利用各种科技、教育资源，通过进修、深造等形式，向在职人员开展岗位培训，传授现代畜牧业生产和畜产品加工等先进科学技术。邀请专家学者深入生产一线指导、传授专业知识和技能，通过传帮带形式，培养有文化、懂技术、会管理、高素质的新型牧民。

加强企业经营管理人才、畜牧兽医技术专业人才以及畜牧安全、畜牧品种资源保护与管理人才队伍建设。建立高技能人才培养基地。重点培养乡村创新人才、技术推广开发人才、企业经营管理人才、科技带头人、生产明白人和技术工人等各类高素质、高技能人才，建设高素质畜牧业人才队伍。采取团队引进、核心人才引进等方式吸引人才，支持创办、领办畜牧产业化经营组织、养殖基地、畜产品加工企业。完善畜牧技术人才评价机制，加大收入分配倾斜力度，完善技术参股和入股等产权激励机制。

4．加强产品质量监督、维护市场正常秩序

建立有利于畜牧业发展的市场环境，培育畜牧产品市场，正确引导消费，建立有利于畜牧发展的物流体系。引导和规范畜牧业生产单位、畜产品企业严格按照国标、

行标或企业标准组织生产，提高标准化水平和产品档次，加快与国际接轨的步伐。引导企业积极实施名牌战略，提高产品在国内外市场的竞争力。

加强畜牧产品市场监管，完善对畜牧、生产、加工、流通领域的管理制度，健全畜牧产业的安全控制措施。畜牧、工商、质监、食品监督执法部门要加强对畜产品质量的监督管理，健全畜产品安全检测体系，实行畜产品市场准入制，严格审查、审批制。加强牲畜冻精、兽药、农药、饲料添加剂等物资的市场监督，维护正常的市场秩序和流通。

（四）资金保障

1．加大融资投入，增强发展动力

各级政府和有关单位整合产业发展和基础设施建设资金，加大财政、金融对畜牧业的资金支持力度。每年安排农业农村公益性、基础性专项资金并逐年增加。积极争取自治区在产业化发展、科技兴农、科研推广、扶贫、农业综合开发、小城镇建设、科技培训、种畜种子农机补贴、草地生态保护补助奖励机制等项目，依托项目资金科学捆绑，使项目建设资金发挥连锁叠加效应，为畜牧业产业发展注入活力。

2．鼓励多元投入

农牧民是畜牧业的投资主体，在积极引导农牧民投资发展畜牧业的同时，地方财政也应增加对畜牧业的投入，吸引和鼓励社会资本参与现代畜牧业建设。

金融机构对畜牧企业要给予积极的信贷支持，支持畜牧企业通过资本市场融资，提高直接融资比重。政府设立创业投资引导基金，引导社会资本进入创业投资领域，重点支持市场发展前景好的畜牧业生产基地和龙头企业建设。

（五）管理保障

畜牧业发展建设工程要严格执行基本建设管理程序，按规划选项，按项目实施，按工程建设进度安排建设资金。工程建设区的各级政府，要组织力量进行科学论证和勘察设计，广泛吸收各方面意见，做好经济、技术论证。工程建设要积极推行法人制、合同制、招投标制和监理制。引入竞争机制，对工程建设实施公开招标选择施工单位。

目前是伊犁河谷畜牧业发展的关键时期，要紧紧围绕全面建成小康社会、全面深化改革、全面推进依法治国、全面从严治党，适应经济新常态，有计划地推进"五化"建设。研究制订畜牧业项目实施的具体方案和配套优惠政策，为推动伊犁河谷经济社会转型，围绕稳疆兴疆、长治久安总目标，有效实施畜牧业现代化的基础建设工作。

附　　录

附录一：
新疆农牧区畜牧产业扶贫措施研究调查问卷

第一部分　基本情况

1. 您的年龄：＿＿＿＿＿＿岁

2. 您的文化程度：①小学及以下　②初中　③高中（中专）及以上

3. 您的家庭属性：①一般贫困户　②低保贫困户　③五保贫困户

4. 您的家庭人口数：＿＿＿＿＿＿人

5. 具有劳动能力（18～70岁）的家庭人口数：＿＿＿＿＿＿人

6. 您家庭中有＿＿＿＿位在校大学生

7. 您家庭中有＿＿＿＿位残疾人，您家庭中有＿＿＿＿位患有重大疾病或患有长期慢性病人（年医疗费用超过5 000元）

8. 您家的耕地面积＿＿＿＿亩，草场面积＿＿＿＿亩

9. 租给他人土地（草场）＿＿＿＿亩，租金＿＿＿＿元/年，租出对象：①企业　②合作社　③本村农牧户　④外村农牧户　⑤亲戚　⑥村委会　⑦其他

10. 租他人土地（草场）＿＿＿＿亩，租金＿＿＿＿元/年，租入对象：①企业　②合作社　③本村农牧户　④外村农牧户　⑤亲戚　⑥村委会　⑦其他

11. 2017年家庭经营性收入

种植收入							养殖收入					
作物品种	面积	产量	销售比例	销售渠道	平均单价	销售收入	养殖种类	产量	销售比例	销售渠道	平均单价	销售收入

12．2017年财产性收入（元）

耕地租金	草场租金	股份分红	其他财产性收入

13．2017年务工收入（元）

务工人姓名	务工时间	务工地点	务工收入

14．2017年政府补助收入（元）

补助项目	补助金额

第二部分 问卷主体

15．您参加畜牧产业扶贫的年限：_____年

16．您参加产业扶贫项目的方式是：（可多选）

①直接获得生产补贴，发展家庭经营

②用政府支持资金入股，组建合作社或加入合作社和企业生产经营

③政府支持资金给合作社或企业使用，自己只享受分红

④政府支持资金给合作社或企业使用，自己既享受分红，又为其他提供原料、产品或打工

⑤其他方式_____

17．您为什么会参加发展该产业？

①能获得资金或物资扶持　②风险小　③有较多培训机会　④收购价格高　⑤产品销路好　⑥有技术支持　⑦其他村民带头示范见成效　⑧政府或村委安排

18．您以前是否有与该产业相关的经验？①有　　②无

19．您发展扶贫产业的资金来自哪里？

①完全借贷　　②部分借贷　　③自有资金　　④其他：_____

20．您对产业扶贫项目的认识程度如何？

①不知道　②听说过　③较了解　④很了解　⑤了解并积极参考

21．您对产业扶贫工作信息公开程度的情况了解吗？

①不清楚　②不公开　③偶尔公开　④大部分公开　⑤完全公开

22．您是否参加了合作组织？①是　　②否

23．如果您加入了合作组织，是否拥有股份？①是　　②否

24．如果拥有股份，您通过何种方式入股？①土地经营权　②资金　③其他

去年分红_____元。

25．如果您参加了合作组织，是哪种类型的？

①合作社＋贫困户　②龙头企业＋贫困户　③龙头企业＋合作社＋贫困户

④其他

26．您与合作组织是否签订生产合同？①是　②否

27．如果您参加了合作组织，您享受到以下哪些服务？

①生产、管理技术培训　②免费提供畜禽苗　③免费提供饲料、兽药等物资

④收购畜禽产品　⑤提供务工岗位，务工收入_____元/年

28．您参加了_____次有关产业发展方面的技术培训？

29．您对产业扶贫的实施效果是否满意？①满意　②不满意

30．您在发展扶贫产业过程中遇到的突出困难是什么？

①市场信息获取难　②经营管理技术缺乏　③资金匮乏　④政策支持方面的困难

⑤销售困难　⑥劳动为不足　⑦基础设施配套不足

31．您认为产业扶贫在哪些环节存在不足？

①扶贫政策宣传　②政策扶持门槛　③政策扶持力度　④技术培训及指导

⑤产品价格　⑥产品销售　⑦合作模式　⑧其他方面

32．您对本乡镇产业扶贫有何意见或建议？

附录二：
新疆草原生态保护补助奖励机制政策评估调查问卷

表1 _____地州（市）草原生态保护补助奖励机制政策内容绩效评价

评价内容	分值	得分	评价说明
一、禁牧政策（30分）	30		
禁牧区是否有放牧现象	6		有0分，无6分
禁牧监管工作落实情况	6		[管护员队伍建设情况（3分）和偷牧现象发生情况（3分）]非常好6分，年内偷牧不超过3次3分，超过3次0分
禁牧资金发放是否与方案相符	6		完全相符6分，有变通3分，不相符0分
#禁牧政策宣传工作情况	6		全部知晓6分，部分知晓3分，不知晓0分
# 禁牧资金发放进度及到户比例	6		到户比例100%（6分），到户比例80%～99%（3分），到户比例80%以下（0分）
二、草畜平衡政策（40分）	40		
草畜平衡区是否有超载现象	8		否8分，有超载90%～99%（6分），80%～89%（4分），80%以下（0分）
草畜平衡区监管工作落实情况	8		（管护员队伍建设情况）非常好8分，一般4分，差0分
草畜平衡资金发放是否与方案相符	8		完全相符8分，有变通4分，不相符0分
# 草畜平衡政策宣传工作情况	8		全部知晓8分，部分知晓4分，不知晓0分
# 草畜平衡资金发放进度及到户比例	8		到户比例100%（8分），到户比例80%～99%（4分），到户比例80%以下（0分）

评价内容	分值	得分	评价说明
三、牧草良种补贴政策（20分）	20		
人工种草任务完成比例	5		100%完成5分，80%～99%完成4分，60%～79%完成3分，60%以下2分
牧草良种补贴资金发放是否与方案相符	5		完全相符5分，有变通3分，不相符0分
# 牧草良种补贴政策宣传工作情况	5		全部知晓5分，部分知晓3分，不知晓0分
# 牧草良种补贴资金发放进度及到户比例	5		到户比例100%（5分），到户比例80%～99%（3分），到户比例80%以下（0分）
四、生产资料综合补贴政策（10分）	10		
牧民身份确定造册情况	2.5		100%完成2.5分，80%～99%完成2分，50%～79%完成1.5分，50%以下1分
综合补贴资金发放是否与方案相符	2.5		完全相符2.5分，有变通1.5分，不相符0分
# 生产资料综合补贴政策宣传工作情况	2.5		全部知晓2.5分，部分知晓1.5分，不知晓0分
# 综合补贴资金发放进度及到户比例	2.5		到户比例100%（2.5分），到户比例80%～99%（1.5分），到户比例80%以下（0分）

注：（1）宣传工作和资金发放进度及到户比例按抽样调查情况，统一户数进行测算打分（#）。（2）评分人请将扣分原因在表格中注明。

表2 新疆"第一轮草补"政策效果评估牧户调查问卷

县（市）：_____ 乡：_____ 村：_____ 姓名：_____

民族：_____ 性别：_____ 年龄：_____ 文化程度：_____

联系电话：_____ 调查人：_____ 调查日期：_____

项目		单位	2015年	备注
家庭人口数		人		
其中：男性		人		
女性		人		
劳动力人数		人		
住房面积（定居点和其他）		米²		
棚圈面积		米²		
饲草料棚面积		米²		
草地情况	草场面积	亩		
	划入"草畜平衡"面积	亩		
	划入"禁牧"面积	亩		
人工饲草料地面积		亩		
家庭总收入		元		
其中：畜牧业收入		元		
"草畜平衡"奖补收入		元		
"禁牧"奖补收入		元		
经营性收入		元		
打工收入		元		
其他收入		元		
家庭总支出		元		
其中：食品烟酒支出		元		
衣着		元		
居住		元		
生活用品及服务		元		
交通通信		元		
教育文化娱乐		元		
医疗保健		元		

（续）

项目	单位	2015年	备注
其他商品和服务	元		
户均纯收入	元		
生产生活资料			
家用小轿车	辆		
拖拉机	台		
打草机	台		
收割机	台		
粉碎机	台		
电脑	台		
音响	部		
彩色电视机	台		
抽油烟机	个		
电冰箱	台		
洗衣机	台		
录像机	台		
收音机	个		
摩托车	辆		
手机	部		
生产方式：（放牧、放牧+舍饲、舍饲）			
肉羊品种：			
牲畜年底存栏情况			
羊	只		
牛	头		
马	匹		
骆驼	峰		
其他	只、头		

表3　牧户目标与可能性行为选择

序号	目标	行为选项	数量
1	扩大养殖规模	A.在自家划入禁牧区的草场上放牧	
		B.在自家划入草畜平衡区的草场上放养更多的牲畜	
		C.租用其他牧户的草场，扩大牲畜数量	
		D.购买饲草料扩大牲畜头数	
		E.自己种植苜蓿、玉米等饲草料扩大牲畜头数	
		F.将一部分牲畜安置到定居点的养殖小区里，另一部分在草原上放牧	
2	增加家庭收入渠道	A.尽可能饲养更多的牲畜	
		B.同时放牧和外出打工赚钱	
		C.放弃牧业，从事其他更赚钱的工作	
		D.获得合理的减畜政策补贴	
		E.降低生产成本，提高利润	
		F.采用先进技术，减少生产风险	
3	未来职业选择	A.养更多的牲畜	
		B.放弃牧业，从事其他工作	
		C.到城里工作	

附录三：
新疆肉羊生产经济效益分析研究调查问卷

一、牧户基本情况调查

牧户调查问卷

地州：_____ 县（市）：_____ 乡：_____ 村：_____

姓名：_____ 民族：_____ 性别：_____ 年龄：_____

文化程度：_____ 联系电话：_____ 调查日期：_____

表4 家庭基本情况调查

<table>
<tr><th colspan="2">项目</th><th>单位</th><th>数量</th><th>备注</th></tr>
<tr><td colspan="2">家庭人口数</td><td>人</td><td></td><td></td></tr>
<tr><td colspan="2">其中：男性</td><td>人</td><td></td><td></td></tr>
<tr><td colspan="2">女性</td><td>人</td><td></td><td></td></tr>
<tr><td colspan="2">劳动力人数</td><td>人</td><td></td><td></td></tr>
<tr><td rowspan="6">天然草场面积</td><td>冬草场面积</td><td>亩</td><td></td><td></td></tr>
<tr><td>春秋草场面积</td><td>亩</td><td></td><td></td></tr>
<tr><td>夏草场面积</td><td>亩</td><td></td><td></td></tr>
<tr><td>中夏草场面积</td><td>亩</td><td></td><td></td></tr>
<tr><td>打草场面积</td><td>亩</td><td></td><td>每亩打草产量：</td></tr>
<tr><td>耕地面积</td><td></td><td></td><td></td></tr>
</table>

（续）

项目		单位	数量	备注
种植业结构	小麦	亩		每亩秸秆产量：
	玉米	亩		每亩秸秆产量：
	棉花	亩		每亩秸秆产量：
	其他	亩		每亩秸秆产量：
		亩		每亩秸秆产量：
		亩		每亩秸秆产量：
林果业种植面积		亩		
人工饲草料地面积		亩		
其中：苜蓿		亩		每亩产量：
甘草		亩		每亩产量：
青贮玉米		亩		每亩产量：
其他		亩		
		亩		
		亩		

二、肉羊生产方式：放牧、放牧+补饲、放牧+舍饲、全舍饲

1．您家有＿＿＿人放牧，羊的数量有＿＿＿＿＿只；1人最多放牧＿＿＿＿＿只羊

2．放牧＿＿＿＿＿＿天

3．补饲＿＿＿天，每天补饲＿＿＿千克＿＿＿＿＿（玉米等）饲料，费用＿＿＿＿元

4．舍饲＿＿＿天，每天供给饲料＿＿＿千克＿＿＿＿（玉米等）饲料，费用＿＿＿元

5．茬地放牧＿＿＿＿＿天，每亩租金＿＿＿＿＿元，共租＿＿＿＿亩

三、羊群结构及周转

表5　羊群结构及周转调查

项目	单位	肉羊			
品种：		种公羊	生产母羊	后备母羊	产羔羊数
年初存栏数	只				
能繁母畜数	只				
年内繁殖数	只				
年内买进数	只				
年内繁殖死亡数	只				
年内卖出数	只				
卖出价格	元/只				
年末存栏数	只				

四、肉羊饲养费用

表6　肉羊舍饲（或补饲）饲草料消耗调查

序号	项目	单位	种公羊	生产母羊	后备母羊	育肥羔羊
1	混合精料	千克/（只·日）				
2	混合干草	千克/（只·日）				
3	青贮	千克/（只·日）				
4	饲养天数	天				

备注：1. 混合饲料单价：_____元/千克（玉米____，豆粕__，油渣____）；
　　　2. 混合干草单价：_____元/千克（麦草____，苜蓿____，玉米秸秆____）；
　　　3. 青贮单价：_____元/千克。

五、肉羊生产其他费用调查

表 7　肉羊生产其他费用调查

序号	项目	单位	数量	备注
1	饲料加工费	元		
2	水费	元		
3	燃料动力费	元		
(1)	电费	元		
(2)	煤费	元		
(3)	其他燃料动力费	元		
4	疫病防治费	元/只		
5	配种费	元/只		
6	胚胎移植费	元/只		胚胎移植数量：
7	固定资产折旧费	元		
8	家庭用工量	元		
(1)	家庭用工人数	人		
(2)	家庭用工天数	日		
(3)	劳动日工价	元		
9	雇工费用	元		
(1)	雇工人数	人		
(2)	雇工天数	日		
(3)	雇工工价	元		
10	转场费用	元		

六、牧户肉羊生产的需求调查

（一）技术需求

1. 繁育技术

2. 疫病治疗技术

3. 饲草料加工利用技术

（二）政策需求

1. 疫病防疫政策

2. 补贴政策（现有多胎羊补贴、种羊补贴、标准化养殖棚圈补贴、农机补贴）

3. 市场信息方面

4. 产品销售方面

5. 产品加工

参考文献

阿玛蒂亚·森，2001.贫困与饥荒[M].北京：商务印书馆.

埃德加·M.胡佛，1990.区域经济学导论[M].北京：商务印书馆.

安虎森，2014.产业转移、空间集聚与区域协调[M].天津：南开大学出版社.

敖仁其，2003.草原放牧制度的传承与创新[J].内蒙古财经学院学报(3)：36-40.

白丽，赵邦宏，2015.产业化扶贫模式选择与利益联结机制研究：以河北省易县食用菌产业发展为例[J].河北学刊（04）：158-162.

查文胜，董利民，2006.湖北西部山区县域特色产业集聚化战略探讨[J].科技进步与对策，23（02）：117-119.

陈春祥，2016.黔西北山区精准扶贫机制与脱贫对策研究[D].贵阳：贵州民族大学.

陈聪，程李梅，2017.产业扶贫目标下连片贫困地区公共品有效供给研究[J].农业经济问题，38（10）：44-51.

陈杰，屠晶，2016.湖北省贫困山区畜牧业产业精准扶贫路径探析[J].湖北畜牧兽医（10）：5-8.

陈升，潘虹，陆静，2016.精准扶贫绩效及其影响因素：基于东中西部的案例研究[J].中国行政管理（09）：88-93.

陈文，1992.草原畜牧经济研究[D].呼和浩特：内蒙古大学出版社.

陈祖海，谢浩，2015.干旱牧区贫困异质性分析——基于内蒙古自治区四子王旗的调查[J].中南民族大学学报（人文社会科学版），35（01）：108-113.

达林太，郑易生，2010.牧区与市场：牧民经济学[M].北京：社会科学文献出版社.

邓荣，张存根，王伟，2005.中国中国畜牧业发展研究[M].北京：中国农业出版社.

邓蓉，2014.我国畜牧业生产规模分析[J].现代化农业（8）：13-16.

邓维杰，2014.精准扶贫的难点、对策与路径选择[J].农村经济（06）：78-81.

范东君，2016.精准扶贫视角下我国产业扶贫现状、模式与对策探析——基于湖南省湘西州的分析[J].中共四川省委党校学报（04）：74-78.

范小建，2007.中国特色扶贫开发的基本经验[J].求是（23）：48-49.

方赐德，2016.产业化扶贫中面临的问题及对策建议——基于福建省漳州市产业化扶贫的思考[J].

经济师 (12)：67-70.

冯永辉，2006.我国生猪规模化养殖及区域布局变化趋势[J].中国畜牧杂志 (4)：22-26.

冈纳·缪尔达尔，1991.世界贫困的挑战-世界反贫困大纲[M].北京：北京经济学院出版社.

高帅，毕洁颖，2016.农村人口动态多维贫困：状态持续与转变[J].中国人口·资源与环境，26 (02)：76-83.

宫留记，2016.政府主导下市场化扶贫机制的构建与创新模式研究——基于精准扶贫视角[J].中国 软科学 (05)：154-162.

龚晓宽，2006.中国农村扶贫模式创新研究[D].成都：四川农业大学.

巩前文，穆向丽，谷树忠，2015.扶贫产业开发新思路：打造跨区域扶贫产业区[J].农业现代化研 究，36 (05)：736-740.

贡保草，2010.论西部民族地区环境资源型产业扶贫模式的创建——以甘南藏族自治州为例[J].西 北民族大学学报 (哲学社会科学版) (03)：109-116.

古川，曾福生，2017.产业扶贫中利益联结机制的构建——以湖南省宜章县的"四跟四走"经验 为例[J].农村经济 (08)：45-50.

桂拉旦，唐唯，2016.文旅融合型乡村旅游精准扶贫模式研究——以广东林寨古村落为例[J].西北 人口 (02)：64-68.

郭建宇，2012.农户多维贫困程度与特征分析——基于山西农村贫困监测数据[J].农村经济 (03)： 19-22.

郭晓川，2004.中国牧业旗县区域经济发展[M].北京：人民出版社.

海山，2007.内蒙古牧区贫困化问题及扶贫开发对策研究[J].畜牧经济 (10).

韩念勇，2011.草原的逻辑 (1-4) [M].北京：北京科学技术出版社.

贺立龙，郑怡君，胡闻涛，等，2017.易地搬迁破解深度贫困的精准性及施策成效[J].西北农林科 技大学学报 (社会科学版)，17 (06)：9-17.

贺雪峰，2017.中国农村反贫困问题研究：类型、误区及对策[J].社会科学 (04)：57-63.

胡敬萍，2010.促进牧区及牧合组织发展的政策建议[J].中国乡镇企业 (1)：31-39.

胡柳，2016.乡村旅游精准扶贫研究[D].武汉：武汉大学.

胡文霞，2017.精准产业扶贫问题及解决对策探讨[J].现代商贸工业 (36)：108-110.

黄承伟，覃志敏，2013.统筹城乡发展：产业扶贫机制创新的契机——基于重庆市涪陵区产业扶 贫实践分析[J].农村经济 (02)：67-71.

黄承伟，邹英，刘杰，2017.产业精准扶贫：实践困境和深化路径——兼论产业精准扶贫的印江 经验[J].贵州社会科学 (09)：125-131.

黄国庆，2013.连片特困地区旅游扶贫模式研究[J].求索 (05)：253-255.

黄季焜，马恒运，2000.中国主要农产品生产成本与主要国际竞争者的比较[J].中国农村经济（5）.

姜维民，2004.我国畜牧业生产现状分析[J].畜牧兽医科技信息（6）：17-24.

蒋永甫，莫荣妹，2016.干部下乡、精准扶贫与农业产业化发展——基于"第一书记产业联盟"的案例分析[J].贵州社会科学（05）：162-168.

李帮鸿，2014.中国原料乳生产区域布局变化及其影响因素研究——基于1995—2011年省际面板数据的分析[J].中国畜牧杂志（8）：51-56.

李刚，2007.我国畜牧业经济发展研究[J].时代经贸（11）：109-110.

李捷，2014.新疆主要肉类生产比较优势与区域布局[J].山西农业科学（5）：511-516.

李金亚，尚旭东，李秉龙，2013.中国草原畜牧业可持续发展的经济学分析[J].生态经济（11）：116-118.

李瑾，2009.基于比较优势理论的我国畜牧业区域结构调控研究[J].农业现代化研究（1）：6-10.

李俊杰，其乐木格，2015.干旱牧区特殊类型贫困治理研究——以锡林郭勒盟牧区为例[J].内蒙古民族大学学报（社会科学版），41（05）：60-66.

李坤英，2009.关于辽宁财政扶贫开发新机制的探索[J].农业经济（07）：63-64.

李隆琪，2013.关于产业化扶贫的思考[J].老区建设（06）：13-14.

李欣，2018.精准扶贫背景下山东省产业扶贫问题研究[D].济南：山东大学.

李永东，2017.产业扶贫与环境扶贫：内涵、模式比较及公共政策[J].宁夏社会科学（04）：91-95.

李毓堂，2008.中国草原政策的变迁[J].草业科学（2）：3-6.

李志萌，张宜红，2016.革命老区产业扶贫模式、存在问题及破解路径——以赣南老区为例[J].江西社会科学，36（07）：61-67.

梁晨，2015.产业扶贫项目的运作机制与地方政府的角色[J].北京工业大学学报（社会科学版）（05）：12-16.

梁晨，2015.产业扶贫项目的运作机制与地方政府的角色[J].北京工业大学学报（社会科学版）（05）：7-15.

梁将，2018.南宁市青秀区农业产业扶贫模式研究[D].南宁：广西大学.

梁琦，蔡建刚，2017.资源禀赋、资产性收益与产业扶贫——多案例比较研究[J].中南大学学报（社会科学版），23（04）：85-92.

刘北桦，詹玲，2016.农业产业扶贫应解决好的几个问题[J].中国农业资源与区划，37（03）：1-4.

刘东山，陆维，吕佩庆，等，2009.肉羊养殖经济效益的调查分析[J].中国畜牧兽医，36（5）：189-190.

刘建生，陈鑫，曹佳慧，2017.产业精准扶贫作用机制研究[J].中国人口·资源与环境，27（06）：127-135.

刘世锦，2003.产业集聚及其对经济发展的意义[J].浙江经济（13）：44-46.

刘思峰，党耀国，方志耕，等，2010.灰色系统理论及其应用[M].5版.北京：科学出版社.

刘维忠，2010.新阶段新疆农村扶贫开发模式与对策研究[D].乌鲁木齐：新疆农业大学.

刘艳丰，侯广田，唐淑珍，2010.新疆肉羊产业发展现状调研报告[J].畜牧兽医杂志（1）：53-55.

刘宇翔，2015.欠发达地区农民合作扶贫模式研究[J].农业经济问题，36（07）：37-45.

龙永华，2015.精准扶贫视域下湘西州农业产业扶贫模式创新研究[D].吉首：吉首大学.

吕国范，2014.发达国家资源产业扶贫的模式及经验启示[J].商业时代，（29）：25-27.

吕国范，2014.中原经济区资源产业扶贫模式研究[D].北京：中国地质大学.

罗必良，李大胜，王玉蓉，2000.中国农业可持续发展：趋势、机理及对策[M].太原：山西经济出版社.

马丁·瑞沃林，2005.贫困的比较[M].北京：北京大学出版社：97.

马良灿，2014.农村产业化项目扶贫运作逻辑与机制的完善[J].湖南农业大学学报（03）：10-14.

毛峰，2016.乡村旅游扶贫模式创新与策略深化[J].中国农业资源与区划，37（10）：212-217.

莫光辉，2017.精准扶贫视域下的产业扶贫实践与路径优化——精准扶贫绩效提升机制系列研究之三[J].云南大学学报（社会科学版），16（01）：102-112.

纳克斯，2004.不发达国家的资本形成问题[M].北京：商务印书馆.

任保平，2008.西部地区生态环境重建模式研究[M].北京：人民出版社.

任继周，2008.在全球粮食危机和畜牧业投入产出比低下的新形势下节粮型草地畜牧业大有可为[J].北方牧业（15）：8.

申红兴，2014.构建青海藏区产业扶贫动力机制研究[J].宁夏社会科学（04）：54-59.

施锦芳，2010.国际社会的贫困理论与减贫战略研究[J].财经问题研究（03）：113-120.

石娇，刘显军，2005.从欧洲畜牧业现状谈中国畜牧业发展趋势[J].畜牧与兽医（1）：12-14.

石晶，2013.中国山羊绒生产区域比较优势分析[J].农业经济与管理（6）：75-81.

孙久文，2017.区域经济学[M].4版.北京：首都经济贸易大学出版社.

孙世民，冯叶，2014.基于ISM模型的羊肉价格影响因素分析——以山东省为例[J].农业技术经济（8）：53-59.

孙新章，成升魁，张新民，2004.农业产业化对农民收入和农户行为的影响——以山东省龙口市为例[J].经济地理（07）：510-513.

覃建雄，张培，陈兴，2013.旅游产业扶贫开发模式与保障机制研究——以秦巴山区为例[J].西南民族大学学报（人文社科版），34（07）：134-138.

汪力斌，周源熙，2010.参与式扶贫干预下的瞄准与偏离[J].农村经济（07）：3-7.

汪三贵，郭子豪，2015.论中国的精准扶贫[J].贵州社会科学，305（05）：147-150.

汪三贵，殷浩栋，王瑜，2017.中国扶贫开发的实践、挑战与政策展望[J].华南师范大学学报（社会科学版）（04）：18-25.

汪三贵，张雁，杨龙，2015.连片特困地区扶贫项目到户问题研究——基于乌蒙山片区三省六县的调研[J].中州学刊（03）：68-72.

王春萍，郑烨，2017.21世纪以来中国产业扶贫研究脉络与主题谱系[J].中国人口·资源与环境，27（06）：145-154.

王国刚，王明利，杨春，2014.中国畜牧业地理集聚特征及其演化机制[J].自然资源学报，29（12）：2137-2146.

王济民，2012.国外畜牧业发展模式及启示[J].中国家禽（1）：3-5.

王济民，魏宏阳，姚瑾，2005.中国肉类生产现状与趋势[J].农业展望（2）：3-5.

王今，2005.产业集聚的识别理论与方法研究[J].经济地理（1）：5-9.

王劲峰，2012.经济与社会科学空间分析[M].北京：科学出版社.

王晋臣，2011.中国畜产品区域规模化发展策略、问题与对策[J].中国农业资源与区划（4）：9-12.

王启现，王秀玲，2006.中国畜产品生产分析预测及饲草发展对策[J].中国农学通报（7）：46-50.

王锡波，2016.新疆草原畜牧业转型研究[M].北京：中国农业出版社.

王鑫，李俊杰，2016.精准扶贫：内涵、挑战及其实现路径——基于湖北武陵山片区的调查[J].中南民族大学学报（人文社会科学版）（09）：74-77.

王艳，韩广富，2014.当代中国牧区扶贫开发存在的问题及对策[J].东北师大学报（哲学社会科学版）（05）：83-87.

王振颐，2012.生态资源富足区生态扶贫与农业产业化扶贫耦合研究[J].西北农林科技大学学报（社会科学版），11（06）：70-74.

韦鸿，张全红，2009.中国农村公共投资的减贫效果分析[J].经济问题（09）：81-85.

吴珊瑚，2002.贫困根源的一般性分析与传统体制下中国农民的贫困成因研究巧[D].杭州：浙江大学.

吴亚平，陈品玉，周江，2016.少数民族村寨旅游精准扶贫机制研究——兼论贵州民族村寨旅游精准扶贫的"农旅融合"机制[J].贵州师范学院学报（05）：101-104.

夏晓平，2009.中国肉羊生产的区域优势分析与政策建议[J].农业现代化研究（6）：719-723.

夏晓平，2011.中国肉羊产业发展动力机制研究[D].北京：中国农业大学.

向德平，高飞，2013.政策执行模式对于扶贫绩效的影响[J].华中师范大学学报（人文社会科学版）（06）：12-17.

谢谦，2013.郴州市安仁县产业扶贫发展研[D].长沙：湖南师范大学.

谢香艳，刘红军，2016.对精准畜牧水产产业扶贫工作的探讨[J].中国畜牧兽医文摘，32（02）：7-8.

邢成举，2017.产业扶贫与扶贫"产业化"：基于广西产业扶贫的案例研究[J].西南大学学报（社会科学版），43（05）：63-70.

徐宏玲，李双海，2004.中国肉羊业发展影响因素的系统分析[J].中国畜牧兽医（6）：20-22.

徐翔，刘尔思，2011.产业扶贫融资模式创新研究[J].经济纵横（07）：85-88.

徐志明，2008.我国贫困农户产生的原因与产业化扶贫机制的建立[J].农业现代化研究（06）：45-49.

薛黎倩，2017.区域绿色减贫路径研究[D].福州：福建师范大学.

闫东东，付华，2015.龙头企业参与产业扶贫的进化博弈分析[J].农村经济（02）：12-16.

闫文杰，2017.西北牧区草食畜牧业生产力评价及发展潜力研究[D].杨凌：西北农林科技大学.

颜景辰，2008.中国生态畜牧业发展战略研究[M].北京：中国农业出版社.

杨小凯，1997.当代经济学与中国经济[M].北京：中国社会科学出版社.

杨雪英，吴海霞，2008.对欠发达地区实施产业化扶贫增收的一些思考——以江苏省苏北地区为例[J].生产力研究（19）：25-29.

杨亚丽，2008.浅谈中国畜牧业发展[J].河北农业科学（3）：142-143.

杨子刚，2012.中国畜牧业生产区域布局演变分析[J].中国畜牧杂志（10）：11-14.

余红，李秉龙，2013.我国羊肉价格波动影响因素的实证分析[J].价格理论与实践（2）：69-70.

岳天明，2009.中国西北民族地区经济与社会协调发展研究[M].中国社会科学出版社.

张春敏，2017.产业扶贫中政府角色的政治经济学分析[J].云南社会科学（06）：39-44.

张海霞，庄天慧，2010.非政府组织参与式扶贫的绩效评价研究——以四川农村发展组织为例[J].开发研究（03）：55-60.

张慧君，2013.赣南苏区产业扶贫的"新结构经济学"思考[J].经济研究参考（33）：89-91.

张立中，2008.畜产品成本分析比较优势分析[J].中国农业会计（7）：22-26.

张入化，2013.产业化扶贫的困境与不同主体对策[J].农业经济（09）：35-37.

张亚林，2018.基于脱贫需求调查的湖南产业扶贫模式研究[D].长沙：中南林业科技大学.

张英杰，2004.关于当前我国肉羊业存在问题的思考[J].中国畜牧杂志（2）：16-18.

章康华，2014.创新产业扶贫方式提高产业扶贫效果——新形势下推进产业扶贫路径和模式的思考[J].老区建设（15）：3-7.

赵昌文，郭晓鸣，2000.贫困地区扶贫模式：比较与选择[J].中国农村观察（06）：65.

赵东海，王金辉，2014.论草原生态文明系统的价值协同[J].系统科学学报（4）：57-59.

郑易生，2008.中国西部减贫与可持续发展[M].北京：社会科学文献出版社.

周吉，曾光，龙强，2016.推进赣南苏区产业精准扶贫的对策研究[J].苏区研究（02）：98-102.

周丕东，崔蒐，詹瑜，等，2012.贵州乌蒙山区农村扶贫开发对策研究[J].贵州民族研究（02）：

63-68.

周伟，黄祥芳，2013.武陵山片区经济贫困调查与扶贫研究[J].贵州社会科学（03）：118-124.

周扬，李宁，吴文祥，等，2014.1982—2010年中国县域经济发展时空格局演变[J].地理科学进展，33（1）：102-113.

朱海俊，2007.贫困的社会因素论说及其对我国农村反贫困的启示[J].江西农业学报，19（03）：146-148.

庄良，王新敏，马卫，等，2016.甘肃省产业结构的时空分异及其动力机制研究[J].干旱区地理，39（2）：53-55.

庄天慧，张海霞，余崇媛，2012.西南少数民族贫困县反贫困综合绩效模糊评价——以10个国家扶贫重点县为例[J].西北人口（03）：89-93.

Arbia G，Basile R，Piras G，2005. Using spatial panel data in modelling regional growth and convergence [J]. Rome：ISAE. Working Paper（55）：1-29.

Bernard M S VAN Praag, Ada Ferrer-i-carbonell,2004. Happiness Quantified: A Satisfaction Calculus Approach[M]. Oxford: Oxford University Press.

Cazzuffi Chiara, Pereira-Lopez,2017. Mariana;Local poverty reduction in Chile and Mexico: The role of food manufacturing growth[J]. Food Policy(04): 160-185.

Cristian.Antonelli，1998. Localized technological change，new information technology and the knowledge-based economy：the European evidence[M]. Evolutionar Economics.

David Bigman, P.V. Srinivasan,2002. Geographical targeting of poverty alleviation programs: methodology and applications in rural India[J]. Journal of Policy Modeling(24): 237-255.

Ghatak Maitreesh, 2015. Theories of Poverty Traps and Anti-Poverty Policies[J]. The World Bank Economic Review(01): 77-105.

Harmann.Haken，1997. Synergetics-Anintroduetion [M]. Sprenger，Berlin.

IRZ X, LIN L, THIRTLE C,2001. Agricultural productivity growth and poverty alleviation[J]. Development policy review, 19(04): 449-466.

ISLAM N,2006. Reducing rural poverty in Asia: challenges and opportunities for microenterprises and public employment schemes[J]. British journal of social work, 57(02): 418-426.

John Knight, Lina Song,2009. Ramani Gunatilaka. Subjective Well-being and Its Determinants in Rural China[J]. China Economic Review, 20(04): 635-649.

Matthew J.Rinella，2011. Estimating influence of stocking regimes on livestock grazing distributions[J]. Ecological Modeling（2）：42-47.

Michael.Porter，1983. Industrial Organization and the Evolution of Concepts for strategic Planning：

The New Learnig[J]. Managerial and Decision Economics（3）：114-115.

Ostrom，2008. The Challenge of Gommon-Pool Resourse [J]. Environment，50（4）：8-20.

Peacock C，Sherman DM，2010. Sustainable goat production study on global perspectives [J]. Small Ruminant Research，89（2）：70-80.

Remy Canavesio,2014. Formal mining investments and artisanal mining in southern Madagascar: Effects of spontaneous reactions and adjustment policies on poverty alleviation[J]. Land Use Policy(36): 145-154.

Robinson C, Bouzarovski S, Lindley S,2017.Getting the measure of fuel poverty: The geography of fuel poverty indicators in England[J]. Energy Research & Social Science(08):78-92.

Sen Amartya K, 1981. Poverty and Famine: An Essay on Entitlement and Deprivation[M]. Clarendon Press, Oxford University Press.

Sen Amartya K, 1992. Inequality Reexamined[M]. New York, Cambridge: Harvard University Press.

Shuai Chuanmin, Gong Bing, Zhang Lu,2012. Anti-poverty project sustainability in rural China An empirical analysis[J]. Outlook on Agiculture(03): 153-161.

Temilade Sesan,2013. Corporate-Led Sustainable Development and Energy Poverty Alleviation at the Bottom of the Pyramid: The Caseof the CleanCook in Nigeria[J]. World development(45): 137-146.

Wang Junwen,2009. Some enlightenment from foreign anti poverty experience on China's contemporary anti poverty-Taking Brazil as an example in developing countries [J]. Agricultural Archaeology (03): 209-213.

图书在版编目（CIP）数据

新疆农牧区畜牧产业扶贫与区域发展研究 / 苏尤力
其米克，冯东河主编. —北京：中国农业出版社，
2020.12

ISBN 978-7-109-27273-6

Ⅰ.①新…　Ⅱ.①苏…②冯…　Ⅲ.①畜牧业—产业
发展—扶贫—关系—区域经济发展—研究—新疆　Ⅳ.
①F326.374.5②F127.45

中国版本图书馆CIP数据核字（2020）第170800号

中国农业出版社出版

地址：北京市朝阳区麦子店街18号楼

邮编：100125

责任编辑：张艳晶　王　惠

责任校对：沙凯霖

印刷：北京中兴印刷有限公司

版次：2020年12月第1版

印次：2020年12月北京第1次印刷

发行：新华书店北京发行所

开本：720mm×960mm　1/16

印张：19

字数：340千字

定价：68.00元